U0379687

全国机械行业高等职业教育教学改革精品教材

交直流调速系统及其
运行、维护、检修

主　编　庄　丽
参　编　田素娟　王德志　冯　毅　刘　慧
主　审　陈正文　张爱国

机械工业出版社

本教材根据《教育部关于加强高职高专教育人才培养工作的意见》精神，遵循"教育部高职高专电类规划教材研讨会"审定的教学大纲内容编写而成。

本着实用、适用的原则，本教材编写了共 7 个模块的内容，主要包括直流调速系统（2 个模块），直流脉宽调制调速系统，位置随动系统，交流异步电动机变频调速系统，交直流调速系统运行、维护与检修，交直流调速系统实操训练等。教材中详细叙述了各种实用的交直流调速系统的组成结构，工作原理，性能指标，适用范围，常见交直流调速系统电路图分析过程以及交直流调速系统运行维护规程、检修方法与手段。

本教材强调面向现场应用，弱化定量计算、强化定性分析，并在每个模块后都配有小结和一定量的习题。

本书适合全国高职高专院校的电气技术、电气自动化技术、机电一体化技术等专业使用，也可供企业的工程技术人员参考，或作为相应技术工人的培训教材。

凡选用本书作为教材的教师，均可登录机械工业出版社教育服务网 www.cmpedu.com 下载本教材配套电子教案，或发送电子邮件至 cmpgaozhi @ sina. com 索取。咨询电话：010-88379375。

图书在版编目（CIP）数据

交直流调速系统及其运行、维护、检修/庄丽主编 . —北京：机械工业出版社，2016.6（2023.1 重印）

全国机械行业高等职业教育教学改革精品教材

ISBN 978-7-111-53591-1

Ⅰ.①交… Ⅱ.①庄… Ⅲ.①交流调速—控制系统—高等职业教育—教材②直流调速—控制系统—高等职业教育—教材 Ⅳ.①TM921.5

中国版本图书馆 CIP 数据核字（2016）第 079513 号

机械工业出版社（北京市百万庄大街 22 号 邮政编码 100037）
策划编辑：赵志鹏 责任编辑：赵志鹏 张利萍
版式设计：霍永明 责任校对：陈 越
封面设计：鞠 杨 责任印制：郜 敏
中煤（北京）印务有限公司印刷
2023 年 1 月第 1 版第 3 次印刷
184mm×260mm · 17 印张 · 415 千字
标准书号：ISBN 978-7-111-53591-1
定价：36.00 元

前　言

随着现代科学技术的发展与应用，企业的自动化生产程度越来越高，新设备、新技术、新材料及新工艺被普遍采用。为了更好地服务企业，为企业培养更多技术技能型人才，根据《教育部关于加强高职高专教育人才培养工作的意见》精神，遵循"教育部高职高专电气控制类专业规划教材研讨会"审定的教学大纲内容编写了本教材。

"交直流调速系统运行维护与检修"课程，是电气自动化技术专业和机电一体化技术专业的重要核心课程，是综合性很强的专业必修课程，是学生获得中、高级维修电工，常用电机检修工，电气设备安装工等职业资格所必须掌握的课程，也是学生获得岗位能力所必须掌握的课程。因此本教材遵循实用、实效，理论联系实际、贴近生产工作岗位的原则，在内容组织上应力求突出综合性、应用性和针对性。本教材的具体特点如下：

（1）根据高职高专电气控制类专业人才培养目标与高职高专学生的特点，本着实用、够用的原则简化理论推导，注重定性分析。

（2）理论联系实际，重视实践教学。除了提供必要的理论知识内容外，在教材中还加入了常见交直流系统电路图分析、常见交直流调速系统运行维护检修和实际操作训练等内容。这些内容不仅使理论知识与实际生产紧密结合，还为学生能尽快进入生产岗位打下基础。

（3）学生通过学习本教材，可以达到以下目的。

1）培养学生具备分析典型交直流调速系统的组成、工作原理、性能指标和适用范围的能力。

2）培养学生具备调速系统运行、操作、维护、检修和调试的能力。

3）培养学生对控制系统的读图、识图能力。

4）通过训练，提高学生分析问题、解决问题的能力。

（4）每个模块开头有内容提要，模块结尾有小结和习题。

本教材由包头职业技术学院庄丽主编，田素娟、王德志、冯毅和刘慧参与编写，其中模块1、模块5（其中5.3~5.6）、模块6由庄丽编写，模块2、模块7（其中7.1~7.6）由田素娟编写，模块3由刘慧编写，模块4由王德志编写，模块5（其中5.1、5.2、5.7）、模块7（其中7.7~7.17）由冯毅编写。整本教材由庄丽负责组织编写和统稿。

本教材由内蒙古一机集团精密设备有限公司研究员级高级工程师陈正文、张爱国共同审阅，在教材的编写过程中，还得到了包钢集团技术人员的指导，提出了很多宝贵意见，谨在此表示衷心的感谢！

本教材在编写过程中参考了很多图书和论文资料，并且引用了参考文献中有关章节的内容，在此表示感谢。

由于编者水平有限，难免有疏漏、欠妥之处，恳请读者批评指正。

编　者

目　录

模块 **1**

单闭环直流调速系统

📝 **内容提要**

本模块主要介绍了单闭环转速负反馈有静差、无静差直流调速系统的结构组成、静态特性、动态工作过程，以及电压负反馈、电流截止负反馈及其他反馈形式在调速系统中的应用。

1.1 直流调速系统的概述

他励直流电动机具有良好的起、制动性能，可以在较大范围内平滑调速，并且精度高、易控制，之前在轧钢机、矿井卷扬机、挖掘机、海洋钻机、大型起重机、金属切削机床、造纸机等电力拖动领域得到了广泛的应用。近年来，随着电力电子器件及控制技术的飞速发展，能与直流调速系统性能相媲美的、高性能的交流调速系统应运而生，并在许多领域代替了直流调速系统。虽然交流调速系统发展很快，但由于直流调速系统在理论和实践上都比较成熟，而且从闭环反馈控制理论的角度来看，它又是交流调速系统的基础，因此首先应该掌握好直流调速系统。如果没有特殊说明，本教材中直流调速系统所使用的直流电动机是指他励直流电动机。

1.1.1 调速的定义

所谓调速，是指在某一具体负载情况下，通过改变电动机参数或供电电源参数，使其机械特性曲线得以改变，从而使电动机转速发生变化或保持不变的过程。根据这个概念，电动机调速应包括两方面的含义：其一，在一定范围内"变速"。以直流电动机为例，当负载 T_{L1} 不变时，转速可由 n_a 变到 n_b 或 n_c（通过改变直流电动机电枢两端电压 U_d 来实现），如图 1-1 所示。其二，保持"稳速"。当以转速 n_a 稳定运行的生产机械受到外界因素的干扰（如负载从 T_{L1} 增加到 T_{L2}）时，为了保证直流电动机转速不受干扰的影响而下降，需要进行调速，调节后转速变到 n_d，与原来的转速 n_a 基本一致，如图 1-1 所示。

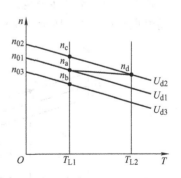

图 1-1 直流电动机转速与负载转矩的关系

1. 1. 2 直流电动机调速方法及比较

直流电动机转速表达式为

$$n = \frac{U_\mathrm{d} - R_\mathrm{a}I_\mathrm{d}}{K_\mathrm{e}\varPhi} \tag{1-1}$$

$$= \frac{U_\mathrm{d}}{K_\mathrm{e}\varPhi} - \frac{R_\mathrm{a}I_\mathrm{d}}{K_\mathrm{e}\varPhi} \tag{1-2}$$

$$= n_0 - \Delta n \tag{1-3}$$

式中，n 为直流电动机转速（r/min）；U_d 为电枢供电电压（V）；I_d 为电枢回路电流（A）；R_a 为电枢回路电阻（Ω）；$\varPhi$ 为励磁磁通（Wb）；K_e 为由电动机结构决定的电动势常数；n_0 为理想空载转速（r/min）；Δn 为转速降落（r/min）。

由式（1-1）可知，改变他励直流电动机转速的方法有三种，即改变电枢供电电压 U_d、减弱励磁磁通 $\varPhi$，以及改变电枢回路电阻 R_a。

1. 改变电枢供电电压的调速方法

当励磁磁通 $\varPhi$ 和电枢回路电阻 R_a 一定时，改变电枢供电电压 U_d，其理想空载转速 n_0 也跟着改变。如果直流电动机的电枢电流 I_d（假设为额定电流 I_dN）不变，直流电动机的转速降 Δn 也不变（直流电动机的机械特性的硬度就不变）。这样可以得到一组平行的直流电动机的机械特性曲线，如图 1-2 所示。这种改变电枢供电电压的调速方法，简称调压调速方法。

因为受电动机绝缘性能的影响，电枢电压 U_d 只能向小于额定电枢电压 U_dN 的方向变化，因此电动机转速只能在额定转速 n_N 以下调节，并且电动机转速下限会因为在低速时电动机运转不稳定而受到限制。

对于要求在一定范围内无级平滑调速和可以实现再生发电制动的直流调速系统来说，调压调速是最好的调速方法。这种调速方法属于恒转矩调速，适合带恒转矩负载。

2. 减弱励磁磁通的调速方法

当 U_d 和 R_a 不变时，改变电动机励磁回路磁通 $\varPhi$ 的大小（通过改变励磁电流 I_f 大小来实现），理想空载转速 n_0、转速降 Δn 都会发生变化，从而电动机转速也发生了变化。$\varPhi$ 越小，n_0 越大（理想空载转速越高），Δn 越大（转速降落越大），机械特性越软。调磁调速的机械特性曲线如图 1-3 所示。这种改变励磁磁通调速方法，简称为调磁调速方法。

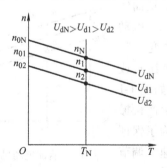

图 1-2 调压调速的机械特性曲线

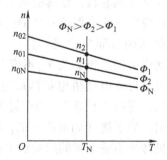

图 1-3 调磁调速的机械特性曲线

对直流电动机来说，励磁磁通在额定值 Φ_N 时，其铁心已接近饱和，增加磁通的余地很小，所以调磁调速只能在额定磁通 Φ_N 以下进行，电动机的转速 n 也因此总是高于额定转速 n_N，即弱磁升速。

由于电动机的最高转速会因电动机换向和机械强度的原因而受到限制，故调磁调速方法的调速范围不大。所以这种调速方法一般不单独使用，只是配合调压调速，在电动机额定转速之上做小范围的升速。这种将调压调速和调磁调速结合起来构成调压调磁复合调速的系统，可得到更大的调速范围。额定转速以下采用调压调速，额定转速以上采用调磁调速。

这种调速方式属于恒功率调速，适合带恒功率负载。

3. 电枢回路串附加电阻的调速方法

当 U_d 和 Φ 不变时，在电动机电枢回路串接附加电阻，理想空载转速 n_0 不变，转速降 Δn 会发生变化，从而电动机转速发生了变化。调阻调速的机械特性曲线如图1-4所示。这种在电枢回路串接附加电阻的调速方法，简称调阻调速方法。

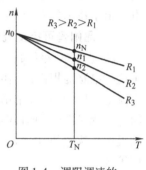

图 1-4　调阻调速的
机械特性曲线

在电枢回路串接附加电阻，使电动机转速只能在额定转速 n_N 以下进行有级调节。且串接电阻越大，电阻功耗越大，机械特性越软，系统稳态性能越差。此法属于恒转矩调速方式，且在实际中已很少采用，只有在少数性能要求不高的小功率场合使用。

综上所述，工程上常用的主要调速方法是前两种，并以调压调速为主。

1.1.3　直流电动机调压调速的供电方式及比较

调压调速是直流电动机采用的主要调速方法，这种调速方法需要专门的、连续可调（可控）的直流电源供电。能为直流电动机提供连续可调的直流电源的电路有三种：旋转变流机组、晶闸管可控整流电路、直流斩波电路。

1. 旋转变流机组

旋转变流机组（即 G-M 系统）的原理图如图1-5所示。

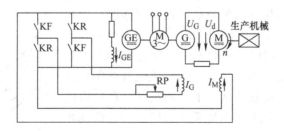

图 1-5　G-M 系统原理图

由原动机（三相交流异步电动机或同步电动机）拖动直流发电机 G 实现变流。直流发电机 G 给需要调速的直流电动机 M 提供电枢电压 U_d（其中 I_G 和 I_M 分别是直流发电机 G 和直流电动机 M 励磁回路的电流）。调节直流发电机 G 的励磁电流 I_G 可改变其输出电压 U_G，也就改变了直流电动机 M 的电枢供电电压 U_d，从而达到了改变直流电动机的转速 n 的目的。

这样的调速系统简称为 G-M 系统。该系统的机械特性曲线如图 1-6 所示，是一组相互平行的斜线，机械特性较硬。如果改变 I_G 的方向，则 U_G 的极性、U_d 的极性和 n 的转向都跟着改变，所以 G-M 系统很容易实现可逆运行。

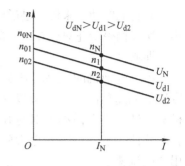

图 1-6　G-M 系统的机械特性曲线

20 世纪 50 年代前，工业生产中的直流调速系统，几乎全都采用旋转变流机组供电。但为了给直流发电机 G 和直流电动机 M 提供励磁电流，通常需要专门设置一台直流励磁发电机 GE。因此 G-M 系统设备多、体积大、费用高、安装维护不便，再加上这种系统效率低、有噪声，所以随着电力电子技术的发展，在 20 世纪 60 年代以后逐渐被其他调速系统所取代。

2. 晶闸管可控整流电路

20 世纪 60 年代起，出现了静止可控整流器，也就是由晶闸管组成的可控整流电路。由于这种电路能提供连续可调的直流电压，只要将它作为直流电动机可调电枢电压，就能改变直流电动机的转速。晶闸管整流电路供电的直流电动机调速系统称为晶闸管 – 电动机系统，简称 V-M 系统。开环 V-M 系统原理图如图 1-7 所示。V-M 系统与 G-M 系统相比较，具有控制灵敏、响应快（动态性能好）、占地面积小、能耗低、效率高、噪声小、成本低、维护方便等优点。

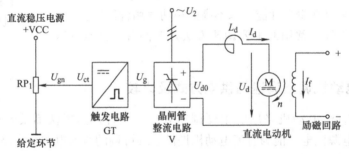

图 1-7　开环 V-M 系统原理图

根据电力电子技术课程的知识，在 V-M 系统中，直流电动机电枢回路要串接足够大的平波电抗器 L_d，且电动机重载使负载电流足够大时，才能保证主回路电流连续；而当电动机空载或轻载，致使电动机负载电流较小时，主回路电流将断续。由此可画出 V-M 调速系统的机械特性曲线如图 1-8 所示。机械特性曲线分成两个区域，分别是电流连续区、电流断续区。在电流连续区，V-M 系统的机械特性与 G-M 系统的机械特性曲线相似，都比较硬，是一组互相平行的斜线，电动机工作在此区域内效果好（稳态性能好）；在电流断续区，由于机械特性很软，理想空载转速很高，电动机工作在此区域内效果差（稳态性能差）。

在 V-M 系统的直流电动机供电电路（即晶闸管整流电

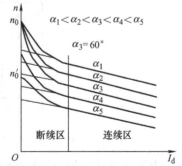

图 1-8　V-M 调速系统的
机械特性曲线

路）中，晶闸管自身的一些缺点，如单向导电性（会使系统可逆运行比较困难）、晶闸管的耐热、抗过电流、抗过电压、抗 du/dt、抗 di/dt 能力差（需在整流电路中加入各种保护环节），导通角很小时会造成 V-M 系统的功率因数低，易产生谐波从而引起电网电压、电流波形畸变，殃及附近的用电设备（必须增加无功补偿和谐波滤波装置）等，因此在使用时应引起足够重视。

鉴于 V-M 系统的经济性和可靠性很高，且在技术性能上有一定优势，目前大功率直流电动机调速系统还是 V-M 系统。

3. 直流斩波电路

20 世纪 70 年代以来，随着门极关断（GTO）晶闸管、电力晶体管（GTR）、电力场效应晶体管（P-MOSFET）、绝缘栅极双极型晶体管（IGBT）等全控式电力电子器件（V）的迅速发展，由它们构成的斩波电路（又称斩波器）（见图 1-9）也能输出可调大小的直流电压（见图 1-10）。这个电压加到直流电动机电枢两端，就可以改变直流电动机的转速。

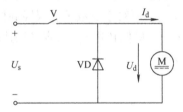

图 1-9 由全控型开关 V 构成的直流斩波电路   图 1-10 直流斩波器输出电压波形

由全控型器件（也称全控开关 V）组成的直流斩波器（也称直流变换器），大多采用脉宽调制（PWM）控制技术。应用这种控制技术组成的系统称为 PWM 控制的直流调速系统，简称为 PWM-M 系统，如图 1-11 所示。

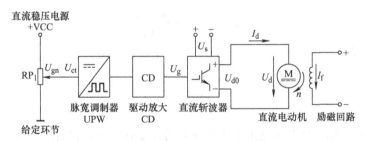

图 1-11 PWM-M 直流调速系统

与晶闸管装置供电的 V-M 直流调速系统相比，PWM-M 系统具有开关频率高、低速运行稳定、动静态性能优良、效率高等一系列优点。但受到器件容量的限制，目前直流PWM-M 系统只限于中、小容量的他励直流电动机的调速系统。除此之外在铁路电力机车、城市电车和地铁电动机（常采用串励或复励直流电动机）等电力牵引设备上，也由直流斩波器供电。

由于 V-M 调速系统应用广泛，又是 PWM-M 调速系统的基础，故本模块主要讨论 V-M系统的工作原理，PWM-M 调速系统将在模块 3 介绍。

1.1.4 直流调速系统的主要性能指标

直流调速系统主要性能指标是衡量调速性能好坏的标准，也是直流调速系统设计和实际运行中考核的主要指标。直流调速系统主要性能指标包括稳态性能指标和动态性能指标两部分。

1. 稳态性能指标

所谓稳态性能指标是指系统稳定运行时的性能指标，主要有调速范围和静差率。

（1）调速范围 D　调速范围 D 是指在额定负载下，电动机的最高转速 n_{max} 与最低转速 n_{min} 之比，即

$$D = \frac{n_{max}}{n_{min}} \tag{1-4}$$

调速范围 D 有时又称为调速比，D 越大，说明系统的调速范围越宽。对于非弱磁的调速系统来说，电动机的最高转速 n_{max} 等于其额定转速 n_N。而对于少数负载很轻的机械，例如磨床、精密机床，也可以用实际负载时的最高转速 n_{max} 和最低转速 n_{min} 来定义调速范围。

根据 D 这个指标的大小，系统的调速范围可分为：

1）$D < 3$，为小调速范围。

2）$3 \leqslant D < 50$，为中等调速范围。

3）$D \geqslant 50$，为宽调速范围。

4）$D \geqslant 10000$，为现代交直流调速控制系统可以做到的调速范围。

（2）静差率 s　静差率 s 是指电动机稳定运行时，当负载由理想空载增加到额定负载时所产生的转速降 Δn_N 与理想空载转速 n_0 之比（也可用百分数表示），即

$$s = \frac{\Delta n_N}{n_0} = \frac{n_0 - n_N}{n_0} \tag{1-5}$$

或用百分数表示为

$$s = \frac{\Delta n_N}{n_0} \times 100\% \tag{1-6}$$

由式（1-5）可知，静差率是用来表示负载转矩变化时电动机转速变化程度的性能指标，它与机械特性硬度（即转速降落 Δn_N）以及理想空载转速 n_0 有关。n_0 相同时，机械特性越硬，静差率 s 越小，转速的变化程度越小，转速稳定度越高；而同样硬度的机械特性，理想空载转速越低，静差率 s 越大，转速的相对稳定度也越差。所以对一个系统所提的静差率要求，主要是对最低速的静差率要求，最低速时静差率能满足要求，高速时就不成问题了。因此静差率一般是指系统最低转速时达到的指标，式（1-5）由此可以写成

$$s = \frac{\Delta n_N}{n_{0min}} \tag{1-7}$$

不同的生产机械，由于工艺要求不同，对电力拖动系统的调速范围和静差率要求也不同。表 1-1 给出了几种生产机械所要求的 D、s 值。

表1-1　常见生产机械所需要的 D、s 值

生 产 机 械	调速范围 D	静差率 s
热连轧机	$3 \sim 10$	小于0.01
冷连轧机	大于15	小于0.02
金属切削机床主传动	$2 \sim 4$	$0.05 \sim 0.1$
金属切削机床进给传动	$5 \sim 200$	
造纸机	$3 \sim 20$	$0.01 \sim 0.001$
精密仪表车床	60	0.05

（3）D、s、n 之间的关系　在调压调速中，电动机的最高转速 $n_{\max}$ 就是它的额定转速 n_N，所以有

$$s = \frac{\Delta n_N}{n_{0\min}}$$

则

$$n_{\min} = n_{0\min} - \Delta n_N$$

$$= \frac{\Delta n_N}{s} - \Delta n_N$$

$$= \frac{(1-s)\Delta n_N}{s}$$

则

$$D = \frac{n_N}{n_{\min}} = \frac{n_N s}{\Delta n_N (1-s)} \tag{1-8}$$

式（1-8）表示了调速范围 D、静差率 s 和静态速降 Δn_N 三者之间的关系。对于同一个调速系统，n_N 可由电动机出厂数据给出，D 和 s 由生产机械的要求确定，所以当系统的特性硬度一定（即 Δn_N 一定）时，如要求静差率 s 越小，则允许的调速范围 D 也就越小；反之，若对 D 和 s 提出一定要求时，静态速降 Δn_N 就必须小于某一值。可见，调速系统要解决的是如何减小转速降落 Δn_N 的问题。

2. 主要动态性能指标

动态性能指标是指在给定控制信号和扰动信号作用下，系统的输出在动态响应中体现出的各项指标。动态性能指标分成跟随性能指标和抗扰性能指标两类。

（1）跟随性能指标　在单位阶跃给定信号作用下（注意零初始条件），系统输出量的变换情况可以用跟随性能描述，如图1-12所示。

1）上升时间 t_r。上升时间又称为响应时间，是从加上阶跃给定信号的时刻起到系统输出量第一次达到稳态值所需的时间。它反映系统动态响应的快速性，t_r 越小表示系统响应快速性越好。

2）调节时间 t_s。调节时间也称为过渡过程时间，是从加上阶跃给定信号的时刻起到系统输出量进入（并且不再超出）其稳态值的 $\pm$（2% ~ 5%）允许误

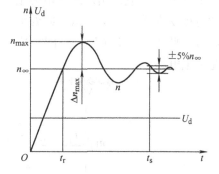

图1-12　阶跃响应曲线和跟随性能指标

差范围之内所需的最短时间。它衡量的是系统整个调节过程的快慢程度。t_s 越小表示系统调

节过程时间越短。

3）超调量 σ。超调量是指在动态过程中系统输出量超过其稳态值的最大偏差与稳态值之比，通常用百分数表示，即

$$\sigma = \frac{n_{\max} - n_{\infty}}{n_{\infty}} = \frac{\Delta n_{\max}}{n_{\infty}} \times 100\% \qquad (1\text{-}9)$$

超调量反映了系统的相对稳定性，超调量越小，系统的相对稳定性越好，即动态响应比较平稳。

（2）抗干扰性能指标 一般是以系统稳定运行中，负载突加阶跃扰动后的动态过程作为典型的抗扰过程，并由此定义抗干扰性能指标，如图 1-13 所示。

1）动态降落 $\Delta C_{\max}$。动态降落常用系统稳定运行时，突加一阶跃扰动后引起转速的最大降落值 $\Delta n_{\max}$ 与原稳态输出量 n_{∞} 比值的百分数来表示，即

$$\Delta C_{\max} = \frac{\Delta n_{\max}}{n_{\infty}} \times 100\% \qquad (1\text{-}10)$$

2）恢复时间 t_{f}。恢复时间 t_{f} 是从阶跃扰动作用开始，到被调量进入稳态值的 $\pm 5\%$ 或 $\pm 2\%$ 的区域内为止所需要的时间。在调速系统中，t_{f} 越小，意味着失稳时间越短。

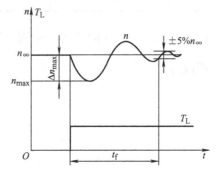

图 1-13 突加阶跃扰动作用下的动态响应曲线

3）振荡次数 N。振荡次数是指在恢复时间内被调量在稳态值上下摆动的次数，它代表系统的稳定性和抗干扰能力强弱。

不同控制系统对于各种动态性能指标的要求各不相同，一般来说，调速系统的动态性能指标以抗扰动性能为主，而随动系统的动态性能指标以跟随性能为主。

1.1.5 V-M 开环直流调速系统的组成及特性

1. 开环直流调速系统的组成

由晶闸管变流器组成的 V-M 开环调速系统的原理图如图 1-14 所示，其组成结构框图如图 1-15 所示。它的组成包括电力主电路和电子控制电路两部分，其中主电路由晶闸管组成的可控变流器（以 V 表示，此处也称晶闸管相控整流器，简称晶闸管整流器）、直流电动机（M）、平波电抗器（L_{d}）一同构成，是强电电路。控制电路由给定环节、触发环节构成，是弱电电路。

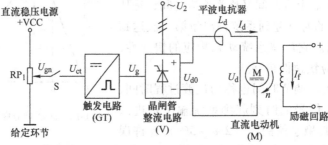

图 1-14 V-M 开环调速系统原理图

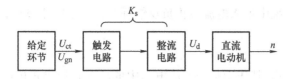

图 1-15　V-M 开环调速系统组成结构框图

（1）主电路

1）晶闸管相控整流器供电电路（V），其作用是将交流电变成大小可调的直流电。从变压器的利用率和晶闸管的耐压值方面考虑，在工程上常用相控整流器的接线形式有单相半控桥、单相全控桥、三相半波、三相全控桥、更多相整流电路等类型。

晶闸管相控整流器接线形式的选择应根据负载电动机容量的大小、是否有可逆运行工作状态和对电流波形脉动情况的要求而定。4kW 以下的负载，对电流波形脉动性要求不高的，一般选单相可控整流电路，如果负载要求可逆运行的，选单相全控桥电路；不要求可逆运行的，选单相半控桥电路。4kW 以上的负载，并要求电流波形脉动小的，一般选三相全控桥可控整流电路。特大功率的整流装置，为了减小谐波成分对电网的影响，可采用 12 相或 12 相以上的多相整流电路。

晶闸管整流器在晶闸管选择上要注意，晶闸管的额定电流是用整流电流的最大通态平均值来定义的，而晶闸管和电动机能通过多大的电流，是由电流通过它产生的热量来决定，即与整流电流的有效值有关。因此，晶闸管导通角不同，整流电流的波形不同，会使相同的平均值对应的有效值不同。当晶闸管导通角小时，同样的平均电流使它对应的有效值要大得多，器件发热也严重得多。根据这个特点在选择直流开环调速系统中的其他元器件如电动机容量、平波电抗器和快速熔断器时应该引起注意。

在使用晶闸管整流器中的晶闸管时也要注意，由于晶闸管的单向导电性，使系统的可逆运行出现困难，如要实现可逆运行，则需采用接触器或者采用两组晶闸管整流器反并联连接或交叉连接才行（参见电力电子技术课程的有关内容）。晶闸管对过电压、过电流以及过高的 du/dt 和 di/dt 都很敏感，因此晶闸管整流电路必须设置许多保护环节，如阻容吸收过电压保护、压敏电阻过电压保护、灵敏过电流继电器过电流保护、快速熔断器短路保护等。当系统处在深调速状态时，由于晶闸管的导通角很小，使得系统的功率因数较低，易产生较大的谐波电流，引起电网电压畸变，殃及附近的用电设备，若其设备容量在电网中所占比重较大，必须增设无功补偿和谐波滤波装置。

2）平波电抗器（L_d），其作用主要是保证负载电流的连续和减少负载电流的脉动，改善换向条件，减少电枢损耗，使负载电动机工作在机械特性的连续区，即机械特性较硬的区域，来提高系统的稳态性能。

平波电抗器的选择可参考电力电子技术课程的相关介绍。在使用时要注意，由于平波电抗器的电磁效应会限制电枢电流的上升，使晶闸管导通的可靠性下降，实际使用时，可通过在平波电抗器两端并接电阻来改善。

3）直流电动机负载（M，被控对象），其作用是将电能转化成机械能，带动生产机械完成生产加工任务。直流电动机的选择要根据它所带生产负载的类型、容量、生产工艺、输出环境的要求来定，而它在使用时要防止过载、堵转和飞车等事故的发生。一般为防止过载、堵转事故，可在系统中加入电流截止负反馈环节；为了防止飞车，可在电动机的励磁回路加入失磁保护装置。

（2）控制电路

1）触发电路（GT），其作用是为整流电路中的晶闸管提供正确的触发脉冲，即每周期以相同的控制角 α 给晶闸管发触发脉冲。控制角 α 的大小由触发电路中控制电压 U_{ct} 的大小决定。电动机正转时，一般要求控制电压的极性为正。在本系统中，假设电动机正转，所以触发电路的控制电压 U_{ct} 的极性为正。

常用的晶闸管触发电路类型有：阻容移相桥同步触发电路、单结晶体管同步触发电路、正弦波同步触发电路、锯齿波同步触发电路、集成触发电路等。触发电路类型的选择应根据晶闸管的容量及整流电路对触发电路输出的触发脉冲的具体要求来定。在使用过程中要注意触发电路与主电路的同步问题，即同步变压器的选择问题，还要考虑脉冲变压器的选择与使用。

触发电路是保证晶闸管整流电路正常工作不可或缺的部分，将触发电路与晶闸管整流电路看成一个整体（是一个非线性元件），经非线性元件的线性化处理后，可得到这个整体的输出 U_{d0}（整流电路输出平均电压）与输入 U_{ct}（触发电路的控制电压）之间的关系，即 $U_{d0} = K_s U_{ct}$。

2）给定环节，其作用是给出一个具体的电压（给定电压 U_{gn}），最终来决定直流电动机的转速 n。从图1-14看出，本开环系统中给定环节送出的给定电压 U_{gn} 的大小（数量级）、极性等于触发电路控制电压 U_{ct} 的大小、极性。

给定环节由直流稳压电源 VCC 与给定电位器 RP_1 组成。

稳压电源分为硅稳压电源和集成稳压电源两类，在选择上，由于集成稳压电源电路简单，稳压精度高，被普遍使用在调速系统中。稳压电源在使用上要注意：一是稳压电源输出电压的范围要根据触发电路中控制电压的范围来决定；二是针对闭环调速系统，要考虑稳压电源输出电压的极性问题，稳压电源输出电压（给定电压 U_{gn}）的极性应该由调节器输入端的极性和电动机要求的转速方向来定；三是稳压电源的精度，会影响调速系统的精度，为了提高调速系统精度，提供给定电压信号的稳压电源必须具有良好的稳定性。

2. 开环系统的机械特性

从开环调速系统的原理图及组成结构框图出发，在保证电流连续情况下系统各环节的稳态输入输出关系如下。

给定环节： $$U_{gn} = U_{ct}$$

晶闸管整流与触发装置： $$U_{d0} = K_s U_{ct}$$

V-M 环节特性： $$U_d = U_{d0} - I_d(R_T + R_L)$$

$$E = U_d - I_d R_a$$

$$n = \frac{E}{C_e}$$

以上各式中，U_{gn} 为系统给定电压（V）；U_{ct} 为触发电路的控制电压（V）；K_s 为晶闸管整流器与触发装置的电压放大系数；C_e 为电动机额定励磁下的电动势转速比（$V \cdot min/r$），$C_e = K_e \Phi_N$。

将上述几个方程联立求解得

$$n = \frac{K_s U_{gn}}{C_e} - \frac{I_d R_\Sigma}{C_e} = n_{0k} - \Delta n_k \tag{1-11}$$

式中，n_{0k} 为开环系统的理想空载转速；Δn_k 为开环系统的稳态速降；R_Σ 为晶闸管整流器等效电阻 R_T、平波电抗器等效电阻 R_L 以及电动机电枢电阻 R_a 之和。开环调速系统的机械特性曲线如图 1-16 所示。

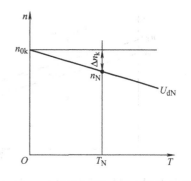

图 1-16 开环调速系统的机械特性曲线

3. 开环系统的动态工作过程

（1）起动 如图 1-14 所示，合上开关 S，接通直流稳压电源，给定环节输出一个固定大小的给定电压 U_{gn}，它同时作为触发电路的控制电压 U_{ct}，去控制触发电路，产生一个控制角为 α 的触发脉冲 U_g，这个脉冲送到整流电路晶闸管的门极，并在晶闸管阳极电压为正时，使晶闸管导通；当晶闸管阳极电压过零为负时，晶闸管关断。通过晶闸管周期性导通、关断，整流电路将交流电变成直流电，供给直流电动机电枢两端，在磁场作用下，直流电动机开始起动。电动机起动初始，转速 n 为零，电动机电动势 E 为零，整流电压全部加到电动机电枢回路（全压起动），在电枢回路形成很大的电枢电流为起动电流 I_{st}，产生很大的起动转矩 T_{st}，远大于负载转矩 T_L，产生转速加速度 $dn/dt > 0$，电动机加速上升。随着电动机转速 n 的逐步上升，电动机的电动势 E 逐步增大，电枢电流 I_d 逐步减小，电磁转矩 T_e 逐步下降，转速加速度逐步下降。直到电磁转矩与负载转矩相等，转速加速度为零，电动机开始稳定运行。

（2）抗扰动 系统在稳定运行过程中，如果负载增大，即负载转矩 T_L 增大，大于了电磁转矩 T_e，会产生转速减速度，电动机转速 n 下降，电动机电动势 E 下降，如果电枢电压不变，电枢回路电流 I_d 增加，电磁转矩 T_e 增加，直到与负载转矩相等，电动机工作在新的转速上为止。由负载增大而造成电动机转速下降（从 n_a 变化到 n_b）的机械特性曲线如图 1-17 所示。负载增大时系统的自动调节过程如图 1-18 所示。

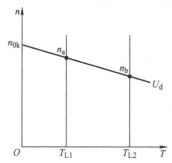

$$T_L\uparrow \to T_e \to T_L = J\frac{dn}{dt} < 0 \to n\downarrow \to E\downarrow \to I_d\uparrow \to T_e\uparrow$$

n 达到一个新的稳定值 ← 直到 $T_e = T_L$ 为止 ⤶

图 1-17 负载增大时开环系统的机械特性曲线　　　　图 1-18 负载增大时系统的自动调节过程

如果电网电压 U_2 增大，则整流电路输出电压 U_{d0} 增大，电动机电枢电压 U_d 增大，电动机电动势 E 还来不及变化，造成电枢电流 I_d 增大，电磁转矩 T_e 增大，大于负载转矩 T_L，产生转速加速度，电动机转速 n 上升，这时电动机的电动势 E 开始逐步增大，电枢电流 I_d 逐步减小，电磁转矩 T_e 逐步减小，直到与负载转矩 T_L 相等，电动机工作在新的转速上为止。网压增大（使电动机电枢电压从 U_{d2} 增大到 U_{d1}）造成电动机转速（从 n_b 变化到 n_a）上升的机械特性曲线如图 1-19 所示。网压增大时系统的自动调节过程如图 1-20 所示。

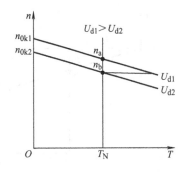

$$U_2\uparrow \to U_{d0}\uparrow \to I_d\uparrow \to T_e\uparrow \to T_e-T_L=J\frac{dn}{dt}>0 \to n\uparrow \to E\uparrow \to I_d\downarrow$$

$$n\text{达到一个新的稳定值} \leftarrow \text{直到}T_e=T_L\text{为止} \leftarrow T_e\downarrow$$

图 1-19 网压增大时开环系统的机械特性曲线   图 1-20 网压增大时系统的自动调节过程

通过分析发现，当有扰动存在时，电动机的转速就会改变，说明开环调速系统的抗扰动能力差，系统稳态运行能力很差。

（3）制动 直流调速系统常用的制动方式有能耗制动与再生发电制动，一般小功率及不可逆直流调速系统常用能耗制动方式，大功率及可逆直流调速系统常用再生制动方式，而开环直流调速系统一般采用能耗制动方式。

断开开关 S，停止对电动机提供电枢电压，这时由于电动机转动产生的电动势 E 与并接于电枢两端的能耗制动电阻构成电流回路，此时，在电动机电动势的作用下流过电动机的电流与稳定运行时的电动机的电流方向相反，变成制动电流，产生的转矩也变成了制动转矩，与负载转矩同方向，一起产生转速减速度，转速迅速下降，直到转速为零为止。

例 1.1 一开环直流调速系统中电动机额定转速 $n_N=1430\mathrm{r/min}$，额定速降 $\Delta n_N=125\mathrm{r/min}$，求：1）要求 $s\leqslant 0.3$，允许的调速范围是多少？2）当最低允许速度为 500r/min 时，s、D 各为多少？

解：1）当 $s\leqslant 0.3$ 时，调速范围为

$$D=\frac{n_N s}{(1-s)\Delta n_N}=\frac{1430\times 0.3}{(1-0.3)\times 125}=4.9$$

2）当以最低转速运行时，其理想空载转速为

$$n_{0min}=n_{min}+\Delta n_N=(500+125)\mathrm{r/min}=625\mathrm{r/min}$$

静差率为

$$s=\frac{\Delta n_N}{n_{0min}}=\frac{125}{625}=0.2$$

调速范围为

$$D=\frac{n_{max}}{n_{min}}=\frac{1430}{500}=2.86$$

总体看来，开环系统的转速降落比较大，机械特性较软，系统的调速范围较小、静差率较大，如果生产机械对静差率要求不高，开环系统也能实现一定范围内的无级调速。开环调速系统适合调速范围 $D<10$，静差率 $s\geqslant 20\%\sim 30\%$ 的负载使用。

1.2 转速负反馈单闭环有静差直流调速系统

开环调速系统的特点是给定电压 U_{gn} 直接作为触发器的控制电压 U_{ct} 来调节电动机的转速

n。给定信号电压 U_{gn} 一定时，触发器的控制电压 U_{ct} 确定，晶闸管整流器的控制角 α 是固定不变的，整流器的输出电压 U_{do} 是恒定的，电动机电枢两端的电压（U_d）是确定的，电动机的转速 n 也是确定的。当给定信号电压 U_{gn} 连续变化时，电动机的转速 n 也会随之连续变化，所以开环系统在一定范围内实现了无级调速。但开环系统如果遇到扰动，会使电动机的转速有很大的变化（如负载增大，即负载电流 I_L 增大，为了维持电动机的运动平衡状态，电枢电流 I_d 最终会增加到与负载电流 I_L 相等，从而会使电枢电阻压降 I_dR_a 增大，电动机的反电动势 E 下降，电动机转速 n 下降）。开环调速系统的转速降落很大，机械特性较软，系统稳态性能差（调速范围小，静差率大）。如果生产机械对系统的静差率要求不高，开环系统还是能够在一定调速范围内满足要求。然而一般生产机械对静差率和调速范围都有一定的要求，这时开环调速系统已不能满足生产机械的稳态性能指标，必须采用闭环调速系统，来改善系统的稳态特性。

从前面的学习中得出，要想改善系统的稳态性能只能通过减小转速降落、稳定转速来实现。从这一目的出发，根据反馈控制理论：要保持某物理量基本稳定，可以引入该物理量的负反馈环节。因此我们可以在开环系统的基础上引入转速负反馈环节，构成转速闭环控制系统。由于系统只有一个转速反馈环节，所以按这种方式构成的系统称为单闭环转速负反馈直流调速系统。

1.2.1 转速负反馈单闭环有静差直流调速系统的组成

转速负反馈单闭环有静差直流调速系统的原理图如图 1-21 所示，其组成框图如图 1-22 所示。比开环调速系统增加转速负反馈检测环节和电压放大环节（比例调节器）。下面主要对这两个环节做以介绍。

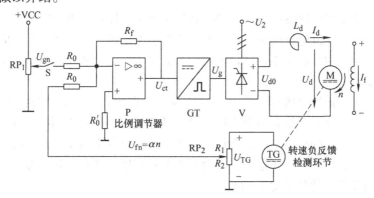

图 1-21 转速负反馈单闭环有静差直流调速系统的原理图

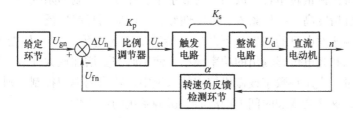

图 1-22 转速负反馈单闭环有静差调速系统组成框图

1. 转速负反馈检测环节

转速负反馈检测环节的作用是将系统输出量转速 n 变成与给定电压信号 U_{gn} 相同性质、相同数量级、反极性的电压量 U_{fn}，且 $U_{fn} < U_{gn}$。一般转速检测环节由两部分组成：一是与直流电动机同轴转动的转速检测装置；二是反馈分压电位器 RP_2。在图1-21中，反馈电压 $U_{fn} = U_{TG}R_2/(R_1 + R_2) = \alpha n$，其中 $U_{TG} = C_{eTG}n$ 为测速发电机输出电压，$R_2/(R_1 + R_2)$ 为反馈分压电位器的分压比，$\alpha = C_{eTG}R_2/(R_1 + R_2)$ 为转速反馈系数。

（1）转速检测装置 转速检测装置有很多种，不同装置在输出信号上有模拟量和数字量之分，如测速发电机的输出为模拟量，而电磁感应传感器、光电传感器、霍尔元件的输出量为数字量。图1-21是模拟量调速系统，转速反馈信号需要的是模拟量，一般采用测速发电机。而在数字控制或微机控制的调速系统中，转速反馈信号是数字量，所以转速的检测装置多用光电传感器、磁电传感器等。

1）测速发电机。测速发电机（TG）分直流和交流两种。

交流测速发电机结构与两相异步电动机相近，它将转速量变成交流电压量。这种电机结构简单、无电刷接触、工作可靠、维护方便，但用在直流调速系统中还要经过整流变换，故使反馈信号的准确度受到影响。因此在直流调速系统中，多数情况下，还是选用直流测速发电机。

直流测速发电机按励磁方式分类有永磁式（如 CY 型）和他励式（如 ZCF 型）。永磁式不需励磁电源供电，磁极用铁镍钴合金制成，磁性能较稳定，受温度变化影响小。这种测速发电机使用起来比较方便，但体积大一些，如果工作环境机械振动较大，磁场会受影响；并且使用久了，永久磁铁也会退磁，影响精度。他励式测速发电机体积较小，需要励磁电源供电，也需要保持励磁电流不变，为了保证精度，应使磁场尽可能工作在饱和状态或采用恒流电源供电。

不论直流还是交流测速发电机，在选择和使用上都要注意以下几方面。

在选择上：①测速发电机的转速，一般希望与主电动机（M）转速相适应，否则还要经过齿轮变速，齿轮间隙会在系统调节过程中引入新矛盾。②测速发电机的额定电压只要能满足反馈信号的要求就行。

在使用上：①测速发电机在安装时，对"同心"要求比较高，否则，每转一转输出信号有一个周期变化，这对系统是一个干扰信号，使系统产生低频振荡，影响系统稳定运行。②测速发电机输出电压的换向纹波，会给系统带来不应有的交流干扰，这时应考虑加滤波装置。③负载电流不能过大，否则电枢反应会影响测量精度。④在转速很低时，电刷压降及输出电压中因换向器造成的脉动也不能忽视。

2）光电编码器。光电编码器是一种高精度光电传感器，它将电动机转轴的旋转角变为编码电信号，即将机械量转角转换成相应的数字量。在数字控制的系统中，用光电编码器可以简化电路，而且精度高、结构紧凑、可靠性好，目前应用日趋广泛。

一般说来，测速发电机的精度，不及磁电传感器或光电传感器（如光电编码盘）的精度高，但磁电传感和光电传感输出的功率很小，使用时需要增加放大环节。另一方面，它们的输出多为脉冲量，应用在数字或微机控制的系统中。若采用模拟控制，则还需要增加数模转换和滤波环节，这又会增加时间上的滞后，影响系统的快速性。

总之，反馈检测装置的精度对闭环系统的稳速精度起着决定性的作用，也就是说，高精度的系统必须要有高精度的检测装置作为保证。

（2）反馈分压电位器　　反馈分压电位器阻值（$R_1 + R_2$）的选择不宜选得过大，过大则测速发电机电枢电流过小，电刷接触电阻产生的压降增大，影响测速精度。但阻值也不宜选得过小，阻值过小则测速发电机电枢电流过大，电枢反应和压降均增加，也影响精度。所以一般按测速发电机在最高电压时，输出电流为测速发电机额定电流的 10% ～20% 来确定阻值。有的测速发电机上标有额定负载电阻的阻值。

2. 电压放大环节

它的作用是将给定信号与反馈信号的差值 $\Delta U_n = U_{gn} - U_{fn}$ 进行放大，以保证调速系统正常工作。因为对于闭环调速系统，在满足调速精度时，U_{gn} 与 U_{fn} 的值已很接近，Δu_n 很小，不能驱动触发电路产生脉冲，所以 Δu_n 必须经电压放大，让 U_{gn} 与 U_{ct} 保持同一数量级，系统才能正常工作。电压放大环节的放大倍数 K_p，应由系统要求的动静态性能、系统的结构参数决定。

单闭环调速系统中常用的电压放大电路有单只晶体管组成的共射极放大电路和半导体集成比例运算放大器（这时集成运放工作在线性区）两种形式。

图 1-23 是单只晶体管组成的共射极放大电路原理图。其中直流电源 +VCC 通过 R_{b1}、R_{b2}、R_e、R_c 使晶体管 VT 获得合适的偏置，为晶体管的放大作用提供必要的条件。R_{b1}、R_{b2} 称为基极偏置电阻，R_e 称为发射极电阻，R_c 称为集电极负载电阻，利用 R_c 的降压作用，将晶体管 VT 集电极电流的变化转化成电压的变化，从而实现信号的电压放大。

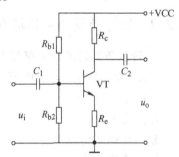

图 1-23　单只晶体管组成的
共射极放大电路原理图

单只晶体管组成的共射极放大电路，其放大倍数由电路中的晶体管的放大倍数决定，不能调节，所以这种电路只适用于小容量、对系统的静动态性能指标要求不高的场合。

集成运算放大器（简称"比例调节器"）一般有同相输入端与反相输入端两种类型，反相运算放大器存在"虚地"现象，且共模输入信号很小，应用更为广泛。图 1-24 给出反相集成比例运算放大器的原理图。

反相集成比例运算放大器（用 P 表示）的电路计算如下：

依"虚断"和"虚短"关系有
$$\frac{U_i}{R_0} = -\frac{U_0}{R_f}$$

所以
$$U_o = -\frac{R_f}{R_0} U_i = K_p U_i$$

如果不考虑比例调节器的输入、输出极性，当输入为阶跃信号时，其输入、输出关系如图 1-25 所示。

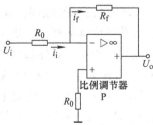

图 1-24　反相集成比例运算放大器的原理图

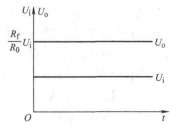

图 1-25　比例运算放大器输入，输出关系

半导体集成运算放大器有四个优点，一是体积小、漂移小、线性度好。二是可以在运算放大器的输入、输出端加限幅保护措施。输入限幅一般采用二极管反并联连接形式，其作用是为了防止实际输入信号超过允许输入信号的额定值，造成集成运放输入级损坏。输出限幅可以采用负反馈内限幅电路也可以在运算放大器的输出端加装外限幅电路，其作用一方面保证集成运放的线性特性及防止集成运放输出电压过高损坏集成运放，另一方面防止集成运放输出电压（过高）超出触发电路输入电压范围，给触发电路和调速系统造成不良影响。三是集成放大器可以配合适当的反馈网络组成的各种类型运算放大器，起到串联校正作用，如比例调节器（即电压放大电路）、积分调节器、比例积分调节器、微分调节器、比例微分调节器、比例积分微分调节器等。当系统配合不同调节器时，动、静态性能会有很大变化。四是这种电路的电压放大倍数与集成运算放大器本身参数无关，只与外接输入电阻与反馈电阻有关，所以可以方便地调节电压放大倍数以满足系统参数的要求。一般在直流调速系统中较多采用集成运算放大器。

1.2.2 转速负反馈单闭环有静差直流调速系统的静特性

1. 转速负反馈单闭环有静差直流调速系统的静特性方程及曲线

从图 1-21 中得出各个环节的输入、输出稳态关系式如下。

电压比较环节：$\Delta U_n = U_{gn} - U_{fn}$

比例放大器：$U_{ct} = K_p \Delta U_n$

晶闸管整流与触发装置：$U_{d0} = K_s U_{ct}$

转速检测环节：$U_{fn} = \alpha n$

V-M 环节特性：$n = \dfrac{U_{d0} - I_d R_\Sigma}{C_e}$

以上各式中，K_p 为放大器的电压放大系数；K_s 为晶闸管整流器与触发装置的电压放大系数；α 为转速反馈系数，单位为 $V \cdot min/r$。

联立以上方程求解可得到系统的静特性方程式为

$$n = \frac{K_p K_s U_{gn}}{C_e(1+K)} - \frac{I_d R_\Sigma}{C_e(1+K)} = n_{0b} - \Delta n_b \qquad (1-12)$$

式中，$K = K_p K_s \alpha / C_e$ 为闭环系统的开环放大系数，它是系统中各个环节放大系数的乘积；n_{0b} 为闭环系统的理想空载转速；Δn_b 为闭环系统的稳态速降。

从式（1-12）看出，闭环系统的静特性与开环系统机械特性一样都是表示系统的转速与负载电流（或转矩）的关系，并且在方程形式上两者也很相似，但在本质上它们却有着很大的不同。这是因为在对待扰动引起转速变化的问题上，开环系统只能通过电动机内部的调节，使电动机转速发生很大的改变。而闭环系统除了通过电动机内部的调节，更主要的是通过电动机外部反馈环的调节，使电动机转速保持基本不变或变化很小。具体过程如下：设系统原来稳定工作在电枢电压 U_{d1} 对应的机械特性上的 A 点，转速为 n_1，电枢电流（负载电流）为 I_{d1}。如果负载增大（从 I_{d1} 到 I_{d2}），由于 $I_{d1} < I_{d2}$，$dn/dt < 0$，转速肯定要下降。如果是开环系统，经过电动机内部调节后，速度必然降至工作点 A'，对应速度 n_1'；然而对于闭环系统，当转速下降的同时，电动机外部的反馈环节开始进行调节，即反馈电压 U_{fn} 也同步下降，与给定电压比较后，ΔU_n 反而增大，再通过电压放大环节，使电动机两端的电枢电压

从 U_{d1} 增大到 U_{d2}，电动机重新工作在 U_{d2} 对应的机械特性曲线的 B 点，对应速度为 n_2。由此，在闭环系统中，每次增加（或减少）负载，就相应提高（或降低）电枢电压 U_d，改变一条机械特性，这样在众多开环机械特性上各取一个相应的工作点（A、B、C、D）即可连接成闭环系统的特性曲线。为了与开环系统机械特性相区别，闭环系统的特性称作静特性，曲线如图 1-26 所示。

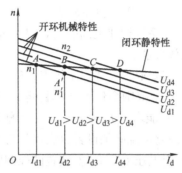

图 1-26　单闭环有静差直流调速系统的静特性曲线

2. 转速负反馈单闭环有静差直流调速系统的静特性与开环机械特性的比较

转速负反馈单闭环静差直流调速系统的静特性为

$$n = \frac{K_p K_s U_{gn}}{C_e(1+K)} - \frac{I_d R_\Sigma}{C_e(1+K)} = n_{0b} - \Delta n_b \tag{1-13}$$

开环调速系统机械特性为

$$n = \frac{K_s U_{gn}}{C_e} - \frac{I_d R_\Sigma}{C_e} = n_{0k} - \Delta n_k \tag{1-14}$$

比较式（1-13）与式（1-14），可以得到如下结论。

1）相同负载下，闭环系统的静特性比开环系统机械特性硬得多。

在同样的负载下，两者的稳态速降分别为

$$\Delta n_b = \frac{I_d R_\Sigma}{C_e(1+K)} \quad \text{和} \quad \Delta n_k = \frac{I_d R_\Sigma}{C_e}$$

它们的关系是

$$\Delta n_b = \frac{\Delta n_k}{1+K}$$

显然，当 K 值较大时，Δn_b 比 Δn_k 小得多，也就是说，在相同负载电流条件下，闭环系统的静态速降 Δn_b 仅为开环系统静态速降 Δn_k 的 $1/(1+K)$ 倍。

2）相同空载转速下，闭环系统的静差率比开环系统的小得多。

闭环系统和开环系统的静差率分别为

$$s_b = \frac{\Delta n_b}{n_{0b}} \quad \text{和} \quad s_k = \frac{\Delta n_k}{n_{0k}}$$

可见，当 $n_{0b} = n_{0k}$ 时，闭环系统的静差率 s_b 仅为开环系统静差率 s_k 的 $1/(1+K)$ 倍，所以系统闭环后静差率可显著减小。

3）当要求的静差率一定时，闭环系统的调速范围可以大大提高。

如果电动机的最高转速都是 n_N，且对最低转速静差率的要求相同，则有开环系统

$$D_k = \frac{sn_N}{\Delta n_k(1-s)}$$

闭环系统
$$D_b = \frac{sn_N}{\Delta n_b(1-s)}$$

所以得出
$$D_b = (1+K)D_k$$

即闭环系统的调速范围是开环系统调速范围的 $(1+K)$ 倍。

4）闭环系统必须设置电压放大器。

综合分析，不难看出闭环系统要取得上述三条优点，K 值要足够大（为了满足系统的稳定性，K 值有一定的范围，超过这个范围会使系统不稳定）。从系统的开环放大系数 $K = K_p K_s \alpha / C_e$ 可看出，若要增大 K 值，只能增大 K_p 和 α 值（因为触发电路、整流电路与直流电动机确定后，K_s、C_e 是确定的），因此系统必须设置放大倍数为 K_p 的电压放大器。实际上，无论是开环系统还是闭环系统，给定电压 U_{gn} 和触发装置的控制电压 U_{ct} 都是属于同一数量级的电压。在开环系统中，由于 U_{gn} 直接作为 U_{ct} 来控制，因而不必设置电压放大器；而在闭环系统中，引入转速反馈电压 U_{fn} 后，若要使转速偏差 Δn_b 小，$\Delta U_n = U_{gn} - U_{fn}$ 就必须压得很低，甚至低到使触发整流装置不能正常工作的程度，所以必须设置电压放大器，才能获得足够的控制电压 U_{ct}。放大器放大倍数 K_p 也不宜过大，以防系统不稳定。下面给出 K_p 和 α 的计算选择与方法。

① 系统的开环放大倍数 K 的计算和选择方法。

一般应根据生产机械提出的静差率和调速范围的要求，先来确定系统的反馈形式，计算系统应具有的开环放大倍数 K。对单闭环系统来说，由于

$$\Delta n_b = \frac{sn_N}{D(1-s)}$$

$$\frac{I_d R_\Sigma}{C_e(1+K)} = \Delta n_b$$

则
$$K = \frac{I_d R_\Sigma}{C_e \Delta n_b} - 1$$

② 比例放大器的放大倍数 K_p 及转速负反馈系数 α 的选择方法。

当触发器和可控整流电路确定以后，放大倍数 K_s 也就确定了；在电动机选定后，C_e 也是已知的。由于系统的开环放大倍数 K 已算出，余下的就是综合选定电压放大器放大倍数 K_p 和反馈系数 α。

反馈系数 $\alpha = [R_2/(R_1 + R_2)] C_{eTG}$，其中 C_{eTG} 由测速发电机型式决定。分压比 $R_2/(R_1 + R_2)$ 是可变的，增大这个比值可增大 α。但分压比增大后反馈电压 U_{fn} 就增加了，这就要相应提高给定电压 U_{gn} 的值，而给定电压通常由系统的公共稳压电源 ±15V 供电，U_{gn} 一般为10V 左右，因此过大地增加反馈电压也不一定合理，反馈电压一般选为 8V 左右为宜。

当 K、α 确定后，K_p 即可确定。

例1.2 如图 1-21 所示转速闭环系统。

1）直流电动机额定参数：$P_N = 22kW$，$U_N = 220V$，$I_N = 116A$，$R_a = 0.1\Omega$，$n_N = 1500r/min$。

2）V-M 系统，主电路总电阻 $R_\Sigma = 0.3\Omega$。

3）晶闸管整流装置移相控制电压 U_{ct} 从 $0 \sim 7V$ 变化时，晶闸管整流电压 U_{d0} 从 $0 \sim 230V$ 变化，整流变压器 Y/Y 联结，二次线电压 $U_{2L} = 230V$。

4）测速发电机为 ZYS231/110 型永磁式，额定数据：23.1W，110V，0.21A，1900r/min。

5）生产机械要求：$D = 10$，$s = 0.05$。

求：系统比例调节器的放大系数 K_p 及 R_f 的值。

解：根据已知技术数据，系统静态参数计算如下。

1）为了满足静态调速指标，电动机在额定负载时静态速降为

$$\Delta n_b = \frac{n_N s}{D(1-s)} = \frac{1500 \times 0.05}{10 \times (1-0.05)} r/min = 7.89 r/min$$

2）根据 Δn_b，确定系统的开环放大系数 K。

由于

$$\Delta n_b = \frac{R_\Sigma I_N}{C_e(1+K)}$$

所以

$$K = \frac{R_\Sigma I_N}{C_e \Delta n_b} - 1$$

其中

$$C_e = \frac{U_N - R_a I_N}{n_N} = \frac{220 - 0.1 \times 116}{1500} V/(r/min) = 0.139 V/(r/min)$$

所以

$$K = \frac{0.3 \times 116}{0.139 \times 7.89} - 1 = 30.7$$

3）计算测速反馈系数 α 及分压电阻。

测速反馈电压为

$$U_{fn} = \alpha n = \frac{R_1}{R_1 + R_2} C_{eTG} n$$

根据测速发电机参数得

$$C_{eTG} = \frac{U_{TG}}{n_N} = \frac{110}{1900} V/(r/min) = 0.058 V/(r/min)$$

本系统直流稳压电源为 $\pm 15V$，最大转速时给定电压 U_{gn} 为 10V，对应的电动机转速为额定值 1500r/min，电动机与测速机硬轴连接。

当系统处于稳态时，近似认为

$$U_{fn} = U_{gn} = \alpha n$$

转速反馈系数为

$$\alpha = \frac{U_{gn}}{n_N} = \frac{10}{1500} V/(r/min) = 0.006 V/(r/min)$$

分压系数为

$$\frac{R_2}{R_1 + R_2} = \frac{\alpha}{C_{eTG}} = \frac{0.006}{0.058} = 0.11$$

直流测速发电机的负载电阻为 $R_1 + R_2$，一般取测速发电机的负载电流为其额定电流的 20%，则

$$R_1 + R_2 = \frac{C_{eTG} n_N}{20\% I_{NTG}} = \frac{0.058 \times 1500}{0.2 \times 0.21} \Omega = 2071\Omega$$

电阻的功耗为

$$P = C_{eTG} n_N 20\% I_{NTG} = 0.058 \times 1500 \times 0.2 \times 0.21 W = 3.65W$$

因此 $R_1 + R_2$ 分压电阻可选用 $2.2k\Omega$、$10W$ 的电位器来担任，且可使 U_{fn} 大小可调。

4）确定电压放大电路（比例调节器）的放大系数 K_p。

由于

$$K = K_p K_s \alpha \frac{1}{C_e}$$

其中晶闸管及触发装置的电压放大系数 K_s 可根据已知参数估算，即

$$K_s = \frac{U_{d0max}}{U_{ctmax}}$$

所以

$$K_p = \frac{K}{K_s \alpha \frac{1}{C_e}} = \frac{30.7}{32.86 \times 0.006 \times \frac{1}{0.139}} = 21.6$$

由于

$$K_p = \frac{R_f}{R_0}$$

若取 $K_p = 22$，$R_0 = 20k\Omega$，则 $R_f = K_p R_0 = 440k\Omega$。

综合闭环系统静特性的特点，可得出这样的结论：闭环系统可以获得比开环系统硬得多的静特性。闭环系统在保证稳定性的前提下，开环放大系数 K 值越大，静特性就越硬，从而能够保证在一定静差率要求下，提高系统的调速范围。但为了实现这种性能就必须增设检测反馈环节和电压放大器。

1.2.3 转速负反馈单闭环有静差直流调速系统的动态工作过程

1. 起动

当 S 开关闭合时，系统在零初始状态下，突加给定信号电压 U_{gn}，由于电动机的转速 n 为零，转速负反馈电压信号 U_{fn} 为零，给定信号电压 U_{gn} 直接经比例调节器的放大，变成最大的触发电路控制电压信号，控制整流电路产生最大的输出电压加到电动机电枢两端（相当于全压起动），这时电动机的转速 n 为零，电动机的反电动势 E 为零，电动机电枢回路产生最大的电枢电流（为起动电流），是电动机额定电流的 10 ~ 50 倍，电磁转矩（为起动转矩）也是额定转矩的几十倍。由于系统起动时的电磁转矩远远大于负载转矩，因此产生转速加速度，电动机开始加速，转速开始上升。随着电动机转速的上升，电动机反电动势增大，电枢回路电流开始减小，电磁转矩减小。但只要电磁转矩大于负载转矩，电动机转速将一直上升，直到电磁转矩等于负载转矩，电动机稳定运行在某一转速上。

但是要注意闭环系统全压起动时产生的很大的冲击起动电流，对电动机的换相不利，对过载能力差的晶闸管也会造成损害，因此，闭环系统在起动时必须加入限流措施，比如加入电流截止负反馈环节，来限制大的起动电流对系统的影响。而对于某些要求平稳起动的系统，可在给定环节后加入给定积分器，来保证系统起动过程的平稳过渡。

2. 系统的抗扰动自动调节过程

当稳定运行的系统受到扰动后，系统会出现自动调节过程。由于扰动因素很多，这里只讨论负载变化时，系统的自动调节过程。

（1）电动机内部的自动调节过程 由于电动机本身存在着闭合因果关系，相当于一个反馈系统，所以当电动机负载转矩 T_L 发生变化时，电动机内部将会产生以适应外界负载转矩变化的自动调节过程。

这一调节过程主要是通过电动机内部电动势 E 的变化造成电枢电流 I_d 的变化来进行调节的，直到 $T_e = T_L$ 达到一个新的平衡状态。这种调节过程是以改变转速为前提的。显然，从 T_L 开始变化（增加/减小）到转速稳定后，电动机转速将有所变化（下降/上升）。T_L 增加时电动机内部的调节过程如图 1-27 所示。

（2）转速负反馈环节产生的自动调节过程 当电动机负载转矩 T_L 发生变化而引起电动机转速发生变化时，电动机外部的转速负反馈环节（闭环）也出现了一个使控制电路产生相应变化的自动调节过程。

这一调节过程主要通过检测转速负反馈电压 $U_{fn} = \alpha n$ 的变化，造成偏差电压 $\Delta U_n = U_{gn} - U_{fn}$ 变化，整流装置输出电压 U_{d0} 在原基础上发生改变，电枢电压 U_d 跟着改变，电枢电流 I_d 变化，并在磁场的作用下，使电动机的电磁转矩 T_e 变化，直到 $T_e = T_L$，转速基本回到负载转矩发生变化前的数值，调节过程才结束。负载转矩增加时系统的自动调节过程见图 1-27。

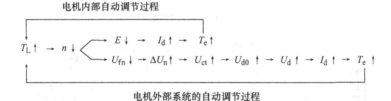

图 1-27　负载增加时转速负反馈单闭环有静差直流调速系统的自动调节过程

3. 制动

当系统稳定运行一段时间后，S 开关断开，切断了主电路供电电压信号和控制电路给定电压信号，主电路断电，这时电动机继续转动切割磁力线产生的电能，可以通过能耗电阻变成热能消耗掉，也可以通过另一套晶闸管设备反送回电网，在电能释放的过程中，电动机转速迅速下降为零。

1.2.4　反馈控制系统的基本特征

转速负反馈单闭环有静差调速系统是一种基本反馈控制系统，它具有以下四项基本特点，即反馈控制系统的基本特征。

（1）被调量转速 n 有静差 采用比例放大器的反馈控制系统是有静差的。

从静特性方程中可以看出，闭环系统的稳态速降为

$$\Delta n_b = \frac{R_\Sigma}{C_e(1+K)} I_d$$

只有当 $K = \infty$ 时才能使 $\Delta n_b = 0$，即实现无静差，而实际上不可能获得无穷大的 K 值，况且过大的 K 值将可能导致系统不稳定。

从控制作用上看，放大器的输出电压即触发电路的控制电压 U_{ct} 与转速偏差电压 ΔU_n 成正比，如果实现无静差（$\Delta n_b = 0$），则控制信号 $\Delta U_n = 0$，$U_{ct} = 0$，控制系统没有起到控制作

用，系统将停止运行。所以说，这种系统是依靠被调量转速 n 的偏差（实际转速与理想转速的偏差 Δn_b）来实现调节作用的。本系统只能检测偏差、减小偏差而不能消除偏差，故又称为有静差调速系统。

（2）被调量转速 n 紧紧跟随给定量的变化　在反馈控制系统中，当给定 U_{gn} 改变时，ΔU_n、U_{ct}、U_{d0} 将随之发生一系列变化，使被调量转速 n 随之变化，一直到最终的稳定运行。因此调速系统要求电动机转速能在一定范围内调节，就是靠调节给定量的大小来实现的，即被调量转速 n 总是紧紧跟随给定量信号变化。

（3）反馈控制系统对包围在闭环中前向通路上的各种扰动有较强的抑制作用　当系统给定电压不变时，引起被调量转速 n 变化的因素称为扰动。实际上，引起转速变化的因素很多，如负载变化、交流电源电压 U_2 的波动、电动机励磁电流 I_f 的变化、放大器放大系数 K_p 漂移、温度变化引起主电路电阻 R_Σ 变化等，只要是作用在反馈环内系统前向通道上的各种扰动，都会被转速检测环节检测出来，再通过反馈控制作用，减小它们对稳态转速的影响。所以反馈控制系统对被包围在系统前向通道上的各种扰动都有抑制作用，这也是反馈控制系统最突出的特征。图1-28是反馈控制系统中给定和扰动的作用，画出了系统可能出现的各种扰动因素。

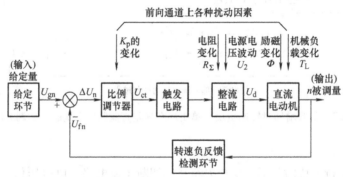

图1-28　反馈控制系统中给定和扰动的作用

前面只讨论了负载变化引起转速变化时系统的自动调节过程，是因为负载变化是调速系统中最主要的扰动之一。一般在分析、设计系统时，只考虑其中最主要的扰动，例如在调速系统中只考虑负载扰动，并按照克服负载扰动的要求进行分析、设计，其他扰动的影响也必然会受到抑制。

对于包围在系统反馈环节内前向通道中的其他扰动因素对转速的影响及系统的自动调节过程可按负载变化的调节过程来分析。如网压变化造成转速变化的调节过程为 $U_2\downarrow \rightarrow U_{d0}\downarrow \rightarrow n\downarrow \rightarrow \Delta U_n\uparrow \rightarrow U_{d0}\uparrow \rightarrow n\uparrow$，最后转速回升接近原来值，但由于系统是有静差调速系统，转速不可能恢复到原稳态转速。

（4）反馈控制系统对给定信号和检测装置所产生的扰动无法抑制　给定电压的细微变化，都会引起转速的变化，而不受反馈的抑制，这是因为反馈控制系统无法鉴别是正常的调节给定电压还是给定电源的变化。如果给定电源发生了不应有的波动，则转速也随之变化，因此高精度的调速系统需要有高精度的给定稳压电源。

此外，对于反馈检测元件本身的误差，反馈控制也是无法抑制的。比如在调速系统中，测速发电机的励磁发生了变化、测速发电机输出电压中的换向纹波以及由于制造或安装不良造成转子和定子间的偏心等，都会造成反馈电压 U_{fn} 的改变，通过系统的反馈调节，反而使电动机转速偏离了原来保持的数值。所以，高精度的控制系统还必须有高精度的检测元件作保证。

1.3 转速负反馈单闭环无静差直流调速系统

采用比例调节器的单闭环转速负反馈控制系统是有静差的，即系统受到扰动后，系统经调节，新的稳定转速与原来的额定转速不同，$\Delta U_n \neq 0$，虽然通过增大放大系数 K 能减小静差，但实际上不可能完全消除静差。由控制规律知，系统要想实现无静差，就必须把单纯的比例控制换成积分或比例积分控制，利用对偏差和偏差的积累产生控制电压，从根本上消除静差。

1.3.1 转速负反馈单闭环无静差直流调速系统的组成

转速负反馈单闭环无静差直流调速系统的组成除了在调节器类型与有静差调速系统不同之外，其余与有静差系统完全相同。转速负反馈无静差直流调速系统主要使用积分调节器和比例积分调节器。

1. 积分调节器

（1）积分调节器的工作原理　由线性集成运算放大器构成的积分调节器的原理图如图1-29 所示。

根据"虚短""虚断"的概念可以很容易得出输入信号与输出信号之间的运算关系为

$$U_o = -\frac{1}{R_0 C_f}\int U_i dt = -\frac{1}{\tau}\int U_i dt$$

式中，$\tau = R_0 C_f$ 为积分调节器的积分时间常数。上式表明，调节器的输出电压 U_o 为输入电压 U_i 对时间的积分，故称为积分调节器（I 调节器）。

如果不考虑输入输出之间的相位关系，当 U_i 为阶跃输入时，通过对输入进行积分计算（设 U_o 的初始值为零），得积分调节器的输出与时间表达式为

$$U_o = \frac{U_i}{\tau}t$$

此式表明了输出电压 U_o 是随时间线性增长的，且每一时刻的 U_o 值和 U_i 与横轴所包围的面积成正比。阶跃输入下积分调节器的输入输出特性曲线如图1-30 所示。

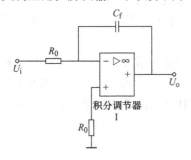

图1-29　积分调节器的原理图

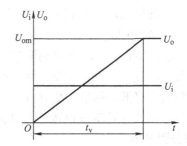

图1-30　阶跃输入下积分调节器的输入输出特性曲线

当 $U_i = f(t)$ 为图 1-31a 所示的输入信号（调速系统突加负载时，其偏差电压 ΔU_n 即为此波形）时，同样按着和 U_i 与横轴所包围的面积成正比的关系可求出相应的 $U_o = f(t)$ 曲线如图 1-31b 所示，图中 U_i 的最大值对应于 $U_o = f(t)$ 曲线的拐点。

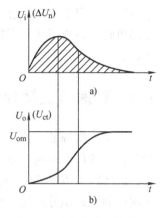

图 1-31　突加负载时积分
调节器的输出特性曲线

应该指出，只要在调节器输入端有 U_i 作用，即 $U_i > 0$，电容就不断积分，U_o 也不断上升。实际上，输出量 U_o 不会无限制地增长，这是由于系统工作的需要，调节器都设有输出限幅装置，当输出电压 U_o 上升至限幅值 U_{om} 时，U_o 停止上升，并保持在 U_{om} 上。通常把调节器输出最大电压 U_{om} 称为调节器的限幅值或饱和值，如图 1-30 所示。而当 $U_i = 0$ 时，U_o 便停止增长，并保持前一时刻的输出不变。只有 $U_i < 0$，U_o 才会下降。

（2）积分调节器的特点　从上面积分调节器的输入输出特性可以看出，积分调节器具有以下特点。

1）积累作用。只要输入端有信号，即输入信号不为零，积分调节器的输出就一直增长，这是一个积累的过程。只有输入信号为零时，输出才停止增长。利用积分调节器的这个积累特性，就可以完全消除系统中的稳态偏差。

2）记忆作用。在积分过程中，输入信号衰减为零时，输出并不为零，而是始终保持在输入信号为零前的那个输出瞬时值上，即能够记忆输入信号变化前的那个瞬间输出值，这是积分控制明显区别于比例控制的地方。正因如此，积分控制可以使系统在偏差电压为零时保持恒速运行。

3）延缓作用。当积分调节器的输入信号有一阶跃变化时，其输出却不能随之跳变到 U_{om}，而是由 0 开始积分逐渐增长到 U_{om}。这个过程的时间 t_i 就是积分调节器的动态调节时间，它由 τ 决定，并与 τ 成反比。这说明积分调节器有明显的滞后作用，且时间常数 τ 越大，滞后作用越严重。这种滞后的特性就是积分调节器的延缓作用，它将影响系统控制的快速性。

（3）积分调节器在调节过程中的等效放大系数 K_i　在动态过程中，因为调节器的输出电压 U_o 是对输入电压 U_i 的积分，所以，积分调节器的动态放大系数 K_i 是变化的，随时间的增长而增大。

若 I 调节器的初始状态为零，当积分开始时，电容相当于短路状态，则放大系数 K_i 接近于零。随着时间的增长，输出值不断增大，放大系数不断加大。最后达稳态时，电容相当于断路状态，调节器的放大系数 K_i 很大，从理论上讲可为无穷大，实际上等于放大器本身的开环放大系数 K_0，在 10^4 以上。

积分调节器这一特点，使其在自动调速系统中，作为校正环节极为有效，它能使系统在稳态情况下有极大的放大系数，从而使静态偏差极小，实现了无差调节。在动态情况下，又使系统放大系数大为降低，保证系统具有良好的动态稳定特性。故积分调节器能巧妙地处理系统稳定性与静态误差这对动态和静态之间的矛盾。

2. 比例积分调节器

由于积分调节器的输出相对于输入有明显的滞后延缓作用，尤其当 R_0 较大时，输出电压增长太慢，将使系统的过渡过程变得很长。因此，使用单纯的积分调节器虽能满足静态无

差调节的要求，但其不足之处是动态响应太迟缓，在控制的
快速性上不如比例调节器。为了弥补积分调节器的缺陷，将
快速性良好的比例调节与它结合起来，组成比例积分调节器，
简称 PI 调节器。

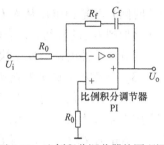

（1）比例积分调节器的原理　由线性集成运算放大器构
成的比例积分调节器的原理图如图 1-32 所示。

图 1-32　比例积分调节器的原理图

同样，根据"虚短"、"虚断"的概念可以很容易得出输
入信号与输出信号之间的运算关系为

$$U_o = -\frac{R_f}{R_0}U_i - \frac{1}{R_0 C_f}\int U_i dt = -K_p U_i - \frac{1}{\tau}\int U_i dt$$

$$= -K_p U_i - K_p \frac{1}{\tau K_p}\int U_i dt = -K_p U_i - K_p \frac{1}{\tau_1}\int U_i dt$$

式中，$K_p = R_f/R_0$ 为 PI 调节器比例部分的比例系数；$\tau = R_0 C_f$ 为 PI 调节器的积分时间常数；
$\tau_1 = K_p\tau = R_f C_f$ 为 PI 调节器的超前时间常数。此式表明，调节器的输出电压 U_o 为输入电压 U_i
的比例部分与输入电压 U_i 对时间的积分部分之和。

在不考虑输入输出之间的相位时，同样可得到在阶跃信号输入作用下所对应的输出特性
曲线，如图 1-33 所示。从图中可以看出比例积分调节器的控制规律：当突加恒定输入电压
U_i 时，比例部分先起作用，输出电压突跳为 $K_p U_i$，以保证一定的快速控制。随着时间增长，
积分部分的作用逐渐增大，调节器的输出 U_o 在 $K_p U_i$ 基础上线性增长，直至达到运算放大器
的限幅值。

当输入电压 $U_i = f(t)$ 为图 1-34a 所示的信号（调速系统突加负载时，其偏差电压 ΔU_n
即为此波形）时，PI 调节器的输出 U_o（系统中为 U_{ct}）波形（见图 1-34b）中比例部分①
（U_{ctP}）和 ΔU_n 成正比，为 $K_p\Delta U_n$，积分部分②（U_{ctI}）是 ΔU_n 对时间的积分，为 $\Delta U_n t/\tau$，输
出电压 U_o（U_{ct}）为这两部分之和③（即①＋②＝③）。由此可见，比例部分能迅速响应，
积分部分则最终消除稳态偏差。

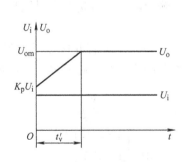

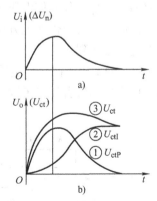

图 1-33　阶跃输入下比例积分调节器
的输出特性曲线

图 1-34　突加负载时比例积分调节器
的输出特性

（2）比例积分调节器的特点　由于比例积分调节器具有比例与积分两种控制作用，所
以它与积分调节器一样都有积累、记忆、延缓三大特点。但它的延缓过程对应的时间（即

调节时间）是输出电压从 $K_p U_i$ 增加到 U_{om} 的时间 t'_v，而积分调节器的延缓时间是输出电压从 0 增加到 U_{om} 的时间 t_v，当两种调节器的积分时间常数相同时，比例积分调节器的调节速度比积分调节器的调节速度快，调节时间 t'_v 比 t_v 短。

（3）比例积分调节器在调节过程中的等效放大系数 K_{pi} 从 PI 调节器控制的物理意义上看，当突加输入信号时，由于电容两端不能突变，电容相当于瞬间短路，此时调节器相当于一个放大系数为 $K_p = R_f/R_0$ 的比例调节器，在其输出端呈现电压 $K_p U_i$，实现快速控制。此后，随着电容 C_f 被充电，输出电压 U_o 开始积分，其数值在 $K_p U_i$ 的基础上不断增长，直至稳态。稳态时，电容 C_f 相当于开路，和积分调节器一样，调节器可以获得极大的开环放大系数 K_0，在 10^4 以上，实现稳态无静差。所以 PI 调节器的动态放大系数在调节过程中是变化的，刚开始调节时，$K_{pi} = R_f/R_0$，调节结束时，$K_{pi} = \infty$。

3. 带输出限幅电路的 PI（或 I）调节器

由于 I、PI 调节器的积累特点，只要输入量 U_i 不为零，输出量 U_o 就会无限制地增长。如果不加限制，让输出量 U_o 一直增长下去，势必会超出调节器的承受能力以及触发电路需要的控制电压的范围，这样会造成调节器、触发电路的损坏，使系统无法正常工作。所以 I、PI 调节器一般都设有输出限幅电路，当 I、PI 调节器输出电压 U_o 上升至限幅电路给出的限幅值 U_{om} 时，U_o 停止上升，并保持在 U_{om} 上。通常把调节器输出最大电压 U_{om} 称为调节器的限幅值或饱和值电压，这个电压的大小应根据调节器的承受能力和触发电路要求的最大控制电压 U_{ct} 来决定，这个电压的调整由限幅电路来完成。

输出限幅电路分外限幅和内限幅两种，如图 1-35 所示。

图 1-35a 为一种常用的外限幅电路。其中 +15V、VD$_1$、RP$_1$ 提供正限幅电压值 U_+，−15V、VD$_2$、RP$_2$ 提供负限幅电压值 U_-，R_{lim} 为限流电阻，正、负限幅电压的大小分别为

$$U_+ = U_M + U_{VD1}$$
$$U_- = U_N + U_{VD2}$$

式中，U_M、U_N 为电位器 M、N 点电位；U_{VD1}、U_{VD2} 分别为二极管正向管压降。

这种电路的优点是：限幅值电压可以调节，通过调节 M、N 点电位获得；缺点是：仅限制输出电压，而运算放大器仍然上升至饱和状态，要使输出电压下降仍存在退饱和的放电时间，因此动态过程会受到影响。

图 1-35b 为一种常用的内限幅电路。采用两个对接的稳压二极管并接在反馈阻抗两端，输出限幅电压由稳压二极管反向击穿电压提供。这种电路的优点是线路简单；缺点是限幅值不可以调节。

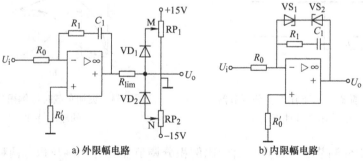

a) 外限幅电路　　　　　b) 内限幅电路

图 1-35　比例积分调节器及限幅电路

4. 比例积分调节器的实用电路

图 1-36 是由 FC54 运算放大器构成的比例积分调节器。下面对它的组成环节和功能做以介绍。

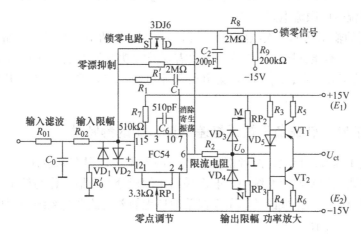

图 1-36　由 FC54 运算放大器构成的比例积分调节器

（1）调节调零点、抑制零点漂移和锁零电路　由运算放大器构成的调节器的基本要求之一是"零输入时，零输出"。若由于温度变化或其他原因而造成零输入时，输出不为零（零漂），则可调节调零电位器 RP_1，使输出为零。

稳态时，电容器 C_1 相当于开路，放大系数很大，这样运算放大器零点漂移的影响便很大，在由 R_1、C_1 串联构成的反馈电路两端并联一个电阻 R'_1，可使零漂引起的输出电压的波动得到负反馈的抑制，如图 1-36 所示。R'_1 一般取 $2 \sim 4M\Omega$。

由于运算放大器的零漂，还可能使系统在"停车"时发生窜动（或蠕动），为此，采用锁零电路。即采用主令接触器的常闭触点在"停车"时将输出端与输入端短接；或采用电子开关将输出端与输入端短接，如图 1-36 所示。图中的电子开关采用 N 沟道耗尽型场效应晶体管（如 3DJ6）。当"停车"时，发出锁零信号，使栅极电压为零，则源、漏极间有较大电流通过（相当于短路），相当于触点闭合，起锁零作用。当系统运行时，锁零信号消失，栅极在 -15V 电源作用下呈负压，当栅极负压大于或等于夹断电压后，源、漏极间相当于开路，保证系统正常运行。栅极电路中的阻容滤波环节，主要起抗干扰作用，以防误动作。

（2）消除寄生振荡　当运算放大器接成闭环后，由于放大系数很高，晶体管有结间电容，引线有电感和分布电容，使输出、输入间存在寄生耦合，产生高频寄生振荡。在 FC54 的 3、10 两端子间外接一补偿电容可以消除寄生振荡（见图 1-36）。

（3）调节器的输入、输出限幅电路和输入滤波电路　为防止过大的信号输入使运算放大器发生"堵塞现象"，在运算放大器的正、反相输入端间，外接两个反并联的二极管 VD_1 和 VD_2，它们构成输入限幅电路（见图 1-36）。

为滤去输入信号中的谐波成分，在运算放大器的反相输入端外接了 T 形滤波电路，并起延缓作用。在稳态，电容 C_0 相当于开路，其输入回路电阻 $R_0 = R_{01} + R_{02}$（一般 $R_{01} = R_{02} = 10 \sim 20k\Omega$）。在动态，T 形滤波器相当于一个"惯性环节"。

为了保证运算放大器的线性特性并保护调速系统的各个部件，设置输出电压限幅是十分必要的。输出限幅电路有很多种。图 1-36 中是采用二极管箝位的外输出限幅电路（其原理参见图 1-35a）。图中 E_1、E_2 为 ±15V 电源，调节电位器 RP$_2$、RP$_3$ 可以调节正、反向电压的限幅值。R_2 为限幅时的限流电阻。

（4）调节器的输出功率放大电路   调节器的最大输出功率是有限的，如 FC54 最大输出电流为 10mA，一般不能直接驱动负载，因此需要外加功率放大电路（见图 1-36）。由 VT$_1$、VT$_2$ 构成的推挽功率放大器，R_5、R_6 是集电极限流电阻。二极管 VD$_5$ 是用来补偿 VT$_1$ 和 VT$_2$ 基极死区电压的。

1.3.2　PI 调节器 – 转速负反馈无静差调速系统的静特性

PI 调节器与 I 调节器相比，两者都能实现无静差调节，但在调节速度上比 I 调节器快，所以在转速负反馈无静差调速系统中一般都采用比例积分调节器，作为校正元件。

采用比例积分调节器组成的转速负反馈单闭环无静差直流调速系统的原理图和组成框图如图 1-37 和图 1-38 所示。

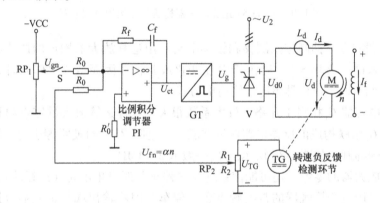

图 1-37　转速负反馈单闭环无静差调速系统原理图

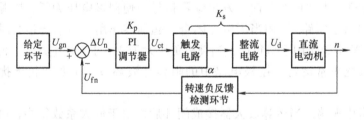

图 1-38　转速负反馈单闭环无静差调速系统组成框图

根据原理图 1-37 得到各环节输入、输出之间的稳态关系表达式为

电压比较环节：$\Delta U_n = U_{gn} - U_{fn}$

积分调节器：$U_{ct} = K_{pi} \Delta U_n$

晶闸管整流与触发装置：$U_{d0} = K_s U_{ct}$

转速检测环节：$U_{fn} = \alpha n$

V-M 环节特性：$n = \dfrac{U_{d0} - I_d R_\Sigma}{C_e}$

以上各式中，K_{pi} 为 PI 调节器的电压放大系数（K_{pi} 在动态过程中是变化的，但在稳态时是不变的，理想状态为零，实际为调节器的开环放大倍数是 10^4 以上，远远大于有静差系统的 K_p）；K_s 为晶闸管整流器与触发装置的电压放大系数；α 为转速反馈系数，单位为 $V \cdot min/r$。

联立以上方程求解可得到系统的静特性方程为

$$n = \frac{K_{pi}K_sU_{gn}}{C_e(1+K)} - \frac{I_dR_\Sigma}{C_e(1+K)} = n_{0bpi} - \Delta n_{bpi}$$

式中，$K = K_{pi}K_s\alpha/C_e$。

由于系统稳态时 $K_{pi} \to \infty$，所以 $\Delta n_{bi} = 0$，系统是没有静差的（即无静差）。

比例积分调节器组成的转速负反馈无静差直流调速系统的静特性与有静差调速系统静特性的比较如图 1-39 所示。

严格地讲，"无静差"只是理论上的。因为积分或比例积分调节器在稳态时电容两端电压不变，相当于 I 或 PI 调节器的反馈回路开路，调节器处于开环状态，其放大倍数为调节器本身的开环放大倍数，数值虽然很大，但还是有限值，而不是无穷大。因此仍然存在很小的 ΔU_n，而不是零。也就是说仍有很小的静差，只是在一般精度要求下可略去。

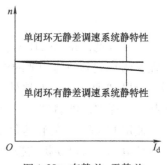

图 1-39　有静差、无静差
调速系统的静特性比较

1.3.3　PI 调节器 – 转速负反馈无静差调速系统的动态工作过程

1. 起动

起动初始，突加阶跃速度给定 U_{gn}，由于系统机械惯性的影响和静摩擦阻力转矩的作用，电动机转速不能马上建立起来。在系统得到起动指令（即加入 U_{gn} 信号）到电动机转动之前的短暂时间内，转速偏差信号 ΔU_n 为阶跃信号 U_{gn}，而此时 PI 调节器的输出为比例输出 $U_{ctP} = K_p\Delta U_n$ 与积分输出 $U_{ctI} = \Delta U_n(t/\tau)$ 之和。由于这段时间是短暂的，积分输出 U_{ctI} 很小，PI 调节器输出电压与其比例输出基本相等，达不到限幅值。

随后随着起动时间的延长，电动机转速 n 开始上升，使 U_{fn} 增加，转速偏差 ΔU_n 逐渐减小。

但如果调节对象的滞后时间常数远大于调节器的积分时间常数 τ，则 n 上升较慢，U_{fn} 上升较慢，使 ΔU_n 衰减较慢。尽管 ΔU_n 在减小（会使调节器的比例输出 $U_{ctP} = K_p\Delta U_n$ 减小），但由于调节器的积分输出 U_{ctI} 在增长，使 U_{ct} 仍继续增大，在 ΔU_n 未衰减到零之前 U_{ct} 值已经升到限幅值 U_{ctm}（见图 1-40a），调节器饱和，就失去调节作用。此后系统在与 U_{ctm} 相对应的最大整流电压下继续加速，使电动机转速继续上升，直到转速上升到给定转速值，此时由于调节器输出仍为限幅值，所以在最大整流电压下，电动机将继续加速。当转速出现超调时，$U_{fn} > U_{gn}$，使 ΔU_n 极性反号，才迫使调节器退出饱和重新进入线性区工作，这时调节器才起调节作用，使电动机转速趋于稳定，即在给定的速度上稳定运行。

如果调节对象的滞后时间常数较小，速度响应较快，则 ΔU_n 衰减较快，当调节器输出电压 U_{ct} 还未达到 U_{ctm} 时，ΔU_n 已经衰减到零，U_{ct} 就不再增加（调节器便不能饱和），保持在上一时刻的输出为止（见图 1-40b），这时电动机转速 n 也上升到给定电压所对应的转速稳定运行。

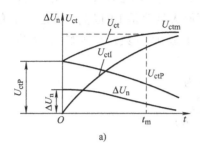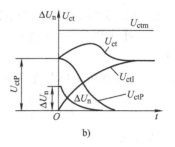

图 1-40 PI 调节器在系统起动过程的变化

由此可见，在单闭环无静差调速系统起动过程中，PI 调节器的比例部分（其控制作用由强变弱）起到快速调节的作用；其积分部分（控制作用由弱变强）起到了消除静差的作用，所以 PI 调节器很好地处理了调速系统的动态快速性及静态无误差这一对矛盾。再者，在起动过程中，PI 调节器一旦出现饱和，电动机必然出现超调。

使用 PI 调节器的转速负反馈单闭环系统的起动（全压起动）过程中也会产生很大的冲击起动电流，对电动机的换相不利，对过载能力差的晶闸管也会造成损害，因此，系统在起动时必须加入限流措施，比如加入电流截止负反馈环节。而对于某些要求平稳起动的系统，可在给定环节后加入给定积分器，来保证系统起动过程的平稳过渡。

2. 抗扰动时的自动调节过程

在采用比例调节器的有静差调速系统中，调节器的输出电压是触发器的控制电压 U_{ct}，且触发器的控制电压与调节器输入的偏差信号成正比，即 $U_{ct} = K_p \Delta U_n$。只要电动机在运行（无论是稳态还是动态），U_{ct} 就不为零，P 调节器的输入偏差电压 ΔU_n 不为零，这就是此类调速系统有静差的根本原因。有静差调速系统当负载转矩由 T_{L1} 突增到 T_{L2} 时，n、ΔU_n 和 U_{ct} 的变化过程曲线如图 1-41 所示。

在采用比例积分调节器的无静差调速系统中，PI 调节器的输出电压同样也是触发器控制电压 U_{ct}，但触发器的控制电压是输入偏差信号的比例部分与输入偏差信号的积分部分之和，即

$$U_{ct} = -\frac{R_f}{R_o}\Delta U_n - \frac{1}{R_o C_f}\int \Delta U_n dt = -K_p U_n - \frac{1}{\tau}\int \Delta U_n dt$$

根据比例积分调节器控制规律，在动态调节过程中，只要 $\Delta U_n \neq 0$，控制电压 U_{ct} 一直增长（正向或反向），直至 $\Delta U_n = 0$，U_{ct} 才停止增长，并保持一定值不变，系统保持恒速运行，从而得到无静差调速系统。当负载突增时（从 T_{L1} 突增到 T_{L2}），无静差调速系统的 n、ΔU_n 和 U_{ct} 的变化过程

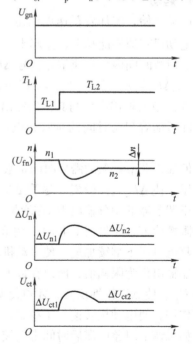

图 1-41 有静差系统当负载突增时的
变化过程曲线

曲线如图 1-42 所示。

从图 1-42 看出，PI 调节器的输出电压的增量 ΔU_{ct} 由两部分组成：其一是比例部分输出增量 $\Delta U_{ctP} = K_p \Delta U_n$，波形与 ΔU_n 相似（见曲线 1）；其二是积分部分输出增量 ΔU_{ct1}，波形为 ΔU_n 对时间的积分（见曲线 2）。比例积分调节器的输出电压的增量 ΔU_{ct} 为曲线 1 和曲线 2 相加（见曲线 3）。

在 t_1 时刻，负载转矩突增，电动机转速由 n_1 开始下降。在转速下降初期，由于 Δn（ΔU_n）较小，积分部分（曲线 2）上升较慢。比例部分（曲线 1）正比于 ΔU_n，上升较快。在 t_2 时刻，转速下降到最小值，Δn（ΔU_n）达到最大值时，比例部分输出 ΔU_{ctP} 达到最大值，积分部分的输出电压 ΔU_{ct1} 增长速度最大。此后，转速开始回升，ΔU_n 开始减小，比例部分 ΔU_{ctP} 转为下降，积分部分 ΔU_{ct1} 继续上升，直至 t_3 时刻 ΔU_n 为零，这段时间积分部分起主要作用。在调节过程的初、中期，比例部分起主要作用，保证了系统的快速响应；在调节过程的后期，积分部分起主要作用，最后消除偏差。

从上面分析看出，无静差调速系统只是稳态时实现了无静差，但是动态时还是有静差的。在动态时，假设负载突然增大，电动机轴上转矩失去了平衡，转速下降，经过负反馈系统的调节作用和比例积分调节器的积分作用，最

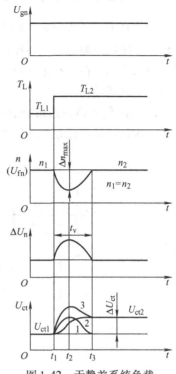

图 1-42 无静差系统负载
突增时的变化过程曲线

后转速又恢复到原来的数值。这时 PI 调节器的输入电压虽然为零，但其输出确实比负载增大前提高了，致使整流电路的输出电压也随之提高，以补偿由于负载（即负载电流）增加所引起的电枢回路的压降。所以无静差调速系统动态时是有静差的。

3. 制动

单闭环无静差直流调速系统采用的制动方式和制动过程都可以参照有静差调速系统。

1.4 其他负反馈环节在单闭环直流调速系统中的应用

通过对速度负反馈调速系统的研究，发现被调量为转速的负反馈是最基本、最直接的反馈形式。虽然转速负反馈调速系统的性能好，但实现起来必须安装转速检测装置（如测速发电机），这不仅增加了设备成本、维护成本，而且给系统的安装和维护带来了困难，如果安装不好，也会造成系统精度的下降。因此，对于一些调速指标要求不高的系统，可以采用其他方便的反馈形式来代替转速反馈形式，其中应用最多的是电压负反馈调速系统、带电流正反馈补偿的电压负反馈调速系统。

再者，闭环系统中直流电动机在起动时存在起动电流过大的情况，并且电动机堵转过载时也会造成电枢回路电流过大的情况，为了使系统正常工作，可加入电流截止负反馈环节。

1.4.1 电压负反馈调速系统

根据直流电动机电枢平衡方程式 $U_d = I_d R_a + C_e n$ 可知，当电动机转速较高时，$E = C_e n$ 也较大，可以忽略电枢电阻压降 $I_d R_a$，使电动机的转速近似与电枢两端电压 U_d 成正比，这样可以采用电动机电枢电压负反馈来代替转速负反馈，通过维持电枢两端电压基本不变，来保持电动机转速基本不变。

1. 电压负反馈调速系统的组成

电压负反馈调速系统的原理图、组成框图如图 1-43 和图 1-44 所示。

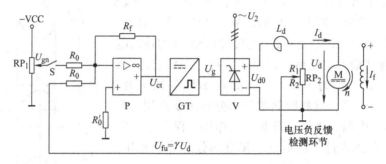

图 1-43 电压负反馈调速系统的原理图

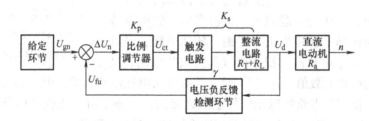

图 1-44 电压负反馈调速系统的组成框图

在组成环节上电压负反馈调速系统与转速负反馈有静差调速系统的区别是，去掉转速检测装置（测速发电机及转速反馈电位器），直接在电动机电枢两端并接电压负反馈电位器 RP_2（电压检测装置），通过 RP_2 取出电枢电压 U_d 的一部分，作为反馈电压 U_{fu}（$U_{fu} = \gamma U_d$，$\gamma = R_2/(R_1 + R_2)$，为电压反馈系数），送到比例调节器输入端与给定电压 U_{gn} 比较（使调节器输入端电压 $\Delta U_u = U_{gn} - U_{fu} = U_{gn} - \gamma U_d$）。实用时由于晶闸管整流装置的输出电压中含有交流分量，因此，通过 RP_2 取出的部分电枢电压必须经过滤波才能作为反馈电压 U_{fu} 与给定电压比较。

取样电阻 RP_2（$R_1 + R_2$）的选择原则是，应使通过它们的电流 $I_{fu} < (2 \sim 3)\% I_N$，常取 $R_1 + R_2$ 大于等于几千欧。

这种由采样电阻引出反馈电压 U_{fu} 的方法，设备和接线都较简单，但是把主电路和控制电路混在一起，中间没有隔离，容易发生电气事故，所以这种方式只适合容量较小的调速系统。而对于主电路电流较大、电动机容量也较大的系统，为了隔离主电路与控制电路的强弱电，常采用直流电压互感器 TV（直流电压隔离器）引出反馈电压信号，如图 1-45 所示。直流电压互感器 TV 在使用时要求二次绕组不许短路，且二次绕组及铁心必须牢固接地。

2. 电压负反馈调速系统的静特性及比较

根据组成框图得到各环节输入、输出之间的稳态关系表达式如下。

电压比较环节：$\Delta U_u = U_{gn} - U_{fu}$

比例调节器：$U_{ct} = K_p \Delta U_u$

晶闸管整流与触发装置：$U_{d0} = K_s U_{ct}$

V-M 环节特性：$n = \dfrac{U_{d0} - I_d R_\Sigma}{C_e}$

电压负反馈检测环节：$U_{fu} = \gamma U_d$

$$U_d = U_{d0} - I_d(R_T + R_L)$$

$$R_\Sigma = R_T + R_L + R_a$$

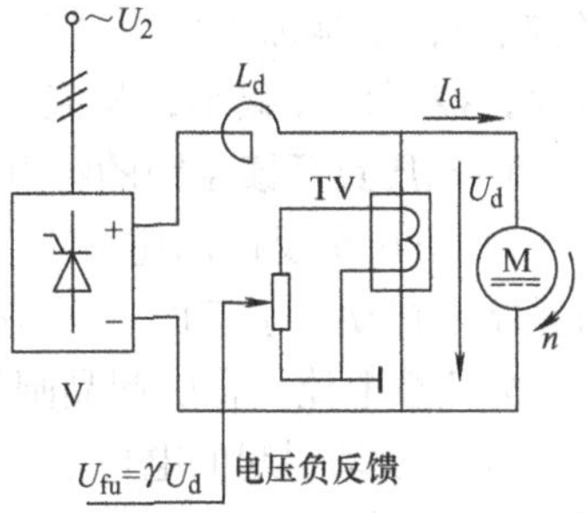

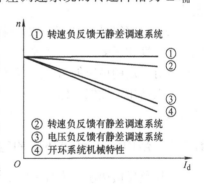

图 1-45 直流电压互感器取样电路

以上各式中，K_p 为 P 调节器的电压放大系数；K_s 为晶闸管整流器与触发装置的电压放大系数；γ 为电压反馈系数，单位为 V·min/r。

联立以上方程，求解可得到系统的静特性方程为

$$n = \frac{K_p K_s U_{gn}}{C_e(1+K)} - \frac{I_d(R_T + R_L)}{C_e(1+K)} - \frac{I_d R_a}{C_e} = n_{0bu} - \Delta n_{bu}$$

式中，$K = K_p K_s \gamma / C_e$。

比较开环系统、电压负反馈有静差（P 调节器组成）系统和转速负反馈有静差（P 调节器组成）系统的静特性方程，得到开环系统的转速降落为 $\Delta n_K = \dfrac{I_d R_\Sigma}{C_e}$，转速负反馈有静差调速系统的转速降落为 $\Delta n_b = \dfrac{I_d R_\Sigma}{C_e(1+K)}$，电压负反馈有静差调速系统的转速降落为 $\Delta n_{bu} = \dfrac{I_d(R_T + R_L)}{C_e(1+K)} + \dfrac{I_d R_a}{C_e}$，由于电压负反馈把包围在反馈环内的整流装置的内阻和平波电抗器电阻等引起的稳态速降减小到 $1/(1+K)$ 倍，而未包围在负反馈环内的电动机电枢电阻引起的速降 $I_d R_a / C_e$ 仍和开环系统一样没有变化，所以电压负反馈调速系统的转速降落要大于转速负反馈有静差调速系统，但比开环系统的要小，即 Δn_{bu} 介于 Δn_k 和 Δn_b 之间，所以电压负反馈有静差调速系统的静特性比开环系统的机械特性要硬，但比转速负反馈有静差调速系统的静特性软。图 1-46 给出了几种系统的静特性曲线。

① 转速负反馈无静差调速系统
② 转速负反馈有静差调速系统
③ 电压负反馈有静差调速系统
④ 开环系统机械特性

图 1-46 电压负反馈有静差调速系统的静特性曲线

3. 电压负反馈系统抗扰动的自动调节过程

为了分析方便，须把整流电路总电阻 R_Σ 分成两部分，即 $R_T + R_L$ 与 R_a，式中 $R_T + R_L$ 为晶闸管整流装置的内阻与平波电抗器电阻之和，R_a 为电动机内部电阻。

当稳定运行在某一转速的电动机遇到负载增大时（会引起负载电流 I_d 增大），电动机转速下降，这时主电路中出现由于部分电阻压降 $I_d(R_T + R_L)$ 增大而引起电动机端电压 U_d 下降的现象（$U_d = U_{d0} - I_d(R_T + R_L)$），从而使反馈电压 $U_{fu} = \gamma U_d$ 减少，于是加于 P 调节器输入端的偏差信号 $\Delta U_u = U_{gn} - U_{fu}$ 增加，触发电路控制电压 U_{ct} 增大，触发电路输出脉冲的控制

角 α 减小，整流电路输出 U_{d0} 增加，电动机电枢电压 U_d 回升，接近原来值。

当网压减小时，整流电路输出电压 U_{d0} 减小，电枢电压 U_d 减小，从而使反馈电压 $U_{fu} = \gamma U_d$ 减小，于是加于放大器输入端的偏差信号 $\Delta U_u = U_{gn} - U_{fu}$ 增加，触发电路控制电压 U_{ct} 增大，控制角 α 减小，整流电路输出 U_{d0} 增加，电动机电枢电压 U_d 回升，接近原来值。

4. 电压负反馈系统的特点

1）电压负反馈调速系统，是一个自动调压系统。电压负反馈只能对包围在反馈环内前向通路中扰动量引起的 U_d 变化进行调节，因而也就削弱了这些干扰因素对电动机转速的影响，如负载电流变化引起晶闸管整流电路内阻压降 $I_d (R_T + R_L)$ 的变化从而使 U_d 变化或电源电压 U_2 波动引起的电枢电压 U_d 的变化；而对在反馈环外扰动量引起的 U_d 变化不能调节，所以这些干扰对转速的影响也没有受到抑制，如负载电流变化引起电动机内部电枢压降 $I_d R_a$ 和电动机励磁电流 I_f 的变化对 U_d 的影响。因此，我们在引出电压负反馈信号时，应尽量将取样电阻 RP_2 靠近电动机的电枢端子，引自电抗器的后面，以便尽量减小没有被包在反馈环内的电阻值，减小电压负反馈系统的转速降落。

2）如果电压负反馈系统采用比例调节器，对于扰动引起的电枢电压 U_d 的变化，电压负反馈系统只能减小，使 U_d 接近不变，而不能使 U_d 完全与扰动之前相同。这是因为，假设抗扰动结束后，U_d 恢复到原值，$U_{gn} = U_{fu}$，那么 $\Delta U_u = U_{gn} - U_{fu} = 0$，$U_{ct} = 0$，$U_{d0} = 0$，$n = 0$，系统也就没有调节作用。因此，P 调节器组成的电压负反馈系统也是依靠残留偏差来进行调节的，故为电枢电压有差调节系统。我们也可以将电压负反馈有静差系统改成电压负反馈无静差系统，即将比例调节器换成比例积分调节器，利用 PI 调节器的性质（积累、保持），使整流电路的输出电压在扰动前、后相同，从而实现电压无静差调节，但对转速而言是有静差的。

3）电压负反馈调速系统的静特性比开环系统的机械特性稍硬一点，但比转速负反馈系统的静特性软很多，可是这种系统省掉了一台测速发电机，减少了设备成本、维护成本，而且还具有一定的稳速能力，所以在调速性能要求不高的场合还是颇受欢迎的。这种调速系统，一般适用于性能指标要求调速范围 $D \leqslant 15$，静差率 $s \geqslant 15\%$（一般 $s = 0.15 \sim 0.2$）的生产机械。

1.4.2 带电流正反馈补偿的电压负反馈调速系统

电压负反馈调速系统对于电动机电枢电阻压降 $I_d R_a$ 引起的稳态速降 $I_d R_a / C_e$，不能靠电压负反馈作用加以抑制，因而系统的稳态性能较差，为弥补这一不足，可以在系统中引入电流正反馈信号 $U_{fi} = \beta I_d$，以补偿电动机电枢电阻压降引起的转速降落，如果补偿得好，系统的稳态速降可以大幅度减小直至为零，这样就能保证电动机转速近似不变。这种带有电流补偿控制的电压负反馈调速系统，同样可获很硬的静特性和较大的调速范围，因而在实际中得到广泛的应用。

1. 带电流正反馈的电压负反馈调速系统的组成

带电流正反馈的电压负反馈调速系统的原理图、组成框图如图 1-47 和图 1-48 所示。

带电流正反馈的电压负反馈系统是在电压负反馈系统的基础上增加了一个电流正反馈环节。具体操作是在电枢回路中串入取样电阻 R_s，取 $U_{fi} = I_d R_s = \beta I_d$ 为电流正反馈信号，其中 β 为电流反馈系数，且 $U_{fi} = I_d R_s$ 的极性与转速给定信号 U_{gn} 的极性一致，而与电压反馈信号

$U_{fu} = \gamma U_d$ 的极性相反。

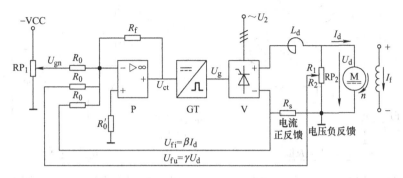

图 1-47　带电流正反馈的电压负反馈调速系统原理图

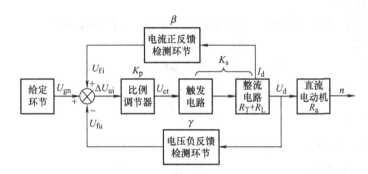

图 1-48　带电流正反馈的电压负反馈调速系统组成框图

电流正反馈检测元件 R_s 的选择要考虑尽量减少整流回路的总电阻造成的转速降落和发热损耗，所以 R_s 阻值不应太大（零点几欧姆）并且它的位置应在电压反馈环节内。再者，实际应用时为了使电流正反馈信号的大小（强度）能得到调节，通常在取样电阻 R_s 两端并联电位器 RP_3，并联电位器 RP_3 的阻值一般远大于 R_s 的阻值，如图 1-49 所示，这种情况下的 β 值由 R_s 的阻值、RP_3 的阻值决定。

同样，这种由采样电阻引出检测电流的方法，虽然在设备和接线上都比较简单，但容易把主电路的强电和控制电路的弱电混在一起，所以使用电阻取样的方式只适合容量较小的调速系统。而对于主电路电流较大、电动机容量也较大的系统，为了消除采样电阻上消耗的功率和隔离主电路与控制电路的强弱电，常采用电流互感器 TA 引出反馈电流信号。

电流互感器 TA 是将大电流信号成比例变为小电流信号的装置，分为直流电流互感器与交流电流互感器两种，无论使用哪种互感器，二次绕组都不允许开路，且二次绕组及铁心必须牢固接地。图 1-50 是直流电流互感器取样电路，图 1-51 是交流电流互感器取样电路。

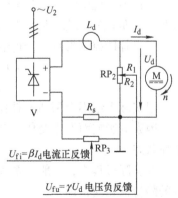

图 1-49　电流正反馈环节电路

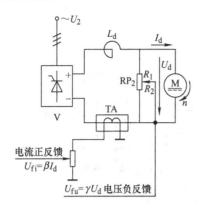

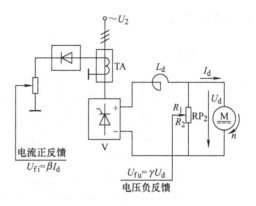

图 1-50 直流电流互感器取样电路   图 1-51 交流电流互感器取样电路

2. 系统的静特性

根据组成框图得到各环节输入、输出之间的稳态关系表达式如下。

电压比较环节：

$$\Delta U_{ui} = U_{gn} - U_{fu} + U_{fi}$$

比例调节器：

$$U_{ct} = K_p \Delta U_{ui}$$

晶闸管整流与触发装置：

$$U_{d0} = K_s U_{ct}$$

V-M 环节特性：

$$n = \frac{U_{d0} - I_d R_\Sigma}{C_e}$$

电压负反馈检测环节：

$$U_{fu} = \gamma U_d$$

电流正反馈检测环节：

$$U_{fi} = \beta I_d$$

$$U_d = U_{d0} - I_d(R_T + R_L + R_s)$$

$$R_\Sigma = R_T + R_L + R_s + R_a$$

联立以上方程，求解可得到系统的静特性方程为

$$n = \frac{K_p K_s U_{gn}}{C_e(1+K)} - \frac{I_d(R_T + R_L + R_s)}{C_e(1+K)} + \frac{K_p K_s \beta I_d}{C_e(1+K)} - \frac{I_d R_a}{C_e} = n_{0bui} - \Delta n_{bui}$$

式中，$K = K_p K_s \gamma / C_e$。

上式中，$K_p K_s \beta I_d / [C_e(1+K)]$ 项（正值）是由电流正反馈作用产生的，它能够补偿另两项（负值）稳态速降，从而减小静差。

如果补偿控制参数配合得恰到好处，可使静差为零，此时叫作全补偿。全补偿的条件是

$$-\frac{I_d(R_T + R_L + R_s)}{C_e(1+K)} + \frac{K_p K_s \beta I_d}{C_e(1+K)} - \frac{I_d R_a}{C_e} = 0$$

但实际上绝不会用到全补偿这种状态，这是因为假如参数（R_T、R_L、R_s、R_a 等）受温度等因素的影响而发生变化，全补偿就会变成过补偿，系统静特性将上翘，系统出现不稳定工作状态。

在实际过程中，一般将系统设计为欠补偿，即通过补偿尽量与转速负反馈有静差调速系统的静特性相同，即

$$-\frac{I_d(R_T + R_L + R_s)}{C_e(1+K)} + \frac{K_p K_s \beta I_d}{C_e(1+K)} - \frac{I_d R_a}{C_e} = -\frac{I_d(R_T + R_L + R_a)}{C_e(1+K)}$$

当 $R_s \ll R_T + R_L + R_a$ 时，可认为 $R_T + R_L + R_a = R_T + R_L + R_a + R_s$，代入上式则推出 $K_p K_s \beta$

$=KR_a$，此时，系统的静特性方程与转速负反馈有静差调速系统的静特性方程式一样，这时带电流正反馈的电压负反馈与转速负反馈有静差调速系统相当，一般把这样的电压负反馈加电流正反馈叫作电动势负反馈。但实际上带电流正反馈的电压负反馈系统的性能不如转速负反馈有静差调速系统。

应当指出，这样的"电动势负反馈"并不是真正的转速负反馈。这是因为电流正反馈和电压负反馈（或转速负反馈）是性质完全不同的两种控制作用。电压（或转速）负反馈属于被调量的负反馈，是真正的"反馈控制"，遵循反馈控制规律，在采用比例调节器时总是有静差的，放大系数 K 越大，则静差越小，但无论 K 怎么变化静差都存在。而电流正反馈的作用不是用 $(1+K)$ 去除 Δn_{bu} 项以减小静差，而是用一个正项去抵消系统中负的转速降落项，它完全依赖于参数的配合，当环境因素使参数发生变化时，补偿作用也变得不可靠。从这个特点上看，电流正反馈不属于"反馈控制"，而称作"补偿控制"，由于电流的大小反映了负载扰动，所以又叫作负载扰动量的补偿控制。再进一步看，反馈控制对一切包在反馈环内前向通道上的所有扰动都有抑制作用，而补偿控制只对一种扰动有补偿控制作用，电流正反馈补偿控制只能补偿负载扰动，对于电网电压波动的扰动，它所起的反而是负作用。因此，补偿控制不是反馈控制，电流正反馈环节也不能单独使用在调速系统中。

全面来看，把电压负反馈和电流正反馈用在一个系统中，调速性能指标已大大提高，虽然其调速性能已接近转速负反馈无静差调速系统，但还是比转速负反馈有静差调速系统要差些，因此带电流正反馈的电压负反馈调速系统只能用在负载变化不大的小容量负载中，适用于调速性能指标为 $D \leqslant 20，s \geqslant 10\%$ 的拖动系统。

3. 系统抗扰动的自动调节过程

当负载增加（即负载电流增加）时，$T_e - T_L < 0$，$\mathrm{d}n/\mathrm{d}t < 0$，$n$ 下降，$I_d (R_T + R_L + R_s)$ 压降增大，电枢电压 $U_d = U_{d0} - I_d (R_T + R_L + R_s)$ 降低，电压反馈信号 $U_{fu} = \gamma U_d$ 随之降低；同时电流正反馈信号 $U_{fi} = \beta I_d$ 也增大。U_{fu} 和 U_{fi} 的变化使运算放大器的输入偏差电压 $\Delta U_{ui} = U_{gn} - U_{fu} + U_{fi}$ 增加，触发器控制电压 U_{ct} 增大，控制角 α 前移，整流器输出电压 U_{d0} 的增加比没有电流正反馈更高些，以补偿负载电流增加在电动机电枢电阻 R_a 引起的压降，使电动机转速减小少些或基本保持不变。

1.4.3　带电流截止负反馈环节的转速负反馈调速系统

从前面讨论的负反馈闭环调速系统中可以看出，闭环控制已解决了转速稳定问题，但这样的系统还不能付诸实用。因为闭环调速系统实际运行时还必须考虑如下两个问题。

一是直流电动机全压起动时会产生很大的冲击电流。采用负反馈的闭环调速系统突加给定电压时，由于系统机械惯性的作用，转速不可能立即建立起来，因此反馈电压仍为零，这时，加在调节器上的输入偏差电压 $\Delta U_n = U_{gn}$，调节器的输出差不多是其稳态工作值的 $(1+K)$ 倍。由于调节器和触发整流装置的惯性都很小，因此，整流电压 U_{d0} 立即达到它的最高值。这对于电动机来讲，相当于全压起动，其起动电流高达额定值的几十倍，可使系统中的过电流保护装置立刻动作，系统跳闸无法进入正常工作。另外，由于电流和电流上升率过大，电动机换向会出现困难，晶闸管也受到击穿威胁。因此，必须采取措施限制系统起动时的冲击电流。

二是有些生产机械的电动机在运行时可能会遇到堵转情况，例如故障机械轴被卡住，或者遇到过大负载（挖土机工作时遇到坚硬的石头）等，在这些情况下，由于闭环系统静特性很硬，若无限流环节，电枢电流也与起动时一样，将远远超过允许值。

为了解决上述情况下电流过大的问题，系统应该加入自动限制过大电枢电流的保护措施。根据反馈控制理论，要维持某一物理量基本不变，就应当引入该物理量的负反馈，现在是要防止电枢电流过大，所以应该引入电枢电流负反馈。可是，当引入电枢电流负反馈后，系统能保证电枢电流基本不变，不超过最大允许值，但电流负反馈作用却始终存在于系统运行的各个阶段，会使系统的稳态速降增加，静特性变得很软，调速性能变得很差。

生产机械运行时的堵转情况不是经常发生的，全压起动也只是在起动时有过大电流的冲击，所以，所加电流负反馈应该只在起动和堵转时起作用，也即电流增大到一定程度才起作用，而在电动机正常运行时自动取消，使电流随负载变化而变化。这种电流大到一定值时才出现的电流负反馈叫作电流截止负反馈。

1. 带电流截止负反馈环节的转速负反馈调速系统的组成

一般电流截止负反馈环节不会单独出现在系统中，它会配合转速负反馈调速系统或者电压负反馈调速系统共同完成生产工作，下面是一个带电流截止负反馈的转速负反馈调速系统，其原理图如图 1-52 所示。

在原理图中，电流负反馈信号 U_{fi} 取自串入电动机电枢回路的小电阻 R_s（零点几欧姆）两端（$U_{fi} = I_d R_s$，正比于电枢电流）。为了实现电流截止负反馈，引入了比较电压 U_{bj}，并将其与 $I_d R_s$ 反向串联。将两者的差值通过二极管 VD 接到调节器的输入端。若忽略二极管正向降压，则当 $I_d R_s > U_{bj}$ 时，

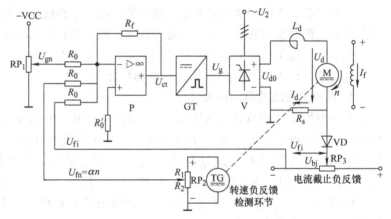

图 1-52　带电流截止负反馈的转速负反馈有静差调速系统原理图

二极管导通，电流反馈信号 $U_{fi} = I_d R_s - U_{bj}$，加至调节器的输入端；当 $I_d R_s \leqslant U_{bj}$ 时，二极管截止，电流反馈被切断。设 I_{dj} 为临界截止电流，将 U_{bj} 调整到 $U_{bj} = I_{dj} R_s$，显然，当 $I_d > I_{dj}$ 时，电流截止负反馈投入，起调节作用，当 $I_d \leqslant I_{dj}$ 时，电流截止负反馈被截止，不起调节作用，从而实现了系统对电流负反馈的控制要求。调节 U_{bj} 的大小，即可改变临界截止电流 I_{dj} 的大小。

从以上分析看出，电流截止负反馈主要由电流检测环节与比较电压环节组成。

图 1-52 中给出的电流检测环节是通过在整流主电路中串入电流检测采样小电阻 R_s，由 R_s 引出被检测的电流 I_d 信号，这种引出电流反馈信号的方式适合小功率系统。对大功率系统可以采用电流互感器 TA 引出电流反馈信号（可参考图 1-50、图 1-51）。

比较电压环节有两种常用的形式，如图 1-53 所示。图 1-53a 中的比较电压 U_{bj} 来自固定直流稳压电源在电位器 RP₃ 上的分压，通过调节电位器 RP₃ 来调节比较电压 U_{bj} 的大小，也就调节了临界截止电流 I_{dj} 的大小。图 1-53b 是用稳压管的反向击穿电压作为比较电压，只要稳

压管被确定，比较电压 U_{bj} 则不可以调节，所以临界截止电流值 I_{dj} 不可调节，如想调节需要更换稳压管，但这种线路较为简单。

图 1-52 中，电流截止负反馈信号 U_{fi} 被引回到调节器输入端，与给定信号 U_{gn}、转速负反馈信号 U_{fn} 进行比较后，再去控制系统。然而在实际使用中，为了加快电流截止负反馈环节的作用速度，常使电流截止负反馈信号 U_{fi} 直接作用在触发电路上，控制触发电路不发脉冲或发脉冲的时间靠后，起到减小整流电路输出电压，进而减小整流电路电流的目的。有时也会用 U_{fi} 信号直接封锁运算放大器，如图 1-54 所示，此电路原理是：系统在正常工作时，从电位器上引出的正比于负载电流的电压不足以击穿稳压管 VS，U_{fi} 信号不存在，VT 截止，运算放大器正常工作。但只要稳压管 VS 被击穿，电流截止负反馈环节起作用，U_{fi} 信号存在，VT 就导通，运算放大器的反馈电阻短路，放大系数接近于零，则控制电压 U_{ct} 近似为零，晶闸管整流电路输出电压 U_{d0} 急剧下降，整流电路电流急剧减小，达到限流的目的。实际应用时应在 R_s 两端并接 RP_s 来调节电流截止负反馈信号的大小。

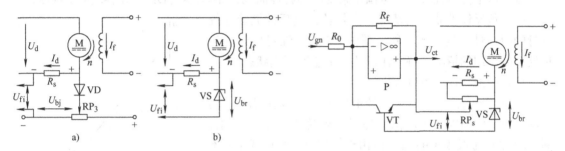

图 1-53 电流截止负反馈环节两种常用的形式   图 1-54 封锁比例调节器的电流截止负反馈环节

2. 系统的静特性

根据上面的分析，当输入信号 $I_d R_s \leqslant U_{bj}$，即 $I_d \leqslant I_{dj}$ 时，二极管截止，电流负反馈被切断，$U_{fi} = 0$。当 $I_d R_s > U_{bj}$，即 $I_d > I_{dj}$ 时，二极管导通，电流负反馈信号 $U_{fi} = I_d R_s - U_{bj}$ 加到调节器的输入端。这两种情况对应系统的两种组成框图如图 1-55、图 1-56 所示。

从系统结构组成框图中各环节的输入输出稳态关系表达式，推出该系统的两段静特性方程式。

当 $I_d \leqslant I_{dj}$ 时，电流负反馈被截止，系统静特性方程为

$$n = \frac{K_p K_s U_{gn}}{C_e(1+K)} - \frac{I_d R_\Sigma}{C_e(1+K)} = n_0 - \Delta n$$

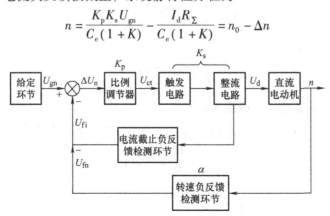

图 1-55 电流截止负反馈起作用时转速负反馈有静差调速系统组成框图

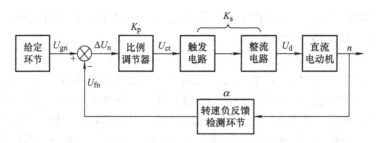

图 1-56 电流截止负反馈不起作用时转速负反馈有静差调速系统组成框图

当 $I_d > I_{dj}$ 时，电流负反馈起作用，系统静特性方程为

$$n = \frac{K_p K_s (U_{gn} + U_{bj})}{C_e (1 + K)} - \frac{(K_p K_s R_s + R_\Sigma) I_d}{C_e (1 + K)} = n'_0 - \Delta n'$$

根据以上静特性方程，可画出系统的静特性曲线，如图1-57所示。图中 $n_0 A$ 段特性，对应于电流负反馈被截止的情况，它是转速负反馈调速系统本身的静特性，显然比较硬。图中 AB 段特性对应于电流负反馈起作用的情况，特性比较软，呈急剧下垂状态。

比较两段特性，可以看出：

1）$n_0' \gg n_0$，这是由于比较电压 U_{bj} 与给定电压 U_{gn} 的作用一致，因而提高了虚拟的理想空载转速 n_0'。实际上，图1-57 中用虚线表示的 $n_0' A$ 段由于电流负反馈被截止而不存在。

2）$\Delta n' \gg \Delta n$，这说明电流负反馈的作用相当于在主电路中串入一个大电阻 $K_p K_s R_s$，因此随负载电流的增大，稳

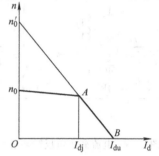

图 1-57 带电流截止负反馈的转速负反馈调速系统静特性曲线

态速降极大，转速急剧下降，特性急剧下垂，表现出了限流特性。

这种两段式（$n_0 A$ 段和 AB 段）的静特性常被称为下垂特性或挖土机特性。A 点称为截止电流点，对应的电流是截止电流 I_{dj}；B 点称为堵转点，即挖土机遇到坚硬的石块过载时，电动机停转点（$n = 0$），此时对应的电流称为堵转电流 I_{du}。

当系统堵转时，由于 $n = 0$，所以得

$$I_d = I_{du} = \frac{K_p K_s (U_{gn} + U_{bj})}{R_\Sigma + K_p K_s R_s}$$

一般地，$K_p K_s R_s \gg R_\Sigma$，所以

$$I_d = I_{du} \approx \frac{U_{gn} + U_{bj}}{R_s} \leq \lambda I_N$$

式中，λ 为电动机过载系数，一般取 $\lambda = 1.5 \sim 2$。

电动机运行于 $n_0 A$ 段，希望有足够的运行范围，一般取 $I_{dj} \geq 1.2 I_N$，即

$$I_{dj} = \frac{U_{bj}}{R_s} \geq 1.2 I_N$$

所以有

$$\frac{U_{gn}}{R_s} = I_{du} - I_{dj} \leq (\lambda - 1.2) I_N$$

上述关系作为设计电流截止负反馈环节参数的依据。

电流截止负反馈环节只是解决了闭环系统的限流问题，使闭环调速系统能够实际运行，但加入它后系统的动态特性并不理想，所以这种环节只适用于对动态特性要求不太高的小容量系统，要想得到比较理想的动态控制可用转速、电流双闭环直流调速系统。

1.5　KZD-Ⅱ型小功率有静差直流调速系统实例分析

图 1-58 所示为 KZD-Ⅱ型小功率直流调速系统线路图。下面对 KZD-Ⅱ型小功率直流调速系统做具体分析。

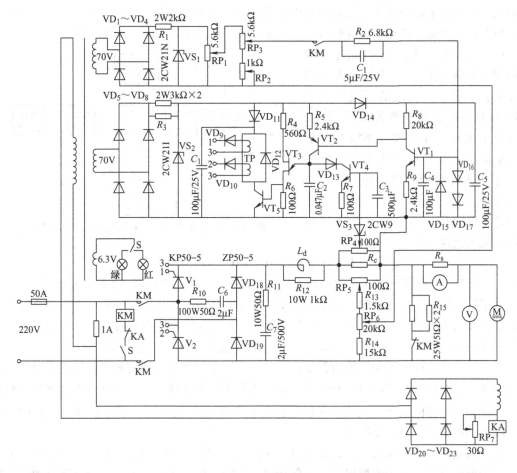

图 1-58　KZD-Ⅱ型小功率直流调速系统线路图

1.5.1　系统的结构特点和技术数据

该系统为小容量晶闸管直流调速装置，适用于 4kW 以下直流电动机的无级调速。调速范围 $D \geqslant 10:1$，静差率 $s \leqslant 10\%$。装置的电源电压为 220V 单相交流电，输出电压为直流 160V，输出最大电流 30A；系统主要配置 Z_3 系列的小型他励电动机，励磁电压为直流 180V，励磁电流为 1A。

1.5.2 系统工作原理分析

对实际系统进行分析的步骤是，先定性分析，后定量分析，即先分析各环节和各元件的作用，搞清系统的工作原理，然后再建立系统的数学模型，进一步定量分析。

对晶闸管调速系统线路进行定性分析的一般顺序是：先主电路，后控制电路，最后是辅助电路（含保护、指示、报警等）。

1. 系统的组成

根据系统分析方法的步骤，先将系统分解成单元和环节，KZD-Ⅱ型系统被分成主电路和控制电路（含反馈环节）两部分。其中主电路由单相桥式半控整流电路及保护环节、平波电抗器和直流电动机组成，控制电路由给定环节、调节器环节、触发电路环节、电压负反馈、电流正反馈和电流截止负反馈等环节组成。系统的组成框图如图 1-59 所示。

（1）主电路 该系统容量小，调速精度与调速范围要求不高。为使设备简单，对要求不可逆的直流电动机采用了单相桥式半控整流电路供电，经计算主电路整流器件晶闸管与二极管的电流容量为 50A，所以触发电路选择单结晶体管同步触发电路。当主电路直接由 220V 交流电源供电时，考虑到允许电网电压波动 ±5%，能够确保输出的最大直流电压为

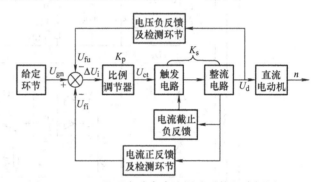

图 1-59 KZD-Ⅱ型小功率直流调速系统组成框图

$$U_{dmax} = 220V \times 0.9 \times 0.95 = 188V$$

式中，0.9 为全波整流系数（平均值与有效值之比）；0.95 为电压降低 5% 引起的系数。

根据计算结果，最好选配额定电压为 180V 的电动机，但由于单相晶闸管整流装置的等效内阻往往较大（几欧至几十欧），并为了使输出电压有较多的调节裕量，可以采用额定电压为 160V 的电动机。当然也可用 220V 的电动机，但需要降低额定转速使用。

主电路采用串联式单相半控桥整流电路，即桥臂上的两只晶闸管和两只二极管分别串联排在一侧，串联的二极管可以兼有续流二极管的作用。但这样，两个晶闸管阴极间将没有公共端，脉冲变压器的两个二次绕组间将会有 $\sqrt{2} \times 220V$ 的峰值电压，因此脉冲变压器的两个二次绕组间的绝缘要求也要提高。

在要求较高或容量稍大（2.2kW 以上）的场合，应接入平波电抗器 L_d，以限制电流脉动，改善换向条件，减少电枢损耗，并保持电流连续。但接入电抗器后，会延迟晶闸管擎住电流 I_L 的建立，而单结晶体管同步触发电路输出的脉冲宽度是比较窄的，为了保证晶闸管触发后可靠导通，在电抗器 L_d 两端并联一只电阻（1kΩ），以减少主电路电流到达晶闸管擎住电流 I_L 所需的时间。另一方面，在主电路突然断路时，该电阻为电抗器提供了放电回路，减少了电抗器产生的过电压对主电路元器件的损害。

由于主电路中晶闸管的单向导电性，系统中电动机不能采用回馈制动方式。为了加快制动和停车，本系统采用了能耗制动。R_{15} 为能耗制动电阻（因电阻规格与散热等原因，这里将两只 25W、51Ω 的绕线电阻器并联使用），与 KM 的常闭触点组成能耗制动回路。

主电路中使用直流电流表、直流电压表来指示主电路电流与电动机两端电压的大小，R_s为电流表外配分流器。

主电路的交、直流两侧，均设有阻容吸收电路（由 50Ω 电阻与 2μF 电容串联构成的电路），以吸收浪涌电压。主电路中短路保护使用的熔断器容量为 50A（与整流器件容量相同）。

电动机励磁由单独的整流电路供电，为了防止失磁而引起"飞车"事故，在励磁电路中串入欠电流继电器 KA，只有当励磁电流小于某数值时，KA 才动作。在主电路的接触器 KM 的控制回路中，串接 KA 常闭触点。只有当 KA 动作，KA 常闭触点断开，主接触器 KM 才能失电，主电路 KM 常开触点断开，主电路电流为零，防止"飞车"事故发生。KA 以通用小型继电器（JTX‑6.3V）代用，它的动作电流可通过分流电位器 RP_7，进行调整。

主电路中的 S 为手动开关，KM 为主电路接触器。S 断开时，绿灯亮，表示已有电源，但系统尚未启动；S 闭合后，红灯亮，同时 KM 线圈得电，使主电路与控制电路均接通电源，系统启动。

（2）触发电路 采用由单结晶体管 VT_3 组成的同步触发电路。VT_3 下方电阻 $R_6 = 100Ω$ 为输出电阻，VT_3 上方电阻 $R_4 = 560Ω$ 为温度补偿电阻。以放大管 VT_2 控制电容 C_2 的充电电流。VT_5 为功放管，TP 为脉冲变压器。VD_{11} 为隔离二极管，它使电容 C_1 两端电压能保持在整流电压的峰值上，在 VT_5 突然导通时，C_1 放电，可增加触发脉冲的功率和前沿的陡度。VD_{11} 的另一个作用是阻挡 C_1 上的电压对单结晶体管同步电压的影响。

当晶体管 VT_2 的基极电位降低时，VT_2 基极电流增加，集电极电流（即电容 C_2 的充电电流）也随着增加，于是电容电压上升加快，使 VT_3 更早导通，触发脉冲前移，晶闸管整流器输出电压增加。

（3）调节器放大电路 由晶体管 VT_1 和电阻 R_8、R_9 构成的放大器为电压放大电路。在放大器的输入端（VT_1 的基极）综合给定信号和反馈信号。两只串联的二极管 VD_{16}、VD_{17} 为正向输入限幅器，VD_{15} 为反向输入限幅器。

为使放大电路供电电压平稳，通常并联一只电容 C_5，但这将使单结晶体管同步触发电路的供电电压过零点消失。因为触发电路与放大器共用一个电源，此电源电压兼起同步电压作用，若电压过零点消失，将无法使触发脉冲与主电路电压同步。为此，采用二极管 VD_{14} 来隔离电容 C_5 对同步电压的影响。

（4）给定电路 由变压器、$VD_1 \sim VD_4$ 不可控整流电路、稳压管 VS_1 构成稳压电源，作为给定电源，从 RP_1、RP_2、RP_3 上取出给定电压。其中 RP_1 整定最高给定电压，RP_2 整定最低给定电压，RP_3 是速度给定电位器。

（5）电压负反馈与电流正反馈环节 本系统采用带电流补偿控制的电压负反馈，电流、电压反馈取样电路如图 1‑60a 所示。

电压负反馈信号 U_{fu} 取自分压电位器 RP_6（20kΩ），调节 RP_6 即可调节电压反馈量的大小。电阻 R_{13}（1.5kΩ）用来限制 U_{fu} 的上限电压，电阻 R_{14}（15kΩ）用来限制 U_{fu} 的下限电压。U_{fu} 与电枢电压 U_d 成正比，即 $U_{fu} = \gamma U_d$，γ 为电压反馈系数。由于电压信号为负反馈，所以 U_{fu} 与 U_{gn} 极性相反。

电流正反馈信号 U_{fi} 取自电位器 RP_5（100Ω），调节 RP_5 即可调节电流反馈量的大小。R_c 为电枢电流 I_d 的取样电阻，为了减少整流主电路的总电阻，需要 R_c 的阻值很小（此处为 0.125Ω）、功率足够大（此处为 20W）。电位器 RP_5 的阻值（此处为 100Ω）比 R_c 大得多，

RP$_5$与R_c并联后，流经RP$_5$的电流很小，RP$_5$的功率可比R_c的小得多。由于U_{fi}取自RP$_5$分压，与I_dR_c成正比，亦即U_{fi}与电枢电流I_d成正比，所以$U_{fi}=\beta I_d$，式中β为电流反馈系数。电流信号为正反馈，U_{fi}与U_{gn}极性相同。

转速给定信号U_{gn}、电压负反馈信号U_{fu}、电流正反馈信号U_{fi}按图1-60b给出的极性叠加后，加入到比例放大器VT$_1$的输入端。

（6）电流截止负反馈保护电路 电流截止保护电路主要由电位器RP$_4$、稳压管2CW9（VS$_3$）、晶体管VT$_4$组成，如图1-61所示。

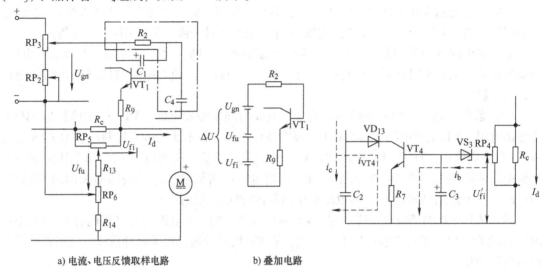

a) 电流、电压反馈取样电路　　　　　　　b) 叠加电路

图1-60　给定电压、反馈电压叠加电路　　　　　图1-61　电流截止保护电路

电流截止反馈信号（U'_{fi}）取自电位器RP$_4$，RP$_4$与取样电阻R_c并联，调节RP$_4$，可调节电流截止反馈量的大小。利用稳压管产生比较电压U_{bj}。当电枢电流I_d超过截止电流I_{dj}时，U'_{fi}使稳压管2CW9击穿，并使晶体管VT$_4$导通。VT$_4$导通后，将触发电路中的电容C_2旁路（旁路电流为i_{VT4}），从而使电源对电容C_2的充电电流i_c减小、电容电压上升减慢、触发脉冲后移，晶闸管输出电压下降，主电路电流下降，从而限制了主电路电流I_d过大地增加。如果电流反馈信号能增强到一定程度，使C_1充电电流太弱，触发电路将不会产生脉冲，电枢电流I_d也就变为零。只要电枢电流I_d下降后小于截止电流I_{dj}，稳压管2CW9又重新回复阻断状态，VT$_4$也回复到截止状态。系统自动恢复正常工作。

由于主电路电流i_d是脉动的，当瞬时电流很小，甚至为零时，VT$_4$不能导通，失去电流截止作用，为此，在VT$_4$的b、e极间并联滤波电容C_3，对电流截止负反馈信号进行滤波，使电流截止负反馈信号成为较为平稳的信号，保证主电路平均电流大于截止电流。

为了防止电枢冲击电流产生过大的电压U'_{fi}将VT$_4$的b、c极击穿，造成误发触发脉冲，要在VT$_4$集电极串入二极管VD$_{13}$。

（7）抗干扰，消振荡环节 由于晶闸管整流电压和电流中含有较多的谐波分量，而主要的反馈信号又取自整流电压和电流，因此，加到放大器输入端的偏差电压（ΔU_n）中便含有较多的谐波分量，这会影响调速系统的稳定，出现振荡现象。所以在电压放大器VT$_1$的输入端再串接一个由电阻R_2、电容C_4组成的滤波电路（参见图1-60a中的点画线框内的元件），以使谐波经电容 C_4 旁路。电容 C_4 容量越大，滤波效果越好。但 C_4 会影响系统动态过程的快速性，所以在 R_2 上再并联一只微分电容 C_1（见图 1-60a）。这样就兼顾了稳定与快速性两个方面的要求。

（8）其他辅助环节　此装置辅助环节不多，只有熔断器（短路保护），手动控制开关 S，红、绿灯断、合显示以及电压、电流指示。由于是小容量调速系统，所以未设报警和过电流继电器保护装置。

2. 系统抗扰动的自动调节过程

当机械负载转矩 T_L 增加、转速 n 降低时，具有电压负反馈和电流正反馈环节的直流调速系统的自动调节过程如图 1-62 所示。

在本调速系统中，当负载转矩 T_L 增加后，除电动机内部的调节作用外，主要依靠电压负反馈环节的调节作用和电流正反馈环节的补偿作用。当负载转矩 T_L 增加、转速 n 降低时，由于电流 I_d 的增加，一方面使电流正反馈信号 U_{fi} 增加（它将使偏差电压 ΔU_n 增大）；另一方面使整流装置等效内阻 R_x（包括晶闸

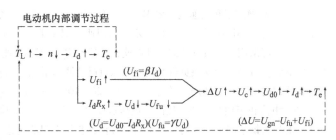

图 1-62　KZD-Ⅱ型小功率直流调速系统的自动调节过程

管换相压降等效电阻 R_T 与电抗器等效电阻 R_L）的压降 $I_d R_x$ 增大，输出电压平均值 $U_d = U_{d0} - I_d R_x$ 下降，电压反馈信号 U_{fu} 下降，这也将使偏差电压 ΔU_n 增大（因 $\Delta U_n = U_{gn} - U_{fu} + U_{fi}$）。而偏差电压 ΔU_n 增大后，通过电压放大与功率放大，将使整流装置的输出 U_{d0} 上升，并进而使电流 I_d 和电磁转矩 T_e 增加，以补偿负载转矩 T_L 的增加。这样调速系统的转速降 Δn_N 将明显减小，机械特性将得到明显改善。同理，当电流超过截止值时，依靠电流截止负反馈环节的调节作用，一方面可限制过大电流，另一方面可实现下垂的机械特性。

由反馈环节和引入的反馈量来看，具有电压负反馈环节的系统实质上是一个恒压系统，而电流正反馈，实质上是一种负载扰动量的前馈补偿。

该系统与上节所介绍的调速系统一样，转速降落的补偿也是依靠偏差电压 ΔU_n 的变化来进行调节的，因此也是有静差调速系统。

本模块小结

（1）调速的含义有两个方面：一是在一定范围内"变速"，二是保持"稳速"。

（2）直流电动机有三种调速方法，即调节电枢电压调速、减弱励磁磁通调速、改变电枢回路电阻调速。其中调节电枢电压调速方法便于实现，调速效果良好，是直流调速系统的主要调速方法，被广泛应用。

（3）开环 V-M 系统在负载电流连续段的机械特性较硬，在负载电流断续段较软。如果想让负载直流电动机工作在电流连续段，需在整流主电路串入足够大电感量。

（4）闭环调速系统的性质。

1）转速负反馈有静差系统的静特性较开环系统的机械特性硬得多，负载扰动引起的稳态速降减小为开环系统的 1/（1 + K）倍，K 是闭环调速系统的开环放大倍数。K 值越大，稳态速降就越小。

2）如果要维持理想空载转速不变，闭环系统的给定电压必须相应地比开环系统的提高（1 + K）倍，

由于给定电压不能过大地提高，所以闭环系统必须增设电压放大器。

3）在同样的最高转速和低速静差率的条件下，闭环系统的调速范围可以扩大到开环调速系统的（1 + K）倍。K 值越大，调速范围相对越宽。

4）当放大倍数 K 很大时，可以近似地认为，闭环系统的稳态转速在外界扰动下能够维持基本不变。由此可以推广到反馈控制的一般规律：要想维持某一物理量基本不变，就应引用该量的负反馈，与恒值给定相比较，构成闭环系统。

5）K 值过大会引起系统的不稳定。

6）闭环系统对于包围在负反馈环内向前通路上的各个环节上的外界扰动，都具有抵抗能力，都能减小被控量受扰后所产生的偏差；但对于给定和检测元件的误差，闭环系统是无能为力的。因此，高精度的反馈控制系统必须有高精度的检测元件和给定电源作保证。

（5）在对静差率和调速范围要求不高（$D \leq 10$、$s \geq 20\%$），系统扰动量可以得到补偿或影响不大的情况下，可采用开环调速系统；在对静差率和调速范围要求较高（$D > 20$、$s < 10\%$），开环调速系统满足不了要求时，可采用转速负反馈的闭环调速；在静差率和调速范围要求不太高的场合，为了省去安装测速发电机的麻烦，可采用能反映负载变化的电压负反馈调速系统（$10 < D \leq 15$、$15\% < s \leq 20\%$）和带电流正反馈补偿作用的电压负反馈调速系统（$15 < D \leq 20$、$10\% < s \leq 15\%$）。

（6）电流正反馈与转速负反馈（电压负反馈）的控制方式不同，它属于补偿控制，不是反馈控制，它是用正的量去抵消转速中负的量。它只能对负载变化引起的转速变化进行补偿，而对网压变化引起的转速的变化起反向作用。电流正反馈是靠参数的配合减小转速降落，当参数配合得好时，可以做到没有偏差，即全补偿，但实际应用时，做到欠补偿即可。

（7）有静差调速系统，是靠偏差信号的变化进行自动调节的。偏差只能减小不能消除，因此有静差调速系统始终存在偏差，即转速降落。无静差调速系统，由于存在积分环节，靠偏差信号对时间的积累来进行自动调节补偿，最后消除静差。所以无静差调速系统稳态时偏差为零，依靠积分环节的记忆作用使输出量维持在一定的数值上。积分调节器的使用可以使系统做到无静差，但系统的调节速度慢，调节时间长。比例积分调节器兼顾了系统的无静差和快速性，系统在调节过程的初、中期，比例环节起作用使转速快速恢复；在调节过程的后期，积分环节起主要作用，使转速恢复并最后消除静差。

（8）电流截止负反馈在电动机起动或堵转时起作用，在系统正常运行时是不起作用的。含电流截止负反馈的调速系统具有"挖土机特性"，可起限流保护作用。电流截止负反馈不能单独在系统中使用，它只能配合转速负反馈和电压负反馈调速系统联合使用。

思考题

1-1 晶闸管整流主电路的接线形式有哪些？如何选用？

1-2 晶闸管触发电路如何选用？

1-3 由晶闸管线路供电的直流调速系统通常具有哪些保护环节？

1-4 V-M 系统有时会出现电流波形断续的现象，是什么原因造成的？

1-5 怎样确定调速系统反馈信号的极性？如果反馈信号的极性接错会造成什么后果？

1-6 如果转速负反馈系统的反馈信号线断线，在系统运行中或起动时会有什么后果？

1-7 在单闭环转速负反馈调速系统中，若再引入电流负反馈环节，对系统的静特性有何影响？

1-8 单闭环直流调速系统当改变其给定电压时能否改变电动机的转速？为什么？若给定电压不变，改变反馈系数的大小，能否改变转速，为什么？

1-9 给定电源和反馈检测元件的精度是否对闭环调速系统的稳态精度有影响？为什么？

1-10 在转速闭环调速系统中，电网电压、负载转矩、电动机励磁电流、电动机电枢电阻、测速发电机磁场等量发生变化时，是否会引起转速的变化？系统对它们是否有调节能力？为什么？

1-11　采用电压负反馈、电流正反馈补偿控制的调速系统，能否代替转速负反馈调速系统？当电网电压、负载转矩、电动机励磁电流、电动机电枢电阻等量变化时，系统是否具有调节能力？为什么？

1-12　闭环调速系统中采用 PI 调节器与 I 调节器来代替 P 调节器的意义是什么？

1-13　直流电动机的调速方案有几种？各有什么特点？

1-14　直流电动机调速系统供电方案有几种？各有什么特点？

1-15　直流电动机有几种电气制动停车方案？各有什么特点？

1-16　什么是调速范围？什么是静差率？调速范围、静态速降和最小静差率有什么关系？

1-17　单闭环转速负反馈调速系统的基本性质是什么？

1-18　PI 调节器与 I 调节器在电路中有何差异？对于阶跃输入信号，它们的输出特性有何不同？

1-19　调速系统的"挖土机特性"是什么特性？理想的"挖土机特性"是怎么样的？采用哪些环节可以实现较好的"挖土机特性"？

1-20　某调速系统的调速范围是 $150 \sim 1500 \text{r/min}$，要求静差率 $s = 2\%$，系统允许的静态速降是多少？如果开环系统的静态速降是 100r/min，则闭环系统的开环放大系数应有多大？

1-21　某系统调速范围 $D = 20$，额定转速 $n_N = 1000 \text{r/min}$，开环转速降落 $\Delta n_n = 200 \text{r/min}$，若要求系统的静差率由 15% 减小到 5%，则系统的开环放大系数将如何变化？

1-22　某闭环调速系统的开环放大系数为 10 时，额定负载下电动机转速降落为 10r/min，如果开环放大系数提高为 20，它的降速又为多少？在同样静差率要求下，调速范围可以扩大多少倍？

读图训练

1-23　在图 1-58 所示的 KZD-Ⅱ型小功率直流调速系统中，试判断下列情况，对系统性能将产生怎样的变化？

1）二极管 VD_{14} 极性接反；

2）稳压二极管 2CW9 损坏（短路或断路）；

3）电位器 $RP_1 \sim RP_7$ 下移。

4）图中 R_8、R_{10} 与 C_6 组合、R_{12}、VD_{15}、VD_{16}、VD_{17} 等元器件的作用是什么？

1-24　图 1-63 为一注塑机直流调速系统实例线路图，试回答下列问题。

1）分析系统中有哪些反馈环节，各起什么作用？

2）系统中 R_8 是什么元件？VD_1 是什么器件？各起什么作用？

3）系统中电容 C_1 和 C_2 各起什么作用？

4）系统中各个电位器分别调节什么量，如果各电位器触点下移（或右移），则对系统的性能或运行状况产生怎样的影响？

5）若设因负载增加而转速下降，试写出系统的自动调节过程。

6）试画出系统的组成结构框图。

【提示：电位器 RP_4 是用来调节励磁电流，以进行调磁调速的。当弱磁升速使转速超过额定转速时，反馈电压信号 U_{fn} 也随之升高，则偏差电压信号 $\Delta U_n = U_{gn} - U_{fn}$ 必减小，使电枢电压降低，影响转速的升高。为了补偿这种消极的影响，与电位器 RP_4 同轴带动一个电位器 RP_3，它的作用是当反馈电压 U_{fn} 升高时，对给定电压 U_{gn} 做相应的补偿。图中各元器件的参数见表 1-2。】

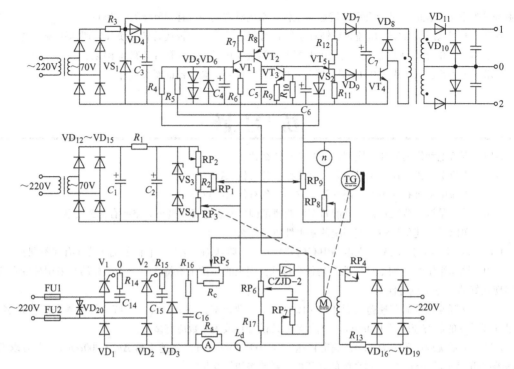

图 1-63　注塑机直流调速系统实例线路图

表 1-2　元器件列表

名　称	型号或数值	名　称	型号或数值	名　称	型号或数值
V_1、V_2	KP30-6	$VD_1 \sim VD_3$	2CZ-30	$VD_{12} \sim VD_{15}$	2CZ82D
$VD_{16} \sim VD_{19}$	2CZ-5	VS_1	2CW21I	VS_2	2CW9
VS_3、VS_4	2CW22L	VT_1、VT_3	3DG6D	VT_2	3CG14
VT_4	3DG12B	VT_5	BT33C	RP_3	3 kΩ
RP_4	300Ω	RP_5	100Ω	RP_6	4.7 kΩ
RP_7	4.7 kΩ	RP_8	15 kΩ	RP_9	55 kΩ
R_1	1kΩ	R_2	6.8kΩ	R_3	850Ω
R_4、R_5	24kΩ	R_6	2kΩ	R_7	12kΩ
R_8	3 kΩ	R_9	100Ω	R_{10}	100 kΩ
R_{11}	150Ω	R_{12}	430Ω	R_{13}	15Ω
R_{14}、R_{15}	30Ω	R_{16}	30Ω	R_{17}	5.1 kΩ
R_c	0.07Ω	C_1、C_2	30μF	C_3	50μF
C_4	20μF	C_5	0.068μF	C_6	20μF
C_7	200μF	C_{14}、C_{15}	1μF	C_{16}	2μF

1-25　图 1-64 为 KCJ-1 型小功率直流调速系统线路图。试问：

1）该系统有哪些反馈环节？它由哪些元件构成？

2）电位器 $RP_1 \sim RP_6$ 各起什么作用？

3）此系统对转速是有静差还是无静差系统？

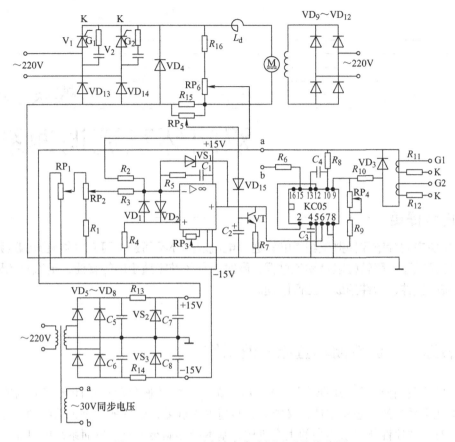

图 1-64 KCJ-1 型小功率直流调速系统线路图

4）画出系统组成结构框图。

【提示：图中 KC05 为锯齿波移相集成触发元件，其中 a、b 两端接同步电压，输入端 6 接触发控制电压，8 端接地，R_6 和 C_4 为外接微分电路，由它决定触发脉冲宽度。图中二极管 VD_{15} 在此处提供一个 0.5V 左右的阈值电压，VD_1、VD_2 为运放器输入限幅，VS_1 为运放器输出限幅。RP_3 调节运放器零点（使之"零输入"时，"零输出"），RP_4 调节锯齿波斜率。系统中元器件名称、型号与数值见表 1-3。】

表 1-3 元器件列表

名　称	型号或数值	名　称	型号或数值	名　称	型号或数值
V_1、V_2	3CT5A/800V	$VD_1 \sim VD_3$	2CZ52C	VD_{15}	2CZ52C
$VD_4 \sim VD_8$	2CZ84C	$VD_9 \sim VD_{12}$	2CZ55T	VD_{13}、VD_{14}	2CZ57F
R_1	2kΩ	$R_2 \sim R_4$	20kΩ	R_5	100Ω
R_6	10kΩ	R_7、R_{13}、R_{14}	220Ω	R_8、R_9	30kΩ
R_{10}	22kΩ	R_{11}、R_{12}	10Ω	R_{15}	0.36Ω
R_{16}	5kΩ	RP_1	20kΩ	RP_2	5.6kΩ
RP_3	10kΩ	RP_4	22kΩ	RP_5	56Ω
RP_6	4.7kΩ	C_1	1μF	C_2	10μF
C_3	0.47μF	C_4	0.047μF	C_5、C_6	220μF
C_7、C_8	100μF	VT	3DG6D	$VS_1 \sim VS_3$	2CW140

双闭环直流调速系统

📖 **内容提要**

本模块主要介绍了模拟量组成的转速、电流双闭环不可逆与可逆两种直流调速系统的组成、工作原理、静特性以及动态过程；同时简介了数字量组成的转速、电流双闭环直流调速系统的硬件、软件组成和工作原理。

2.1 转速、电流双闭环直流调速系统

前一模块我们介绍的采用比例积分（PI）调节器的转速负反馈单闭环直流调速控制系统，既保证了系统的动态稳定性，又能做到转速的无静差，较好地解决了系统动、静态之间的矛盾，对于调速性能要求不高的生产机械，基本能够满足要求。然而系统中只靠电流截止负反馈环节来限制起动和升速过程中的冲击电流，其起动时的性能还不能令人满意。这是因为，在起动和升速过渡过程中，电枢电流一直处于变化状态，只有当电枢电流达到或超过设定的截止电流，电流截止负反馈才起作用（否则电流截止负反馈不起任何作用）。这时由于电流负反馈的作用和电动机反电动势的增长，电枢电流又被压了下来，电动机电磁转矩也随之减小，转速加速度也减小，使整个系统的起动和加速过程拖长、变慢。带电流截止负反馈环节的调速系统的起动过渡过程曲线如图 2-1a 所示。

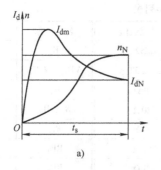
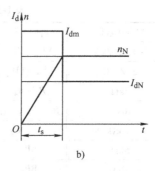

图 2-1　电动机起动过渡过程曲线

对于一些频繁起动、制动和经常要求正反转的生产机械，如龙门刨床、轧钢机等，为了提高生产效率和加工质量应当尽量缩短其起动过渡过程时间，为此，希望能够充分

利用晶闸管和电动机允许的过载能力，最好是在起动过渡过程中一直保持电枢电流为最大允许值，使系统尽可能地以最大加速度起动，来缩短起动时间。系统理想的起动波形如图 2-1b 所示（图 2-1b 中的起动时间 t_s 要比图 2-1a 中的起动时间 t_s 短）。而当转速达到稳态转速时，电枢电流应立即降下来，使电磁转矩与负载转矩相平衡，从而转入稳速运行。

为了实现图 2-1b 中理想的起动过程，可在转速负反馈的调速系统中加入电流负反馈环节，但如果电流负反馈信号与转速负反馈信号在同一个调节器的输入端综合，会造成调节器输入端的几个信号之间的相互干扰，同时也会使系统中各个参数调整时相互影响，调整比较困难，且系统的静特性会很软，系统精度下降很多。为了克服这些缺点，经过研究与实践，在系统中设置两个调节器，分别控制转速和电流，并且将两个调节器实行串级连接，构成转速负反馈外环、电流负反馈内环的双闭环直流调速系统。

2.1.1　转速、电流双闭环直流调速系统的组成

转速、电流双闭环直流调速系统原理图如图 2-2 所示，系统组成结构框图如图 2-3 所示。

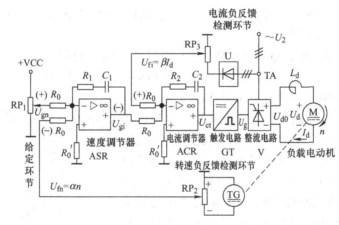

图 2-2　转速、电流双闭环直流调速系统原理图

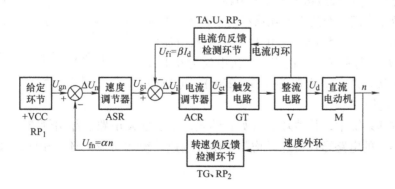

图 2-3　转速、电流双闭环直流调速系统组成结构框图

由图 2-2 可见，该系统有两个反馈回路，构成两个闭环回路（故称双闭环）。其中一个是电流调节器（ACR）和电流检测及反馈环节等构成的电流环，另一个是由速度调节器

（ASR）和转速检测及反馈环节等构成的速度环。由于速度环包围电流环，因此称电流环为内环（又称副环），称速度环为外环（又称主环）。在电路中，ASR 和 ACR 实行串联，即由 ASR 去"驱动" ACR，再由 ACR 去"控制"触发电路。

速度调节器 ASR 和电流调节器 ACR 均为 PI 调节器，其电路和特性可参见 1.3 节中的 PI 调节器，并且 ASR 和 ACR 均设有输入和输出限幅电路（图中未标出）。输入限幅主要是为保护运算放大器而设置的。ASR 的输出限幅值为 U_{gim}，它主要限制最大电枢电流。ACR 的输出限幅值为 U_{ctm}，它主要限制晶闸管整流装置的最大输出电压 U_{dm}（在可逆系统中，主要为限制最小逆变角 β_{min}）。

ASR 的输入电压为速度偏差电压 $\Delta U_n = U_{gn} - U_{fn} = U_{gn} - \alpha n$（$\alpha$ 为转速反馈系数），其输出电压即为 ACR 的给定电压 U_{gi}，其限幅值为 U_{gim}。

ACR 的输入电压为电流偏差电压 $\Delta U_i = U_{gi} - U_{fi} = U_{gi} - \beta I_d$（$\beta$ 为电流反馈系数），其输出电压即为触发电路的控制电压 U_{ct}，其限幅值为 U_{ctm}。

ASR 和 ACR 的输入、输出量的极性，主要由触发电路对控制电压 U_{ct} 极性的要求而定。在直流调速系统中一般要求电动机正转时触发电路输入的控制电压 U_{ct} 为正极性，由于运算放大器为反相输入端输入，所以 U_{gi} 应为负极性。又因为电流为负反馈，于是 U_{fi} 便为正极性。同理，由于 U_{gi} 要求为负极性，则 U_{gn} 应为正极性，又因为转速为负反馈，所以 U_{fn} 便为负极性。各量的极性如图 2-2 所示。

在双闭环调速系统中，电流负反馈检测环节多采用电流互感器与电位器组成。电流互感器是电流检测装置，它的作用是将大电流变成小电流，在系统中起到隔离主电路的强电与控制电路的弱电的作用，可增强系统操作的安全性，电流互感器在使用时要注意严禁二次侧开路。电流互感器有交流和直流之分，直流互感器安装在电枢回路，输出的是直流电流量，经电位器取出一部分（电流反馈信号 U_{fi}）与 U_{gi} 比较后送入电流调节器。交流互感器安装在可控整流电路的交流侧，取出的交流电流量需经二极管组成的整流装置变成直流量，再经电位器取出其中一部分与 U_{gi} 比较后送入电流调节器。

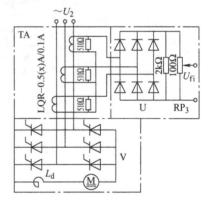

图 2-4　调速系统中常用的
交流电流互感器电路

调速系统中常用的交流电流互感器电路如图 2-4 所示，型号采用 LQR - 0.5（x）A/0.1A，其一次电流的数值（x）A 要根据实际需要选用。二次电流为 0.1A，准确度为 0.5 级。若负载电阻为 $100 \sim 200\Omega$，可获得 $10 \sim 20V$ 输出电压。

双闭环调速系统中，其他环节（如：给定环节、触发电路、晶闸管整流主电路、测速发电机环节等）的电路形式与选择均与单闭环调速系统相对应的环节相同，这里就不再重复说明。

2.1.2　转速、电流双闭环及速度调节器、电流调节器的作用

在讲解双闭环与调节器的作用时，为方便起见，运算放大器的输入端将被"看作"同相端。

1. 电流环及 ACR 的调节作用

电流环的主要作用是稳定电枢电流。

由于 ACR 为 PI 调节器，因此在稳态时，其输入电压 ΔU_i 必为零，即 $\Delta U_i = U_{gi} - U_{fi} = U_{gi} - \beta I_d = 0$（若 $\Delta U_i \neq 0$，则 ACR 中的积分环节将使输出继续改变，直到 $\Delta U_i = 0$ 为止），所以有 $I_d = U_{gi}/\beta$。此式的物理含义是：在 U_{gi} 一定的情况下，由于电流环及 ACR 的调节作用，整流装置的电流（电枢电流）I_d 将保持在 U_{gi}/β 的数值上，如果 $I_d \neq U_{gi}/\beta$，电流环将进行自动调节，以保证 $I_d = U_{gi}/\beta$。假设 $I_d > U_{gi}/\beta$，电流环的自动调节过程如下：

I_d $(I_d > U_{gi}/\beta)$ $\uparrow \to \Delta U_i = |U_{gi}| - \beta I_d < 0 \to U_{ct} \downarrow \to U_{d0} \downarrow$（$n$ 来不及变化）$\to I_d \downarrow \to$ 直到 $I_d = U_{gi}/\beta$，$\Delta U_i = 0$ 为止。这种保持电流不变的特性，将使电流环具有如下性质：

1）自动限制最大电流。当 ASR 输出限幅 U_{gim} 时，电流内环将保证电枢电流为最大值 $I_{dm} = U_{gim}/\beta$。由此式知，在 U_{gim} 和 I_{dm} 选定后，可确定电流反馈系数 β。

2）实现起动时间最优。在系统起动时维持电动机电枢电流为最大给定电流 I_{dm}，以缩短起动过渡过程时间，实现时间最优。

3）有效抑制电网电压波动对电流的影响。当电网电压波动而引起电流波动时，通过电流环与 ACR 的调节作用，能使电枢电流很快回复原值。在双闭环调速系统中，电网电压波动对转速的影响几乎看不出来。而在仅有速度环的单闭环调速系统中，电网电压波动引起转速的变化，是由速度环来进行调节的，这样，调节过程慢得多，速降也大。

2. 速度环及 ASR 的调节作用

速度环的主要作用是保持转速稳定，并最后消除转速静差。

由于 ASR 也是 PI 调节器，因此稳态时，其输入电压 $\Delta U_n = U_{gn} - U_{fn} = U_{gn} - \alpha n = 0$。所以有 $n = U_{gn}/\alpha$。此式的物理含义是：在 U_{gn} 为一定的情况下，由于速度环及调节器 ASR 的调节作用，转速 n 稳定在 U_{gn}/α 数值上。假设 $n < U_{gn}/\alpha$，其自动调节过程如下：

$n \downarrow$ $(n < U_{gn}/\alpha)$ $\to \Delta U_n = U_{gn} - \alpha n > 0 \to U_{gi} \uparrow \to \Delta U_i = U_{gi} - \beta I_d > 0 \to U_{ct} \uparrow \to U_d \uparrow \to n \uparrow$ 直到 $n = U_{gn}/\alpha$，$\Delta U_n = 0$ 为止。由式 $n = U_{gn}/\alpha$ 可以看出速度环有如下性质：

1）调节 U_{gn}（电位器 RP_1）即可调节转速 n。由此可知，U_{gnm} 与 n_N 相对应，所以就能确定转速反馈系数 $\alpha = U_{gnm}/n_N$。

2）速度环要求电流迅速响应转速 n 的变化，而电流环则要求维持电流不变。电流环维持电流不变的这种性质会不利于电流对转速变化的响应，有使静特性变软的趋势。但由于速度环为外环，电流环的作用只相当于速度环内部的一种扰动而已，不起主导作用。只要速度环的开环放大倍数足够大，最后仍然能靠 ASR 的积分作用，消除转速偏差。

3）能抑制负载变化对转速的影响。当负载变化而引起转速变化时，通过速度调节器 ASR 的调节作用，能使速度很快回复原值。

2.1.3　转速、电流双闭环直流调速系统的静特性

分析双闭环调速系统静特性的关键是掌握带限幅的 ASR 和 ACR 的稳态特征，一般情况下，ASR 和 ACR 存在两种状况：饱和——输出达到限幅值，不饱和——输出未达到限幅值。当调节器饱和时，输出为恒值，即输入量的变化不再影响输出，除非有反向的输入信号使调节器退出饱和；换句话说，饱和的调节器暂时隔断了输入和输出间的联系，相当于使该调节环处于开环状态。当调节器不饱和时，由于比例积分的作用会使调节器的输入偏差电压 ΔU

在稳态时总为零。

实际上，在正常运行时，电流调节器是不会达到饱和状态的。因此，研究双闭环调速系统的静特性只需考虑速度调节器饱和与不饱和两种情况。

1. 速度调节器不饱和时系统的静特性

这时，两个调节器 ASR 和 ACR 都不饱和。稳态时，它们的输入偏差电压都是零，因此有

$$\Delta U_n = U_{gn} - U_{fn} = U_{gn} - \alpha n = 0 \tag{2-1}$$

$$\Delta U_i = U_{gi} - U_{fi} = U_{gi} - \beta I_d = 0 \tag{2-2}$$

由式（2-1）可得

$$n = U_{gn}/\alpha = n_0 \tag{2-3}$$

由式（2-3）得到图 2-5 所示系统静特性的 CA 段，它是一条水平的特性，对应于系统稳定运行的状态。

由于 ASR 的不饱和，使 $U_{gi} < U_{gim}$，$I_d < I_{dm}$，因此，CA 段特性从理想空载状态的 $I_d = 0$ 一直延续到 $I_d = I_{dm}$，而 I_{dm} 一般都是大于额定电流 I_{dN} 的。

2. 速度调节器饱和时系统的静特性

速度调节器饱和时，ASR 输出达到限幅值 U_{gim}，转速外环呈开环状态，转速的变化对系统不再产生影响。双闭环系统变成一个电流无静差的电流负反馈单闭环调速系统。

稳态时，由式（2-2）可知

$$I_d = U_{gim}/\beta = I_{dm} \tag{2-4}$$

式（2-4）中，最大电流 I_{dm} 是由设计者选定的，取决于电动机的允许过载能力和拖动系统允许的最大加速度，一般 I_{dm} 值为（1.5~2）I_{dN}（额定电枢电流）。

式（2-4）所描述的静特性对应于图 2-5 中的 AB 段，它是一条垂直的特性。这样的下垂特性只适合于 $n < n_0$ 的情况，因为如果 $n > n_0$，ASR 将退出饱和状态。由于这种特性，当电动机遇到过载甚至堵转故障，即 $I_L > I_{dm}$ 时，电流环能限制电枢电流为最大值，从而起到快速的安全保护作用。如果故障消失，系统能自动恢复正常工作状态。

综上所述，双闭环调速系统的静特性在负载电流小于 I_{dm} 时表现为转速无静差，这时，转速负反馈起主要调节作用。当负载电流达到 I_{dm} 时，对应于速度调节器的饱和输出 U_{gim}，这时，电流调节器起主要调节作用，系统表现为电流无静差，形成过电流的自动保护。这就是采用了两个 PI 调节器分别形成内、外两个闭环的效果，这样的静特性显然比带电流截止反馈的单闭环系统静特性好。然而，由于实际运算放大器的开环放大系数并不是无穷大，因此实际上静特性的两段都略有很小的静差，见图 2-5 中的虚线部分。

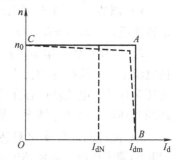

图 2-5　双闭环调速系统的静特性

3. 各变量的稳态工作点和稳态参数计算

由图 2-2 可以看出，双闭环调速系统在稳态工作中，当两个调节器都不饱和时，各变量之间的关系为

$$U_{gn} = \alpha n = \alpha n_0 \tag{2-5}$$

$$U_{gi} = \beta I_d = \beta I_L \tag{2-6}$$

$$U_{ct} = U_{d0}/K_s = (C_e n + I_d R_\Sigma)/K_s = (C_e U_{gn}/\alpha + I_L R_\Sigma)/K_s \tag{2-7}$$

上述关系表明，在稳态工作点上，转速 n 是由给定电压 U_{gn} 决定的，ASR 的输出量 U_{gi} 是由负载电流 I_L（稳态时负载电流 I_L 等于电枢电流 I_d）决定的，而控制电压 U_{ct} 的大小则同时取决于 n 和 I_d，或者说，同时取决于 U_{gn} 和 I_L。

由式（2-5）、式（2-6）可计算出转速反馈系数 α 和电流反馈系数 β，即

$$\alpha = U_{gnm}/n_N \tag{2-8}$$

$$\beta = U_{gim}/I_{dm} \tag{2-9}$$

2.1.4　转速、电流双闭环直流调速系统的动态工作过程

1. 突加给定时的起动过程

双闭环调速系统突加给定电压 U_{gn} 后的起动过程分为三个阶段：电流上升阶段、恒流升速阶段、转速调节阶段。在这三个阶段中，系统的转速 n、电枢电流 I_d、ASR 的输入 $\Delta U_n = U_{gn} - U_{fn}$、速度反馈信号 U_{fn}、ACR 的输入 $\Delta U_i = U_{gi} - U_{fi}$、ACR 的输出 U_{ct}、电流反馈信号 U_{fi} 的变化波形如图 2-6 所示。下面对系统的起动过程进行详细的分析。

（1）第 I 阶段是电流上升阶段（$0 \sim t_1$）　该阶段从突加给定电压开始，到电流上升到 I_{dm} 为止。在这个过程中速度调节器的输入始终大于零，即 $\Delta U_n > 0$，速度调节器的输出由零快速变成 U_{gim}，ASR 由不饱和状态快速进入饱和状态。

系统突加给定电压 U_{gn} 后，由于电动机的机械惯性较大，转速和转速反馈量增长较慢，则速度调节器 ASR 的输入偏差电压 $\Delta U_n = U_{gn} - U_{fn}$ 的数值较大，速度调节器的放大倍数较大，其输出很快达到饱和输出限幅值 U_{gim}。这个电压加在 ACR 的输入端，作为最大电流的给定值，使 ACR 的输出 U_{ct} 迅速增大，U_{ct} 的上升使整流电压 U_{d0} 成比例增加，从而保证电流 I_d 迅速增大，直到最大值 I_{dm}。当 $I_d \approx I_{dm}$，$U_{fi} \approx U_{gim}$ 时，由于 ACR 的作用使 I_d 不再增加，并保持 $I_d \approx I_{dm}$ 这一动态平衡。

这个阶段的特点是速度调节器 ASR 因阶跃给定作用而迅速饱和，而电流调节器 ACR 一般为不饱和，以保证电流环的调节作用，强迫电流 I_d 上升，并达到 I_{dm}。

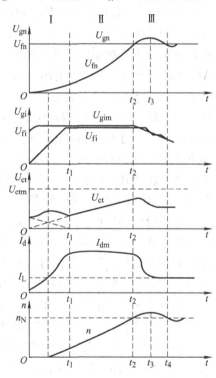

图 2-6　双闭环调速系统起动过程转速和电流波形

（2）第 II 阶段是恒流升速阶段（$t_1 \sim t_2$）　该阶段从电流上升到 I_{dm} 开始，到转速上升到给定值对应的额定转速值为止。由于这个过程依然是 $U_{gn} > U_{fn}$，$\Delta U_n > 0$，速度调节器的输出始终为 U_{gim} 不变，ASR 饱和相当于速度环开环，不起调节作用，系统在最大恒值电流 I_{dm} 所对应的给定 U_{gim} 作用下（基本上保持电流 I_{dm} 恒定）产生最大电磁转矩，转速以最大转速加速度快速上升。这个阶段是起动的主要阶段。

在 t_1 时刻，当 I_d 升至 I_{dm} 值时，$\Delta U_i = 0$，但由于 $I_{dm} > I_L$，$\mathrm{d}n/\mathrm{d}t > 0$，转速继续上升，反

电动势 E 也随之上升，这使得图 2-3 所示双闭环调速系统起动过程中电流 $I_d = (U_{d0} - E) /$ R_Σ 下降，当 I_d 略小于 I_{dm}，又使 $|-\Delta U_i| > 0$，U_{ct} 上升，U_{d0} 也上升，力图维持 $I_d = I_{dm}$。在 U_{gim} 的恒值控制下，内环保持 I_{dm} 的自动调节过程如下：

$$n \uparrow \to E \uparrow \to I_d \downarrow \to U_{fi} \downarrow \to |-\Delta U_i| > 0 \to U_{ct} \uparrow \to U_{d0} \uparrow \to I_d \uparrow \to n \uparrow$$

这种调节作用实际上使 I_d 略小于 I_{dm} 而维持不变。由于 $I_{dm} > I_L$，产生最大转速加速度，转速线性上升，接近理想起动过程，相应地 E、U_{d0}、U_{ct} 也都是线性上升，到 t_2 时刻 n 上升至给定转速。

这个阶段的特点是速度调节器 ASR 处于饱和状态不起调节作用，系统表现为在最大恒值给定电流 I_{dm} 作用下的电流调节系统，基本上保持电流 I_{dm} 恒定。

（3）第Ⅲ阶段为转速调节趋于稳定阶段（t_2 以后）　该阶段从转速第一次上升到给定转速开始，到转速趋于稳定为给定转速为止。在这个过程 $U_{gn} < U_{fn}$，$\Delta U_n < 0$，速度调节器开始退出饱和状态，与 ACR 一起参与调节作用。

t_2 时刻，速度已达给定值，速度调节器的给定电压 U_{gn} 与反馈电压 U_{fn} 相平衡，输入偏差为零，即 $\Delta U_n = U_{gn} - U_{fn} = 0$，但其输出由于 PI 的积分作用还维持在限幅值 U_{gim}，电动机仍在最大电流下继续加速，使转速产生超调，同时 ASR 的输入端出现负偏差电压（$U_{gn} < U_{fn}$，$\Delta U_n < 0$），使速度调节器退出饱和状态，ASR 输出电压也使 ACR 电流调节器的给定电压 U_{gi} 从限幅值降下来，主电路电流 I_d 也随之迅速减小。但是，由于 I_d 仍大于负载电流 I_L，转速继续上升，E 增大，直至 I_d 减小为与 I_L 相等，电磁转矩 $T_e = T_L$，$dn/dt = 0$，转速 n 达到峰值（$t = t_3$ 时）。由于此时 ΔU_n 的值还是负值，ASR 的输出还在减小，ACR 的输入 ΔU_i 也在减小，ACR 的输出 U_{ct} 在减小，U_{d0} 在减小，I_d 在继续减小，小于负载电流，电磁转矩小于负载转矩 T_L，产生转速减速度，电动机开始减速。转速 n 经过几次调节后达到给定值（t_4 时刻），即 $I_d = I_L$，系统进入稳态运行状态。

这一阶段的特点是速度调节器 ASR 和电流调节器 ACR 都不饱和，共同担当调节作用。转速调节处于外环，起主导作用，促使转速迅速趋于给定值，并使系统稳定；电流调节器的作用则是力图使 I_d 尽快跟随速度调节器 ASR 的输出 U_{gi} 的变化，也就是电流内环的调节过程是由速度外环支配的，形成了一个电流随动系统。系统起动后进入稳态时，转速等于给定值，电流等于负载电流，ASR 和 ACR 的输入偏差电压均为零。

综上所述，转速、电流双闭环调速系统起动的特点如下：

1）速度调节器出现饱和开环以及退饱和闭环两种状态。ASR 饱和时，相当于速度环开环，系统表现为恒定电流调节的单闭环系统；ASR 不饱和时，速度环闭环，整个系统为一个无静差调速系统，而电流内环则表现为电流随动系统。

2）恒电流转速上升阶段，是双闭环调速系统起动过程的主要阶段。此时 I_d 为 I_{dm}，实现电流受限制条件下的"最短时间控制"，即"时间最优控制"，因而能够充分发挥电动机的过载能力，使起动过程尽可能最快，接近于理想的起动过程。

3）只有转速超调才能使 ASR 退出饱和，速度环才能从开环变成闭环而发挥调节作用，进行线性调节，使系统达到稳定。也就是说，如果不另外采取措施，双闭环调速系统的转速动态响应必然有超调。在一般情况，转速略有超调，生产机械是允许的，但对于完全不允许超调的生产机械，可采用转速微分负反馈环节加以抑制，只要参数选择合适，可以达到完全抑制转速超调的目的。

4）由于晶闸管整流装置的输出电流是单方向的，因此，如无特殊制动措施，双闭环调速系统不能获得同样好的制动过程。

2. 双闭环直流调速系统的抗扰动自动调节过程

（1）稳定运行的双闭环调速系统在突加负载扰动（负载增加）时的调节过程　原稳定运行的系统，转速 $n = n_1$，$T_e = T_{L1}$。在不过载（即负载电流 $< I_{dm}$）时使负载从 T_{L1} 上升为 T_{L2}，系统的调节过程如下：

$$T_L \uparrow \rightarrow T_e - T_L < 0 \rightarrow \mathrm{d}n/\mathrm{d}t < 0 \rightarrow n \downarrow \rightarrow \Delta U_n = U_{gn} - U_{fn} > 0 \rightarrow U_{gi} \uparrow \rightarrow U_{ct} \uparrow \rightarrow U_{d0} \uparrow \rightarrow I_d \uparrow$$
$$\rightarrow T_e \uparrow$$

当 T_e 增加到与 T_{L2} 相等时，$\mathrm{d}n/\mathrm{d}t = 0$，转速不再下降，但转速仍然小于系统稳定时的转速，$\Delta U_n = U_{gn} - U_{fn} > 0$ 依然存在，上述调节过程还将进行，当 $T_e > T_{L2}$ 后，$\mathrm{d}n/\mathrm{d}t > 0$，电动机转速 n 开始回升，在回升到 n_1 之前，始终有 $\Delta U_n > 0 \rightarrow U_{gi} \uparrow \rightarrow I_d \uparrow \rightarrow n \uparrow$，当转速上升超过稳定运行转速时，产生超调后，$\Delta U_n < 0$ 使 U_{gi} 减小，使 I_d 减小，当 $I_d < I_{L2}$ 时，n 下降。上述过程经过几次重复使系统稳定下来。只要过程为衰减的，最终一定能达到 $n = n_1$，$I_d = I_{L2}$，$T_e = T_{L2}$ 的稳定状态，如图 2-7 所示。

在过载或堵转时，系统的调节过程如下：

$$T_L \uparrow（过载）\rightarrow T_e - T_L < 0 \rightarrow \mathrm{d}n/\mathrm{d}t < 0 \rightarrow n \downarrow（为 0）\rightarrow$$
$$\Delta U_n = U_{gn} - U_{fn} = U_{gn} \rightarrow U_{gi} \uparrow（为 U_{gim}）\rightarrow ASR 饱和 \rightarrow 电流环维持最大电流不变。$$

（2）稳定运行的双闭环调速系统在电网电压扰动时的调节过程　在双闭环调速系统中，电网电压扰动被包含在电流环之内，电网电压的波动直接引起整流电路电流的变化，这种变化由电流内环进行调节，使电流很快恢复到原值，不必等到影响转速后才在系统中有反应，因而不会引起转速的变化。

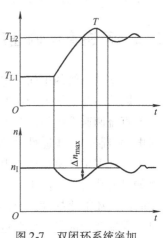

图 2-7　双闭环系统突加负载时的动态调节过程

电网电压波动时系统的调节过程如下：

$$U_{2\Phi}（电网电压）\uparrow \rightarrow U_{d0} \uparrow \rightarrow I_d \uparrow（n 来不及变化）\rightarrow$$
$$U_{fi} \uparrow \rightarrow \Delta U_i < 0 \rightarrow U_{ct} \downarrow \rightarrow \alpha \downarrow \rightarrow U_{d0} \downarrow \rightarrow I_d \downarrow，直到与电网$$
电压变化之前的电流值相等，系统达到稳态。

综上所述，双闭环调速系统的扰动对系统的影响与扰动的作用点有关，扰动作用于内环的主通道上，将不会明显地影响转速，如电网电压波动。扰动作用于外环主通道中，则必须通过速度调节器调节才能克服扰动引起的影响，如负载扰动；扰动如果作用于反馈通道中，如测速发电机励磁电流变化引起的扰动，双闭环调速系统（也包括单闭环调速系统）是无法克服它引起的偏差的。

3. 双闭环直流调速系统的制动过程（系统由稳定运行到停车的过程）

当电动机以某一给定速度稳定运行时欲实现停车，应将速度给定值突降为 $U_{gn} = 0$。由于惯性，转速 n 不能突变，因而出现很强的速度偏差信号 $\Delta U_n < 0$。在它的作用下，ASR 的输出信号 U_{gi} 突跳到限幅值（与起动极性相反）。由于电磁惯性，I_d 不能突变，所以产生很强的电流偏差信号 ΔU_i，使 U_{ct}、U_{d0} 及 U_d 迅速下降。

对于采用半控桥整流电路供电的系统，U_d 降为零（不能为负值），电动机失去外加电压。在电动机反电动势 $E_d(E)$ 的作用下，I_d 以一定规律，由负载 I_L 下降到零，如图 2-8 中实线所示。

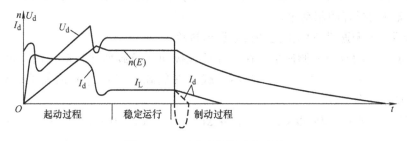

图 2-8　不可逆系统的动态过程

对于采用全控桥整流电路供电的系统，U_d 可能变为负值（整流器过渡到逆变状态），在逆变电压和电动机反电动势的共同作用下，I_d 快速下降到零，如图 2-8 中虚线所示。

由于晶闸管的单向导电性，在不可逆双闭环调速系统中，电枢电流在电动机中所产生的电磁转矩不能反向，无法产生电磁制动转矩。所以当电流下降至零以后，电动机只能进行自由停车。为了加快不可逆系统的停车过程，可以设置能耗制动环节或配以机械抱闸制动。

2. 2　可逆直流调速系统

由于晶闸管的单向导电性，由它组成的电路只能为直流电动机提供单一方向的供电电流，因此在前面学习的调速系统，电动机只能单方向运行，是不可逆直流调速系统，这种不可逆直流调速系统只适合那些不改变电动机转向（或者不要求经常改变电动机转向），同时对电动机制动的快速性又无特殊要求的生产机械，如造纸机、车床、镗床等。然而在实际生产中，许多生产机械要求电动机既能正、反转，又要求电动机在减速和停车时有制动作用，例如可逆轧机、龙门刨床、电弧炉的升降机构、矿井提升机和电梯等，除了可以大幅缩短制动时间，还能将拖动系统的机械能转换成电能回馈给电网，特别对大功率的电力拖动系统，可以大幅节约能量。因此这些生产机械必须用可逆直流调速系统来拖动。

2. 2. 1　可逆直流调速系统的基本知识

从直流电动机的工作原理看出，要想改变直流电动机的转速方向，就必须改变电动机的电磁转矩方向。由电动机电磁转矩公式 $T_e = C_e I_d = K_e \Phi I_d$ 可知，改变电动机电磁转矩方向有两种方法：一是改变电动机电枢电流 I_d 的方向，即改变电动机电枢供电电压 U_d 的极性；二是改变电动机的磁通 Φ 方向，即改变励磁电流 I_f 的方向。与这两种方法相对应，晶闸管可逆运行电路也有两种形式：一种为电枢可逆电路；另一种是磁场可逆电路。

1. 可逆运行电路的两种接线形式

（1）电枢可逆电路　所谓电枢可逆电路，就是通过改变电枢电流的方向来实现电动机可逆运行的电路。

1）接触器切换的电枢可逆电路。这种电路只采用一组晶闸管整流装置，利用正向和反向接触器来切换电动机电枢电流的方向，以实现电动机的制动和反转，如图 2-9 所示。

由图 2-9 可见，晶闸管整流装置的输出电压 U_d 极性不变，总是上"＋"下"－"，当正向接触器 KMF 闭合、反向接触器 KMR 断开时，电动机电枢电压 A 端为正，B 端为负，电动机正转。当 KMF 断开、KMR 闭合时，电动机电枢电压 A 端为负，B 端为正，流过电动机的电流方向改变，电动机反转。

这种方案的优点是系统结构简单经济，但接触器的切换速度慢，从正向接触器断开到反向接触器闭合，需要 0.2～0.5s 的时间。这段时间内电动机脱离电源，电动机转矩为零，称为"死区"，它使电动机反转过程延缓。另外，接触器动作噪声大，触点寿命较短，并且接触器触点直接接至电动机的电枢电路，需要消耗较大的能量，因此这种电路只适用于不需要频繁和快速变向的生产机械上。

2）晶闸管开关切换的电枢可逆电路。这种电路是用晶闸管代替接触器的主触点，从有触点控制变为无触点控制，如图 2-10 所示。

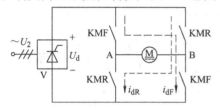

图 2-9　接触器切换的电枢可逆电路

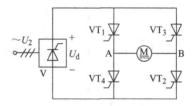

图 2-10　晶闸管开关切换的电枢可逆电路

当 VT_1 和 VT_2 导通、VT_3 和 VT_4 关断时，电动机正转，当 VT_1 和 VT_2 关断而 VT_3 和 VT_4 导通时，电动机反转。

这种电路比较简单，工作可靠性比较高，调试维护方便，适用于几十千瓦以下的中小功率可逆传动系统，也适用于串励电动机的可逆调速。但对作为开关使用的四只晶闸管的耐压值和电流的容量要求比较高，与下面讨论的两组晶闸管整流装置反并联供电的可逆电路相比较，在经济上并无明显优点。

3）正、反两组晶闸管整流装置反并联供电的电枢可逆电路。正、反两组晶闸管整流装置反并联供电的电枢可逆电路如图 2-11 所示，这种电路有两组晶闸管整流装置，正向整流装置为 VF，它对电动机提供正向电流；反向整流装置为 VR，它对电动机提供反向电流，VR 和 VF 交替工作可以实现电动机的可逆运行。

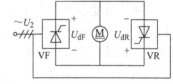

图 2-11　正、反两组晶闸管反并联供电的电枢可逆电路

实际使用时，两组晶闸管整流装置组成的可逆电路又有两种具体连接方式：一种为反并联连接电路，如图 2-12 所示，它的特点是由同一个交流电源同时向两组晶闸管整流装置供电；另一种为交叉连接电路，如图 2-13 所示，它的特点是两组晶闸管整流装置分别由两个独立的交流电源供电，即由两台整流变压器或一台整流变压器的两个二次绕组供电。

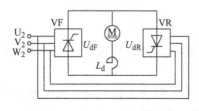

图 2-12　反并联连接电路

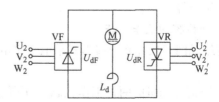

图 2-13　交叉连接电路

由于这种电路的正、反向转换十分迅速，具有切换速度快、控制灵活的优点，在要求频繁快速正、反转的生产机械电力拖动中获得广泛应用，是可逆调速系统的主要电路形式。

（2）磁场可逆电路　所谓磁场可逆电路，就是通过改变磁场电流的方向来实现电动机可逆运行的电路。

在磁场可逆电路中，电动机电枢回路只用一组晶闸管整流装置供电，而电动机的励磁绕组则采用可逆供电电路。与电枢可逆电路接线形式一样，磁场可逆电路也可采用正反向接触器或晶闸管无触点开关来改变励磁电流的方向，如图 2-14a 和图 2-14b 所示，还可以采用正、反两组晶闸管整流装置交替工作来改变励磁电流的方向，如图 2-14c 所示，采用正、反两组晶闸管整流装置的具体连接形式又分为反并联连接和交叉连接两种方式。

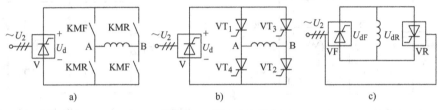

图 2-14　磁场可逆电路

（3）电枢可逆电路与磁场可逆电路两种方案的比较　电枢可逆电路的特点是：电动机电枢电路功率大，在改变电枢电路中的电流方向时，需要两套容量较大的晶闸管整流装置，投资往往较大，在大容量系统中更是如此。但由于电动机电枢电路电感量小，时间常数小（几十毫秒），这种切换方案的快速性好，因而特别适用于中小容量的、频繁起动、制动及要求过渡过程尽量短的生产机械，如可逆轧机的主、负传动，龙门刨床刨台的拖动等。

磁场可逆电路的特点是：电动机电枢电路只用一套晶闸管整流装置供电，而其励磁回路用两套晶闸管整流装置供电，由于电动机励磁电路功率小（一般为 1% ~5% 额定功率），相对而言，其设备容量很小，投资费用可节省，比较经济。但电动机励磁电路的电感量大，时间常数大（约为零点几秒至几秒），因而采用磁场可逆系统的反向时间要比采用电枢可逆系统的反向时间长得多。为了缩短反向时间，常采用强迫励磁的方法，即在励磁反向过程中，加 4~5 倍的反向励磁电压，强迫励磁电流迅速变化，至达到所需数值。即使这样，磁场可逆系统反向过程的快速性仍很差，切换时间仍在几百毫秒以上。此外，在励磁反向过程中，当励磁电流由额定值降低到零这段时间里，如果电枢电流仍然存在，电动机将出现弱磁升速现象。为了避免出现这种情况，应在磁通减弱时保证电枢电流为零，以防止电动机产生原方向的转矩，阻碍其反向。上述这些现象和要求，都增加了励磁反向控制系统的复杂性，因此磁场可逆电路只适用于正、反转不太频繁，对快速性要求不高的大容量可逆系统，例如卷扬机、电力机车等。

2. 可逆系统的工作状态

以两组晶闸管反并联连接形式给电枢供电的可逆调速系统为例来分析可逆调速系统的工作状态。

（1）直流电动机的两种工作状态　在可逆系统中，他励直流电动机无论是正转还是反转时，都有两种工作状态：一种是电动状态；另一种是制动状态（或称发电状态）。

电动运转状态时，电动机电磁转矩的方向和旋转方向（即转速 n 的方向）相同，电网给电动机输入能量，并转换为机械能以带动负载。

制动运转状态时，电动机电磁转矩 T_e 的方向与转速 n 的方向相反，电动机将机械能转化为电能输出，如果将此电能回送给电网，那么这种制动就叫作回馈制动。若将此电能消耗在制动电阻上，那么这种制动就是能耗制动或反接制动。

（2）晶闸管整流装置的两种工作状态　晶闸管整流装置也有两种工作状态：一种是整流状态；另一种是逆变状态。

整流状态时，整流装置将交流电能变为直流电能供给负载。

逆变状态时，整流装置吸收直流能量，并将它转变为交流电能回送给电网。

（3）可逆调速系统运行时的四种工作状态　在两组晶闸管整流装置（正组 VF、反组 VR）供电的可逆系统中，晶闸管整流装置和电动机的工作状态可以有多种组合方式，使电动机可以在四个象限运行，如图 2-15 所示。

1）正向运行状态。如图 2-15a 所示，在正向运行状态时，正组 VF 处于整流状态（$\alpha_F < 90°$），反组 VR 处于阻断状态，整流电压 U_{dF} 大于电动机的反电动势 E，电流 I_d 按 U_{dF} 的方向流动，电能转换成机械能，电动机工作在正转电动状态。

2）正向制动状态。如图 2-15b 所示，如果电动机由正转电动状态进行制动，可让正组 VF 处于阻断状态，而让反组 VR 处于逆变状态（$\alpha_R > 90°$），且使逆变电压 U_{dR} 小于电动机的反电动势 E，电流 I_d 按 E 的方向流动，这时电动机的转速依靠惯性维持，而电磁转矩 T_e 与转速 n 反向，成为制动转矩，把制动过程的机械能回馈给电网。

3）反向运行状态。如图 2-15c 所示，电动机的反向运行与正向运行类似，只是两组晶闸管装置的工作状态互相交换，正组 VF 处于阻断状态，反组 VR 处于整流状态。

4）反向制动状态。如图 2-15d 所示，如果电动机由反转电动状态进行制动，则让反组 VR 阻断，让正组 VF 处于逆变状态，制动过程的机械能通过正组 VF 回馈给电网。

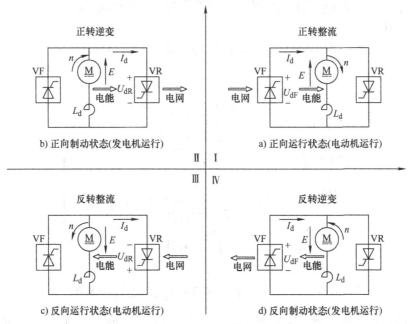

图 2-15　可逆运行的四种工作状态

3. 可逆直流调速系统中的环流分析

在采用两组晶闸管反并联或交叉连接供电的可逆系统中，影响系统安全工作并决定可逆系统性质的一个重要问题就是环流问题。所谓环流，是指不流过电动机或其他负载，而直接在两组晶闸管整流装置之间流通的短路电流。如图 2-16 中的环流电流 I_0。环流不做有用功却占用变流装置的容量，其产生的损耗会使元器件发热，加重了变压器和晶闸管的负担，环流太大时甚至会导致晶闸管损坏，因此必须予以抑制。但是，环流也不是一无是处，

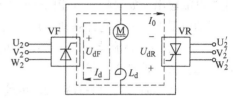

图 2-16　反并联可逆电路中的环流

首先，可以利用环流作为流过晶闸管的基本负载电流，即使在电动机空载或轻载时，也可使晶闸管装置工作在电流连续区，避免电流断续引起的非线性现象对系统静、动态性能的影响；其次，在可逆传动系统中存在少量环流，可以保证电流的无间断反向过渡，加快反向时的过渡过程。

根据实际系统是否需要保留环流以及对环流采取的控制方式，可逆调速系统可选取逻辑无环流、有环流以及错位无环流三种控制方式。由于逻辑控制的无环流可逆直流调速系统在工业上应用广泛，下面着重介绍其工作原理。

2.2.2　逻辑控制的无环流可逆调速系统

逻辑无环流可逆调速系统是工业上最常用的一种可逆调速系统。其控制原理为：要保证给一组晶闸管加触发脉冲时，另一组晶闸管的触发脉冲被封锁，即一组晶闸管导通时，另一组晶闸管被关断，两组晶闸管在任何时刻都不能同时处在导通状态。这样，就从根本上切断了环流的通路，使两组晶闸管整流装置之间不可能产生环流。这种两组整流装置触发脉冲间切换的控制方式，是靠逻辑装置来完成的，因此称为逻辑无环流系统。

1. 系统的组成

逻辑无环流可逆双闭环直流调速系统的原理图如图 2-17 所示。

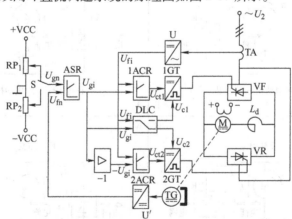

图 2-17　逻辑无环流可逆双闭环直流调速系统原理图

由图 2-17 可以看出，该系统的主电路是由正、反两组晶闸管整流装置（VF 和 VR）反并联连接来供电的。由于没有环流，所以主电路中不设置环流电抗器。为了限制整流电压脉

动的幅值并尽量使整流电路电流连续，仍然保留了平波电抗器 L_d。

检测与反馈电路中 TG 为永磁式测速发电机，U' 为分压电位器，它们将转速 n 变成电压信号 U_{fn}（$U_{fn} = \alpha n$）反馈到速度调节器 ASR 的输入端。TA 为三相电流互感器，U 为三相整流桥及分压电位器，它们将电枢电流 I_d 变成电压信号 U_{fi}（$U_{fi} = \beta I_d$）分送到电流调节器 1ACR、2ACR 和逻辑控制器 DLC 的输入端。

控制电路是典型的转速、电流双闭环调速系统。来自 RP_1、RP_2 的正、负给定电压信号通过一套带输入、输出限幅的 PI 速度调节器 ASR（ASR 的输入 $\Delta U_n = U_{gn} - U_{fn}$，输出为 U_{gi}），两套带输入、输出限幅的 PI 电流调节器 1ACR 和 2ACR（1ACR 的输入 $\Delta U_{iF} = U_{gi} - U_{fi}$，输出为 U_{ct1}，2ACR 的输入 $\Delta U_{iR} = -U_{gi} - U_{fi}$，输出为 U_{ct2}），两套触发器 1GT 和 2GT，分别控制正、反组晶闸管整流装置（VF 和 VR）的工作，最终决定系统的正、反向速度。由于在 2ACR 前使用了一个反相器，因此电流反馈检测环节可以用没有极性的电流互感器（并非必须如此）。

在逻辑无环流调速系统中，为了切实保证在任何时刻都只给两组整流装置中的一组发出触发脉冲（严格防止两组整流装置的触发脉冲同时出现），以便从根本上切断环流的通路，设置了一套逻辑切换装置 DLC，该逻辑切换装置是系统的最关键部位，它应该能根据系统工作情况，发出逻辑指令，或者封锁正组脉冲、开放反组脉冲，或者封锁反组脉冲、开放正组脉冲，二者必居其一，以保证主电路中没有环流产生。下面重点分析逻辑切换装置。

（1）对逻辑切换装置的基本要求　逻辑切换装置必须能鉴别系统的各种运行状态，严格控制两组晶闸管触发脉冲的开放与封锁，正确地对两组晶闸管整流装置进行切换。

逻辑切换装置根据什么来指挥两组晶闸管中的哪一组工作、哪一组关断以及在什么情况下两组应该相互切换呢？这就要分析系统的各种工作状态和晶闸管装置的工作状态。表 2-1 列出各工作状态下晶闸管与电动机的工作情况及相关电量的极性。

表 2-1　可逆拖动的四种工作状态

	Ⅰ 正向运行	Ⅱ 正向制动	Ⅲ 反向运行	Ⅳ 反向制动
转速 n 的转向	（+）正转	（+）正转	（−）反转	（−）反转
晶闸管工作组别	正组（整流）	反组（逆变）	反组（整流）	正组（逆变）
电枢电压（U_d）极性	（+）	（+）	（−）	（−）
电枢电流（I_d）极性	（+）	（−）	（−）	（+）
电磁转矩（T_e）方向	（+）	（−）	（−）	（+）
电磁转矩（T_e）性质	驱动	制动	驱动	制动
电动机工作状态	电动机 $U_d > E$	发电机 $E > U_d$	电动机 $|U_d| > |E|$	发电机 $|E| > |U_d|$
能量转换状况	吸取能量	回馈电网	吸取能量	回馈电网
晶闸管触发延迟角	$\alpha_F < 90°$	$\alpha_R > 90°$	$\alpha_R < 90°$	$\alpha_F > 90°$

从表 2-1 看出，对每组晶闸管装置而言，都有整流和逆变两种工作状态，但是无论它们处于何种工作状态，其电枢回路电流方向都是一样的。具体地说电动机正转和反向制动（第Ⅰ与第Ⅳ象限）时，电枢电流方向都为正（在磁场极性不变时，电磁转矩方向同电流

方向相同），这时正组晶闸管分别工作在整流与逆变状态。当电动机反转和正向制动（第Ⅱ与第Ⅲ象限）时，电枢电流方向为负，是反组晶闸管工作。因此逻辑装置首先应该根据系统对电枢电流也就是转矩的要求来指挥正反组的切换。当系统要求电动机转矩方向为正时，逻辑装置应开放正组脉冲而封锁反组脉冲，当系统要求电动机转矩方向为负时，逻辑装置应开放反组脉冲而封锁正组脉冲。由此可见，首先应该用转矩的极性鉴别信号来指挥逻辑切换。

从图 2-17 中可以看出，速度调节器 ASR 的输出 U_{gi}，也就是电流给定信号的极性正反映了转矩的极性。当正组工作时，U_{gi} 为负，反组工作时，U_{gi} 为正，所以 U_{gi} 可以作为逻辑装置的一个输入信号。但是转矩极性的变号只是逻辑切换的必要条件，在 U_{gi} 刚变号时，还不能马上切换。例如系统在进行制动时，U_{gi} 极性已改变，可是在电枢电流未过零以前，仍要保证本整流装置（称"本桥"）工作，以便实现本桥逆变。若本桥逆变时（电流尚未过零）强行封锁处在逆变下的本组触发脉冲，势必会引起逆变颠覆，造成严重事故。因此逻辑装置还需要有零电流检测器，对实际电流进行检测。当测得电流过零时，送出零电流信号，才允许两组晶闸管切换。所以把零电流检测信号作为逻辑切换装置的另一个输入信号。表 2-2 列出双闭环逻辑无环流可逆系统正反组切换指令。

表 2-2　双闭环逻辑无环流可逆系统正反组切换指令

给定电压 U_{gn}	（+）	切换处	（+）	（-）	切换处	（-）
速度调节器输出（U_{gi}）	（-）		（+）	（+）		（-）
电枢电流 I_d	（+）	0	（-）	（-）	0	（+）

在零电流检测器检测出零电流以后，还必须经过一个"关断等待时间" t_1 的延时，以确保检测电流确实为零，才允许发出封锁原来一组触发脉冲的信号。因为如果零电流检测器检测的电流只是瞬时值低于零电流，而实际电流还处于连续时就将原组脉冲封锁，会影响反组电流的建立，影响整个系统工作的可靠性。

当封锁原组触发脉冲的指令发出后，还必须经过"触发等待时间" t_2 的延时，才可以开放另一组晶闸管。因为原来导通的晶闸管在接到脉冲封锁信号到完全关断有一定时间，如果发出封锁脉冲的同时发出触发脉冲，就可能使两组晶闸管同时处于导通状态，形成环流，造成两组电源设备短路。

综上所述，可逆系统对逻辑切换装置的要求归纳如下。

1）在任何情况下，两组晶闸管绝不能同时有触发脉冲。当一组工作时，必须封锁另一组的触发脉冲。

2）当转矩极性鉴别信号 U_{gi} 改变极性时，必须等到零电流检测器发出"零电流"信号后，才允许发出逻辑切换指令，为此必须根据转矩极性和零电流检测信号进行逻辑判断。

3）发出切换指令后，必须经过"关断等待时间"（$t_1 = 2 \sim 3ms$）的延时，也称封锁延时，才能封锁原导通组脉冲，再经过"触发等待时间" t_2（与整流电路形式和晶闸管有关），也称开放延时，使原组晶闸管恢复阻断能力后，才能开放另一组。

（2）逻辑切换装置的组成　依照对上述逻辑切换装置的要求，根据切换装置是否动作以及动作的先后次序等，可得到逻辑装置应由四个部分组成：电平检测、逻辑运算（判断）、延时电路和逻辑保护，逻辑切换装置的基本组成环节如图 2-18 所示。

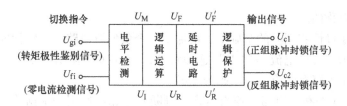

图 2-18　逻辑切换装置的基本组成环节

1）电平检测器。实际输入逻辑装置两个信号（转矩极性鉴别信号 U_{gi} 和零电流信号 U_{fi}）是连续变化的数值，即模拟量，而逻辑装置需要的信号无论转矩的极性还是电流都只有两种状态，即数字量"0"态和"1"态，为此逻辑装置中首先要有将模拟量变为数字量的装置。电平检测器实际上就是一个模-数转换器，它将模拟量的转矩极性鉴别信号 U_{gi} 和零电流信号 U_{fi} 转换成数字量 U_M 和 U_I。

电平检测器根据转换的对象不同，又分为转矩极性鉴别器（DPT）和零电流检测器（DPZ）。

常用的转矩极性鉴别器（DPT）原理图与输入输出特性如图 2-19 所示。

DPT 的输入信号为电流给定 U_{gi}，它是左右对称的。其输出端是转矩极性信号 U_M，为数字量"1"和"0"，输出应是上下不对称的，即将运算放大器的正向饱和值 + 10V 定义为"1"，表示正向转矩；由于输出端加了二极管箝位负限幅电路，因此负向输出为 − 0.6V，定义为"0"，表示负向转矩。

常用零电流检测器（DPZ）原理图和输入输出特性如图 2-20 所示。

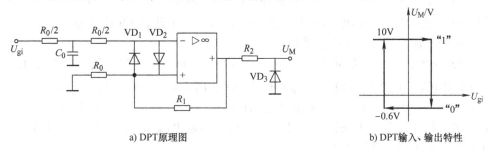

a) DPT原理图　　　　　　　　b) DPT输入、输出特性

图 2-19　转矩极性鉴别器原理图与输入输出特性

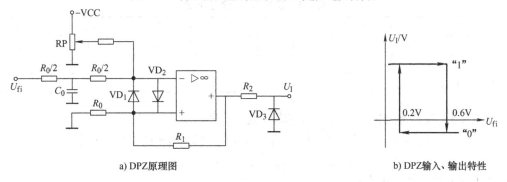

a) DPZ原理图　　　　　　　　b) DPZ输入、输出特性

图 2-20　常用零电流检测器原理图和输入输出特性

其输入是经电流互感器输出的零电流信号 U_{fi}，主电路有电流时，U_{fi} 约为 + 0.6V，DPZ 输出 $U_I = 0$；主电路电流接近零时，U_{fi} 下降到 + 0.2V 左右，DPZ 输出 $U_I = 1$。所以，DPZ 的

输入应是左右不对称的。

为此，在转矩极性鉴别器的基础上，增加了一个负偏置电路，将特性向右偏移即可构成零电流检测器。为了突出电流是"零"这种状态，用 DPZ 的输出 U_I 为"1"表示主电路电流接近零，而当主电路有电流时，U_I 则为"0"。

2）逻辑运算（判断）电路。逻辑运算（判断）电路的作用是根据转矩极性鉴别器的输出信号 U_M 和零电流检测器的输出信号 U_I 来正确判断是否需要进行切换（U_M 是否变换了状态，即从"0"变成"1"或从"1"变成"0"）、切换条件是否成熟（电流是否为零，也就是 U_I 是否由"0"态变为"1"态）。如果不需要切换或者切换条件不成熟，则维持系统原状态不变；如果需要切换而且切换条件已经具备，则发出切换指令，改变逻辑运算（判断）电路的输出状态 U_F 和 U_R，即封锁原来工作组的脉冲而开放另一组脉冲的指令。

逻辑运算（判断）电路还必须有记忆功能，也就是当另一组工作后，电流建立起来，零电流检测器输出信号改变（从"1"变成"0"），在这种情况下，逻辑电路一定要保持系统切换以后的工作状态。

在确定逻辑电路的逻辑结构以前，必须搞清输入信号以及输出信号的意义。

输入信号：

$\begin{cases} \text{转矩极性鉴别信号——电流为正时，} U_M = 1; \text{电流为负时，} U_M = 0; \\ \text{零电流检测信号——主电路有电流，} U_I = 0; \text{主电路无电流，} U_I = 1。 \end{cases}$

输出信号：

$\begin{cases} U_F = 0，\text{表示封锁 VF 组（正组）脉冲；} U_F = 1，\text{表示开放 VF 组脉冲；} \\ U_R = 0，\text{表示封锁 VR 组（反组）脉冲；} U_R = 1，\text{表示开放 VR 组脉冲。} \end{cases}$

输入信号和输出信号的对应关系是：

$\begin{cases} \text{当要求电流方向为正方向时，} U_M = 1, U_F = 1, U_R = 0 \text{——触发正组，封锁反组；} \\ \text{当要求电流方向为反方向时，} U_M = 0, U_F = 0, U_R = 1 \text{——触发反组，封锁正组。} \end{cases}$

只有在 $U_I = 1$ 的条件下，即主电路无电流的情况下，U_F 和 U_R 的状态才能改变。

依逻辑运算（判断）电路输入信号（U_M、U_I）与输出信号（U_F、U_R）之间的对应关系可列出逻辑运算电路的真值表 2-3。

表 2-3　逻辑运算电路真值表

U_M	U_I	U_F	U_R	U_M	U_I	U_F	U_R
1	1	1	0	0	1	0	1
1	0	1	0	0	0	0	1
0	0	1	0	1	0	0	1

从表 2-3，按脉冲封锁条件可写出逻辑代数式，即

$$\overline{U}_F = U_R(\overline{U}_M U_I + \overline{U}_M \overline{U}_I + U_M \overline{U}_I) = U_R[\overline{U}_M(U_I + \overline{U}_I) + U_M \overline{U}_I]$$
$$= U_R(\overline{U}_M + U_M \overline{U}_I) = U_R(\overline{U}_M + \overline{U}_I)$$

若用与非门实现，可变成

$$U_F = \overline{U_R(\overline{U_M + \overline{U}_I})} = \overline{U_R(\overline{\overline{U_M U_I}})} \tag{2-10}$$

同理，可以写出 U_R 的逻辑代数与非表达式，即

$$U_R = \overline{U_F[\overline{(\overline{U_M U_I})U_I}]} \tag{2-11}$$

根据式（2-8）和式（2-9）可以采用具有高抗干扰能力的 HTL 与非门组成逻辑运算与判断电路（如图 2-21 中的逻辑运算与判断电路部分）。

3）延时电路。在可逆系统对逻辑切换装置的基本要求中已说明，为了使系统工作可靠，在零电流检测器动作以后，必须再经过一段时间的延时，才允许封锁原来导通的整流装置的触发脉冲。这段延时时间称为"关断等待时间"，用 t_1 表示，其大小由系统主电路接线形式来确定，如三相桥式反并联电路可取 $t_1 = 2 \sim 3\text{ms}$。另外，晶闸管在关断后还需有一个恢复阻断能力的时间，这个时间叫作"触发等待时间"，用 t_2 表示。对于三相桥式反并联电路，一般 t_2 可取 7ms（即一个整流波头的时间）。

在逻辑装置中设置延时电路，就是为了实现上述两个延时时间。在图 2-21 中，VD_1、C_1 组成关断等待延时电路；VD_2、C_2 组成触发等待延时电路。例如，系统从正组切换到反组工作，U_M 由"1"变到"0"，再等到 $U_I = $"1"时，与非门 4 的输出 U_R 立即从"0"变"1"，经过 VD_1、C_1 延时电路延时 t_1 时间后，与非门 3 的输出 U_F 从"1"变到"0"，U'_F 也立即变为"0"，这样使正组的脉冲封锁延时了 t_1 时间。同时在 U_R 变为"1"时（即在关断等待延时 t_1 开始时），反组延时电路 VD_2、C_2 也开始延时，延时 $t_1 + t_2$ 时间后，使 U_R' 为"1"。显然，电容 C_2 的总延时时间为 $t_1 + t_2$，这样才能在封锁正组后，再经历 t_2 时间延时去开放反组。

当系统从反组切换到正组时，另一组延时电路将产生封锁反组的延时和开放正组的延时，其原理同上。

4）逻辑联锁保护电路。系统正常工作时，逻辑电路的两个输出总是反相的，也就是说，两个输出中总是一个为"1"，而另一个则为"0"，以保证不让两组整流装置的触发脉冲同时开放。但当逻辑电路发生故障时，两个输出有可能同时为"1"，这将造成两组整流装置会同时有触发脉冲，形成主电路电源短路的事故。为了避免这种事故，在逻辑装置中设置了逻辑联锁保护环节，此环节也称多"1"保护环节。

常用多"1"保护电路如图 2-21 所示，其工作原理如下：正常工作时，U_F' 和 U_R' 总是一个为"1"态，另一个是"0"态。这时保护电路的与非门 9 输出即 A 点电位始终为"1"态，则实际的脉冲封锁信号 U_{c1}、U_{c2} 与 U_F、U_R 的状态完全相同，使一组开放，另一组封锁。当发生 U_F' 和 U_R' 同时为"1"故障时，A 点电位立即变为"0"态，将 U_{c1} 和 U_{c2} 都拉到"0"，使两组脉冲同时封锁。

把以上分析的逻辑装置各部分连接起来，就构成了由 TTL 与非门组成的逻辑切换装置电路，如图 2-21 所示。

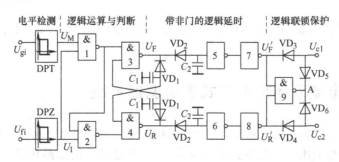

图 2-21　由 TTL 与非门组成的逻辑切换装置电路

2. 逻辑无环流可逆系统的动态工作过程

逻辑无环流可逆系统的起动过程与双闭环不可逆系统相同，这里就不再重复，下面主要介绍本系统的制动反转过程。

以开关 S 由 RP_1 转向 RP_2 为例来说明系统的制动反转过程。

电动机正转电动稳态运行时，S 与 RP_1 连接，U_{gn} 的极性为（+），U_{fn} 的极性为（−），U_{gi} 的极性为（−），U_{fi} 的极性为（+），此时逻辑控制器 DLC 发出的控制信号 U_{c1} 为 "1"，正组桥 VF 处于整流工作状态；U_{c2} 为 "0"，反组桥 VR 处于封锁阻断状态，电枢电流 I_d 极性为（+）。

当开关 S 与 RP_1 断开，而与 RP_2 接通时，U_{gn} 的极性马上变号成为（−），而电动机依靠惯性仍在正向转动，U_{fn} 的极性依然为（−），这样 ΔU_n 马上变成数值很大的负电压（$\Delta U_n < 0$），速度调节器 ASR 的输出电压 U_{gi} 的数值急剧下降，并很快变号呈现（+）极性。随着 $|U_{gi}|$ 的下降，正向电枢电流 I_d 不断减小（因 $I_d = U_{gi}/\beta$）。在这个过程中正组桥 VF 处于逆变工作状态。

当电流 I_d 下降至零时，逻辑控制器 DLC 的输入端同时出现 U_{gi} 极性变号［由（−）变（+）］及 $I_d = 0$ 两个信号，DLC 将发出逻辑切换指令，使 U_{c1} 由 "1" 变为 "0"，正组被封锁阻断；U_{c2} 由 "0" 变为 "1"，反组开始投入运行。反组开通工作后，使电枢电流反向流动，电动机的电磁转矩 T_e 也将反向，形成的电磁转矩 T_e 与转速 n 反方向（此时电动机依靠惯性仍在正向运转），形成制动作用，电动机转速 n 迅速下降。电动机减速时的动能，通过处于逆变状态反组桥 VR 变成电能回馈给电网（电动机变成发电机）。这个过程系统处于回馈制动状态，也称发电制动状态。

当电动机的转速降到零时，在已经反向的电磁转矩的作用下，开始反向加速运行，这一加速过程一直要到电动机转速升到新的给定值 n'（$n' = U_{gn}'/\alpha$）、$\Delta U_n = 0$ 时为止（U_{gn}' 为 RP_2 给定电压），系统重新处于平衡状态。这一过程反组桥处于整流工作状态，电动机处于反向电动运行状态。至此，电动机反向的过渡过程完成。

在有些生产机械中（如钢厂的冷、热轧机，起重机，电梯等），为避免开关通、断突变带来的冲击，通常在 ASR 与给定电位器间再增设一 "给定积分器"。

3. 逻辑无环流可逆系统的优缺点

逻辑无环流可逆系统的主要优点是：不需要环流电抗器，没有附加的环流损耗，可节省变压器和晶闸管整流装置的设备容量，因换相失败而造成的事故率低，系统工作可靠性高。

主要缺点是：系统存在关断等待时间和触发等待时间等，造成电流换向死区较大，降低了系统的快速性。

由于逻辑无环流可逆系统有着明显的优点，所以在快速性要求不是很高的场合得到了广泛的应用。

2.3　转速、电流双闭环数字式直流调速系统

前面所讨论的转速、电流双闭环直流调速系统（见图 2-2），其中速度调节器 ASR、电流调节器 ACR 都采用线性集成运算放大器，触发电路采用由晶体管、电阻、电容等分立元器件构成的触发电路，系统中传输的控制信号均为模拟量，故该系统又称为模拟式

调速系统。

随着大规模及超大规模集成电路制造工艺的迅速发展，微机的性价比越来越好，应用越来越广泛，传统的模拟式调速系统正逐渐被单片机控制的数字式调速系统所取代。下面简单介绍数字式直流调速系统的组成、工作原理及应用。

2.3.1 数字式直流调速系统的组成与工作原理

1. 数字式直流调速系统的组成

图 2-22 为数字式转速、电流双闭环直流调速系统的组成环节框图。比较图 2-3 与图 2-22，可以看出，数字式双闭环调速系统的组成环节与模拟式双闭环调速系统的组成环节相同，只是数字式双闭环调速系统的给定部分（有直接给定和通过给定积分器输入）、速度调节器、电流调节器、比较点、触发电路及逻辑切换器的功能由软件程序实现，并把它安装在单片机内。由此可见，数字式调速系统与模拟式调速系统的主要差别在于：数字式调速系统采用单片机及数字调节技术取代模拟式调速系统的给定环节、速度调节器、电流调节器、触发电路及逻辑切换器（图 2-22 中点画线框内的环节）。

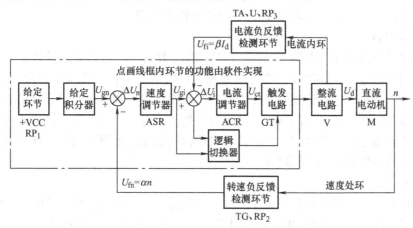

图 2-22　数字式转速、电流双闭环直流调速系统的组成环节框图

2. 数字式直流调速系统的工作原理

数字式直流调速系统的工作原理与模拟式直流调速系统的完全相同，但由于软件编程的数字式控制取代了模拟控制，该系统的功能大大加强，而且控制灵活、方便。

2.3.2 数字式直流调速系统的软件功能

图 2-23 是图 2-22 点画线框内环节的软件功能图，下面对这些环节的软件功能做一介绍。

1. 给定环节（及输入部分）

（1）直接给定　外部给定信号可由直接给定输入端进入系统。在设定值综合模块中，通过单片机可方便地对输入信号（A-D 转换后）进行扩大（乘法因子）、缩小（除法因子）、改变极性等处理。

（2）由给定积分器输入　外部给定信号通过斜坡给定输入端进入给定积分模块中，调整给定积分的加减速时间、斜率及停机时间，从而对不同的负载实现最佳的起、制动特性。

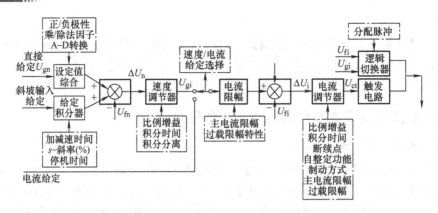

图 2-23　数字式转速、电流双闭环直流调速系统软件功能框图

2. 综合比较环节

外部给定信号可由直接给定（给定环节）的输出端或斜坡给定（给定积分器）的输出端进入单片机系统。在单片机的设定值综合模块中，先对输入信号进行 A-D 转换后，再进行扩大（乘法因子）、缩小（除法因子）、改变极性等处理。

3. 电流环功能

电流环包括电流限幅及电流调节器。电流限幅模块可根据实际要求设置主电流限幅和根据负载的不同设置过载限幅特性，实现对系统的过电流保护；电流调节器除了完成基本 PI 调节器功能外，系统可在电流环参数设置菜单中预先设置比例增益、积分时间常数、断续点电流百分比以及制动方式。电流环的自整定功能提供了先进调试手段。在调试时，先打开电流环菜单，将自整定功能置为"ON"，数字式调速系统便自动测试对象（电动机）的参数，并由内部程序自动生成 PI 调节器参数。

4. 速度环功能

与电流环相同，可以在参数设定子菜单下找到速度环，在速度环菜单中，可以方便地设置速度环 PI 调节器的比例增益和积分时间常数，为改善电动机的起动性能，可启用积分分离功能，使系统在起动时速度调节器表现为 P 调节器。根据实际的反馈元件，可在菜单中选择电枢电压负反馈、测速发电机负反馈或光电编码器负反馈模式。速度环中的自适应功能，使数字式调速系统的控制性能更加完美。

5. 触发逻辑

触发逻辑的功能是按照主电路晶闸管的导通时序分配脉冲。

2.3.3　数字式直流调速系统的硬件组成

图 2-24 为欧陆（EURO THERM）590 型数字式直流调速系统的硬件框图。各部分功能简述如下。

1）模拟量输入。对输入的速度给定、电流给定等信号进行 A-D 转换及定标。

2）模拟量输出。经 D-A 转换，输出定标后的电枢电压、电枢电流及总给定电压，供给显示与监控电路。

3）数字量输入。将起动、点动、脉冲封锁、速度/电流选择、定时停机等开关量信号输入 CPU，供 CPU 做出相应控制。

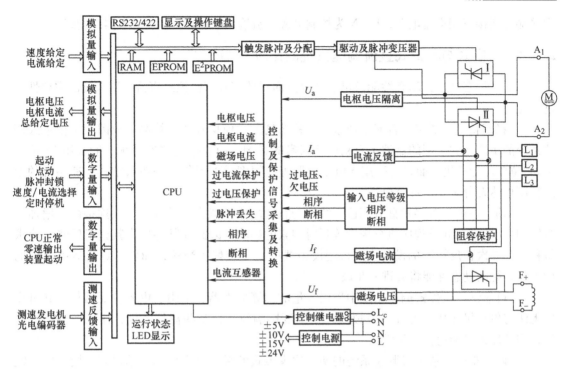

图 2-24 欧陆 590 型数字式直流调速系统的硬件框图

4）数字量输出。发出 CPU 工作正常、装置起动、零速或零给定等信号，以便与外部控制电路进行联锁控制。

5）测速反馈输入。根据系统不同的速度反馈方式，可选择不同输出端，反馈信号经转换后输出标定信号给 CPU。

6）RS232/422 接口电路。利用 RS232 串行通信接口电路，可方便地建立数字式调速装置与上位计算机的通信，用上位计算机对调速装置进行组态及参数设置。

RS422 驱动能力较 RS232 强，可为上位计算机提供远距离监控。

7）CPU 及 RAM/EPROM/E² PROM。这是调速系统的核心部分，CPU 除了完成速度环、电流环的调节、运算及触发脉冲分配外，还要处理输入、输出，实时监控及各种控制、保护信号，并将各种运行参数及运行状态分别送往 LCD、LED 显示出来。

其中，RAM 存放当前的运行参数。EPROM 存放系统主程序。E² PROM 存放各种用户选择的参数，如 PI 参数，过电流、过电压参数等。

8）控制及保护电路。用于采集电枢电压、电枢电流、磁场电压、磁场电流、欠电压、过电压、相序及缺相等信号，将信号转换后输入 CPU。

9）主电路及励磁电路。主电路包含两个反并联的三相桥式全控整流电路，其触发信号由驱动单元经脉冲变压器提供。励磁电路由一个单相桥式半控整流电路组成，提供电动机可控励磁电压及电流。

10）控制电源。由一组开关电源组成，分别产生 ±5V（CPU 电源）、±15V（A-D，D-A 转换）、±10V（给定电压）及 ±24V（开关量信号）所需的电源。数字式直流调速系统的 A₁、A₂ 端连接电动机 M 的电枢，F₊、F₋ 端连接电动机 M 的励磁绕组，L₁、L₂、L₃ 端通过主接触器连接三相交流电源，L、N 为控制电源交流输入，L_c、N 接主接触器控制线圈。

2.3.4　数字式与模拟式直流调速系统的比较

下面从稳态精度、动态性能及可靠性等方面对数字式与模拟式直流调速系统的主要性能进行比较。

1）稳态精度。数字式直流调速系统的稳态精度比模拟式的系统高，原因在于模拟式调速系统的精度受它采用的器件本身精度等因素的影响，而数字式调速系统一般采用 16 位甚至 32 位单片计算机，而且可采用光电编码器等高精度反馈元件。一般数字式调速系统的稳态精度可达万分之一，甚至更高。

2）动态性能。数字式直流调速系统的动态性能比模拟式的系统稍差。这是由于增加了 A-D、D-A 转换时间及程序执行周期等延时因素的影响。因此在某些要求频繁正反转（要求每秒一、二次正反转）的设备中，采用模拟式的系统较好。当然，随着计算机运算速度的增加，系统的动态性能将会进一步改善。

3）可靠性。模拟式调速系统中采用大量的运算放大器、电阻、电容等元器件，其可靠性无法与单片机相比。另外，模拟器件受温度影响较大，某些模拟系统，往往冬季调试好后，到了夏天可能运行不正常。

4）调试难度。数字式调速系统的调试比模拟式的系统要方便、简单得多。模拟式系统的调试困难主要是因为器件的参数不太精确，且受温度影响大，调试中要花大量的时间找到一组合适的 PI 调节器参数。对复杂的系统（如可逆、带弱磁控制的系统），调试周期更长。而数字式调速系统，其 PI 调节器为数字式的，精度高且不受温度影响。一般的数字式调速系统都有电流环自整定功能，因此调试非常方便、快捷。

综上所述，数字式与模拟式直流调速系统主要性能的比较列于表 2-4 中。

表 2-4　数字式与模拟式直流调速系统主要性能的比较

性能 调速系统	稳态精度	动态性能	可靠性	调试难度
模拟式	低	好	低	难
数字式	高	稍差	高	易

本模块小结

（1）双闭环直流调速系统由速度调节器（ASR）去驱动电流调节器（ACR），再由 ACR 去驱动触发装置。电流环为内环，速度环为外环，ASR 和 ACR 在调节过程中起着各自不同的作用。

1）电流调节器（ACR）的作用。

① 稳定电流，使电流保持在 $I_d = U_{gi}/\beta$ 的数值上。

② 起动时，由于 ASR 的饱和作用，ACR 内环维持最大电枢电流 I_{dm}，使起动过渡过程加快，实现快速起动。

③ 当电网波动时，由于 ACR 维持电流不变的特性，使电网电压的波动几乎不对转速产生影响。

④ 靠 ACR 的调节作用，可限制最大电流，$I_{dm} \leqslant U_{gim}/\beta$。这种性质保证电动机过载甚至堵转时，一方面

限制过大的电流，起到快速的保护作用；另一方面，使转速迅速下降，实现了"挖土机"特性。

2）速度调节器（ASR）的作用。

① 稳定转速，使转速保持在 $n = U_{gn}/\alpha$ 的数值上。

② 转速 n 跟随给定电压 U_{gn} 的变化，稳态运行无静差。

③ 负载变化（或 ASR 参数发生变化，或主电路环节产生扰动）而使转速出现偏差时，则依靠 ASR 的调节作用来消除转速偏差，保持转速恒定。

④ 当转速出现较大偏差时，ASR 的输出限幅值决定了电动机工作在允许的最大电流上，以获得较快的动态响应。

（2）双闭环调速系统起动过程分为三个阶段，即电流上升阶段、恒流升速阶段、转速调节阶段。从起动时间上看，第Ⅱ段恒流升速为主要阶段，因此双闭环调速系统基本上实现了在限制最大电流下快速起动，达到"准时间最优控制"。

（3）双闭环直流调速系统引入转速微分负反馈后，可使突加给定电压起动时速度调节器提早退出饱和，从而有效地抑制以至消除转速超调。同时也增强了调速系统的抗扰性能，系统在负载扰动下的动态速降大大降低，但恢复时间有所延长。

（4）双闭环可逆调速系统既可使电动机产生电动转矩也可使其产生制动转矩，以满足生产机械要求，实现快速起动、制动、反向运转。反并联或交叉连接的可逆电路应用最为广泛，但这种接线方式会使可逆系统出现特有的环流问题。根据对环流的不同控制方式，可逆系统可分为有环流可逆系统与无环流可逆系统。

（5）逻辑无环流可逆系统的结构特点是在可逆系统中增设了无环流逻辑控制器（DLC），它的功能是根据系统的运行情况适时地"先"封锁原工作组晶闸管的触发信号，"后"开放原封锁组晶闸管的触发信号。无论是稳态还是切换动态，任何时刻都决不允许同时开放两组变流器的触发信号，从而切断了环流通路，实现了可逆系统的无环流运行。

无环流逻辑控制器包括电平检测、逻辑判断电路、延时电路、联锁保护四部分。电平检测将模拟逻辑变量信号转换为数字逻辑变量信号；逻辑判断电路通过对两个数字逻辑变量信号进行运算与判断，决定开放与封锁哪组触发脉冲，确保系统可靠切换，防止形成环流短路事故；延时电路、联锁保护可确保系统可靠切换。由于延时的存在，给逻辑无环流可逆系统带来电流切换的死区，影响了系统的快速性。但系统消除环流后，可使运行主电路取消均衡电抗器，降低了成本，因此逻辑无环流可逆系统是目前工业上最常用的一种可逆系统。

思考题

2-1　若要改变双闭环系统的转速应调节什么参数？若要改变系统起动电流应调节什么参数？

2-2　双闭环调速系统中，给定电压 U_{gn} 不变，增加转速负反馈系数 α，系统稳定后转速反馈电压是增加、减小还是不变？

2-3　在双闭环直流调速系统中，如果转速反馈信号的极性接反了，会产生怎样的后果？如果电流负反馈的极性接反了，会产生怎样的后果？

2-4　PI 调节器输入电压信号为零时，它的输出电压是否为零？为什么？

2-5　ASR、ACR 均采用 PI 调节器的双闭环调速系统，在带额定负载运行时，转速反馈线突然断线，当系统重新进入稳定运行时电流调节器的输入偏差信号 ΔU_i 是否为零？

2-6　在双闭环调速系统起动过程的恒流升速阶段，两个调节器各起什么作用？如果认为电流调节器起电流恒值调节作用，而速度调节器因不饱和不起作用，对吗？为什么？

2-7　双闭环系统在稳定运行时，如果电流反馈信号线突然断线，系统是否仍然能正常工作？如果电动机突然失磁，最终是否会出现电动机飞车？

2-8 在转速、电流双闭环调速系统中，出现电网电压波动与负载扰动时，哪个调节器起主要调节作用？

2-9 在直流调速系统中，若希望快速起动，采用怎样的线路？若希望平稳起动，则又采取怎样的线路？

2-10 双闭环调速系统中两个调节器的输出限幅值应如何确定？稳态运行时，两个调节器的输入、输出电压各为多少？

练习题

2-11 某双闭环调速系统的 ASR、ACR 均采用 PI 调节器。

1）调试中，已知原参数为 $U_{gim}=6$ V，$I_{dm}=20$ A，欲使 $U_{gnm}=10$ V，$n=1000$ r/min，应调节什么参数？

2）试画出整个调速系统 $n=f(U_{gn})$ 关系曲线。当 α 增大时，曲线如何变化？

3）系统的下垂段特性 $n=f(I_d)$ 呈什么形状？

4）如下垂段特性不够陡或工作段特性不够硬，应调节什么参数？

2-12 从静特性、动态限流特性、起动快速性、抗负载扰动性能、抗电源电压波动等方面比较双闭环调速系统和带电流截止反馈的转速负反馈单闭环系统。

读图训练

2-13 图 2-25 为通用电流调节器单元电路，试分析电路中各环节和各元器件的作用。在读懂电路图的基础上，试回答下列问题。

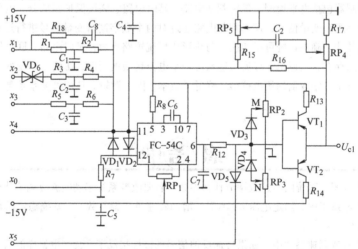

图 2-25 通用电流调节器单元电路

1）电阻 R_1、R_2 和电容 C_1 构成什么环节？

2）电阻 R_{18} 和电容 C_8 构成什么环节？

3）VD_6 是什么器件？起什么作用？

4）电阻 R_{12}、R_{16} 各起什么作用？

【提示：电位器 RP_4 调节比例系数 K_i，电位器 RP_5 调节积分时间常数 τ_i。x_3 端为给定信号输入端，x_1 为反馈信号输入端，x_2 为截止信号输入端，x_4 为其他信号输入备用端。图中 R_1、R_2、R_3、R_4、R_5、R_6 为

10kΩ，C_1、C_2、C_3为 1μF，$VD_1 \sim VD_5$均为 2CP14。】

2-14 图 2-26 为全国联合设计的中小功率双闭环不可逆直流调速系统的典型电路，图中交流部分画成单线图，对单相和三相线路都适用。主电路的过电压保护、过电流保护、电器控制电路和仪表均未画出。

1）分析该系统有哪些反馈环节？它们在系统中各起什么作用？

2）该系统中各电位器起什么作用？试分析 RP_1、RP_3、RP_5、RP_{10}、RP_{12} 和 RP_{13} 等电位器触点向下移动后对系统性能（或参数）的影响。

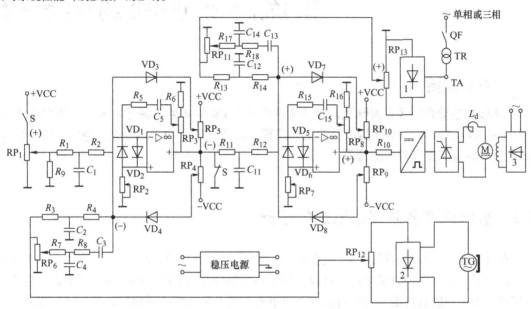

图 2-26 全国联合设计的中小功率双闭环不可逆直流调速系统典型电路

【提示：速度调节器（ASR）和电流调节器（ACR）都采用放大倍数可调的内限幅 PI 调节器，选用 5G-24 集成电路。为了适应各种具体工艺要求，调节器输入部分备有给定滤波、反馈滤波和微分反馈电路，以便选用。速度调节器输出端用继电器 KA 的常闭触点接地，以免停车后发生零点漂移。电流检测选用交流互感器经整流后输出正电压作为电流负反馈信号。转速负反馈也经过整流输出负的电压信号，整流器是为了保证反馈电压具有正确的极性，以使不论测速发电机极性怎样连接都行，同时也便于与可逆系统的转速检测部件通用。】

模块 **3**

直流脉宽调制调速系统

内容提要

　　本模块主要介绍了直流脉宽调制调速系统（即 PWM-M 直流调速系统）的两大组成环节——PWM 变换器、PWM 触发器的工作原理，并通过两个具体实例加强学生对 PWM-M 系统工作原理和工作过程的理解。

3.1　直流脉宽调制调速系统的基础

　　在直流调速系统中通过调节直流电枢电压来调节电动机的转速是应用最广泛的一种调速方法，为了获得可调的直流电压，可以采用半控型器件晶闸管组成的可控整流电路，将交流电变成大小可调的直流电，加在直流电动机电枢两端，来改变电动机的转速。除此以外，还可以利用其他全控型电力电子器件（门极关断晶闸管 GTO、全控电力晶体管 GTR、P-MOS-FET、绝缘栅双极型晶体管 IGBT 等）组成直流变换电路，采用脉冲宽度调制技术，将恒定的直流电压变成频率较高的方波脉冲电压，加在直流电动机电枢两端，通过对方波脉冲宽度的控制，来改变电动机电枢两端电压的平均值，从而实现对电动机转速的调节。由前者供电形成的调速系统为晶闸管整流电路供电的直流调速，即 V-M 控制系统，而由后者供电构成的系统为直流脉宽调制调速控制系统，即 PWM-M 直流调速系统。

3.1.1　直流脉宽调制调速系统与晶闸管直流调速系统的比较

　　采用全控型电力电子器件组成的直流脉冲宽度调制型的调速系统（PWM-M）近年来已日趋成熟，用途越来越广，与 V-M 系统相比，在许多方面具有较大的优越性。

　　1）主电路简单，需用的功率元件少，体积缩小30%，控制起来也方便。

　　2）电力电子器件开关频率高，仅靠电动机电枢电感的滤波作用，就可获得脉动很小的直流电流，电流容易连续，其中谐波成分少，电动机损耗和发热都较小。

　　3）低速性能好，稳速精度高，因而调速范围宽。

　　4）系统频带宽，快速响应性能好，动态抗扰能力强。

　　5）主电路器件工作在开关状态时，导通损耗小，装置效率较高。

　　6）直流电源采用不可控三相整流时，电网功率因数高。

　　随着电力电子器件开关频率和容量（电压、电流等级）的日益提高，PWM-M 调速系统更容易实现，并且 PWM-M 调速系统的容量也越来越大，在一定功率范围内取代晶闸管调速装置已成为明显的趋势。

3.1.2 直流脉宽调制调速的基本原理

图 3-1a 是直流脉宽调制调速系统简易原理图。点画线框内的开关 S 由脉宽调制变换器（PWM 变换器）和脉宽调制控制器（PWM 控制器）组成，调速系统外加固定大小的直流电源电压 U_s，当开关 S 闭合导通时，直流电流经过开关 S 给电动机（M）供电，电动机电枢电压 u_d 等于 U_s；当开关 S 断开截止时，直流电源供给 M 的电流被切断，M 中电感的储能经二极管 VD 续流，电枢两端电压 u_d 接近为零，u_d 的波形为方波脉冲，如图 3-1b 所示。如果 S 的开关频率（周期）固定，只通过改变周期内 S 的导通时间，来改变电动机两端平均电压 U_d（即改变方波脉冲宽度），从而达到调节电动机转速的目的，这种调速方法称作直流脉宽调制调速方法，简称 PWM-M 调速方法。

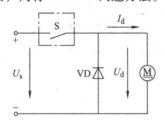
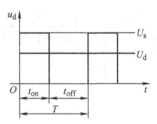

a) 直流脉宽调制调速系统简易原理图   b) 电动机电枢电压波形

图 3-1 直流脉宽调制调速系统原理图及电动机电枢电压波形

直流电动机两端电枢电压平均值为

$$U_d = \frac{1}{T}\int_0^{t_{on}} U_s \mathrm{d}t = \frac{t_{on}}{T}U_s = \rho U_s \tag{3-1}$$

式中，T 为脉冲周期；t_{on} 为开关 S 的导通时间；ρ 为开关 S 的占空比。

由式（3-1）可见，在电源 U_s 与开关周期 T 固定的条件下，U_d 可随 ρ 的改变而平滑调节，从而实现电动机的平滑调速。

3.1.3 直流脉宽调制调速的组成及工作原理

从直流脉宽调制调速系统简易原理（图 3-1a）出发，将 S 环节具体化成 PWM 控制器与 PWM 变换器，便得到如图 3-2 所示开环直流脉宽调制调速系统（PWM-M）组成框图。与开环 V-M 直流调速系统组成结构一样，PWM-M 系统也有主电路（强电）与控制电路（弱电）两大部分。其中 PWM-M 主电路是由直流脉宽调制型变换器（简称 PWM 变换器，即直流斩波器）及直流电动机组成的；PWM-M 控制电路是由给定环节及 PWM 触发器组成的，而 PWM 触发器的组成环节有直流脉宽调制器（UPW）、逻辑电路（DLC）、隔离电路、驱动电路（CD）等单元。在工作中，开环 PWM-M 直流调速系统的性能不能令人满意，如果生产机械要求有较好的动、静态性能，就必须采取闭环控制。

单闭环、双闭环 PWM-M 系统的结构、类型与相应的单闭环、双闭环 V-M 系统的结构、类型相同，如双闭环 PWM-M 系统在其开环的基础上增加了速度调节器、电流调节器以及速度、电流反馈检测环节（增加的环节与 V-M 系统中相应的环节相同），如图 3-3 所示。

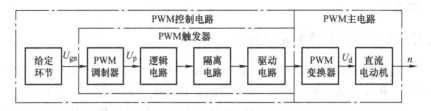

图 3-2　开环直流脉宽调制调速系统组成框图

PWM-M 系统的工作原理、动静态性能可参照相同类型的 V-M 系统。

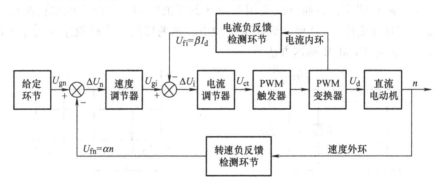

图 3-3　转速、电流双闭环 PWM-M 直流调速系统组成框图

3.2　直流脉宽调制调速系统的主要组成环节

从图 3-2、图 3-3 看出，PWM-M 系统与 V-M 系统的组成环节只有 PWM 变换器、PWM 触发器两个部分与 V-M 系统的可控整流电路、触发电路不同，下面重点介绍 PWM-M 系统中这两个部分的工作原理。

3.2.1　直流脉宽调制型变换器

直流脉宽调制型变换器（PWM 变换器）实际上就是一种直流斩波器。直流斩波调速最早用在直流斩波器供电的电动车辆和机车中，来取代变电阻调速，可以获得显著的节能效果。但在一般工业应用中，由于电力电子器件容量的限制，目前直流 PWM-M 调速还只限于中、小功率的系统。

PWM 变换器有不可逆和可逆两类，可逆变换器又有双极式、单极式和受限单极式等多种电路，下面分别介绍它们的工作原理和特性。

1. 不可逆 PWM 变换器

不可逆 PWM 变换器电路原理如图 3-4a 所示，它是由开关频率为 $1 \sim 4\text{kHz}$ 的全控型电力电子器件 VT（本图中采用一只电力晶体管）、直流电源 U_s 和负载直流电动机三部分组成的。其中直流电源 U_s 由不可控整流电源经大电容 C 滤波后提供，而负载直流电动机电枢两端并接续流二极管 VD 的作用是在电力晶体管 VT 关断时为电动机电枢提供释放电感储能的续流回路。

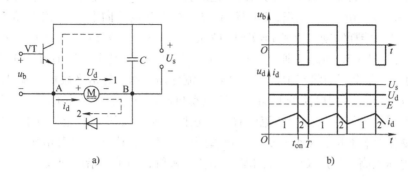

图 3-4 不可逆 PWM 变换器电路原理图及电动机电枢电压和电流波形

电力晶体管 VT 的导通与关断由宽度可调的脉冲电压 u_b 驱动。在一个开关周期，当 $0 \leqslant t \leqslant t_{on}$ 时，u_b 为正，VT 饱和导通，电源电压 U_s 通过 VT 的集电极回路加到电动机电枢两端；当 $t_{on} \leqslant t \leqslant T$ 时，u_b 为负，VT 截止，电动机电枢两端无外加电压，电枢的磁场能量经二极管 VD 释放（续流）。因此电动机电枢两端得到的电压 u_d 为脉冲波，其平均电压为

$$U_d = \frac{t_{on}}{T} U_s = \rho U_s \tag{3-2}$$

式中，$\rho = t_{on}/T$ 为一个周期内电力晶体管导通时间 t_{on} 与开关周期 T 的比率，称为开关占空比，且 ρ 的变化范围在 0～1 之间。当周期 T 固定不变，ρ 在 0～1 范围内变化时（这种调节方法也称为定频调宽法即 PWM 控制方法），电动机电枢两端平均电压 U_d 在 0～U_s 之间变化，而且 U_d 始终为单一正电压，因此，电动机只能单方向旋转，为不可逆调速系统。

图 3-4b 所示为稳态时电动机电枢的脉冲端电压 u_d、电枢电压平均值 U_d、电动机反电动势 E 和电枢电流 i_d 的波形。由于晶体管开关频率较高，利用二极管 VD 的续流作用，稳态时电枢电流 i_d 是连续的，而且脉动幅值不是很大，对转速和反电动势的影响都很小，可以忽略不计，即认为转速和反电动势为恒值。

上述电路中电流 i_d 不能反向，不能实现电动机的制动减速，要想实现电动机的制动减速需再加一只相同的电力晶体管，构成电流 i_d 的反向通路，如图 3-5a 所示，当两只电力晶体管交替导通时，电动机可在第 I、II 象限中运行，实现电动机制动减速停车。

注意，电路工作时要始终保证 VT_1 和 VT_2 的脉冲电压大小相等，方向相反，即 $u_{b1} = -u_{b2}$。

当电动机在电动状态下运行时，平均电流应为正值，一个周期内分两段变化。在 $0 \leqslant t < t_{on}$ 期间（为 VT_1 导通时间），u_{b1} 为正，VT_1 饱和导通，u_{b2} 为负，VT_2 截止。此时，电源电压 U_s 加到电动机电枢两端，电流 i_d 沿图 3-5b 中的回路 1 流通。在 $t_{on} \leqslant t < T$ 期间，u_{b1} 和 u_{b2} 都变换极性，VT_1 截止，但 VT_2 却不能导通，因为 i_d 沿图 3-5b 回路 2 经二极管 VD_2 续流，在 VD_2 两端产生的压降，给 VT_2 施加反压，使它失去导通的可能。因此，实际上是 VT_1、VD_2 交替导通，而 VT_2 始终不通，电路输出电压和电流的波形（即电动机电枢电压和电枢电流的波形）如图 3-5b 所示。虽然多了一个晶体管 VT_2，但此时它并没有被使用，电动机上的波形与图 3-4 所示的情况完全一样。如果在电动运行中需要降低转速，则应使 u_{b1} 的正脉冲变窄，负脉冲变宽，从而使电枢电压平均值 U_d 降低，但由于惯性的作用，转速 n 和反电动势 E 还

来不及立刻变化，因此造成 $E > U_d$ 的局面。这时就希望 VT_2 能在电动机制动中发挥作用。在 $t_{on} \leqslant t < T$ 这一阶段，由于 u_{b2} 变正，VT_2 导通，$E - U_d$ 产生的反向电流 $-i_d$ 沿图 3-5c 回路 3 通过 VT_2 流通，产生能耗制动，直到 $t = T$ 时刻为止。在 $T \leqslant t < (T + t_{on})$（即 $0 \leqslant t < t_{on}$）期间，VT_2 截止，$-i_d$ 沿图 3-5c 回路 4 通过 VD_1 续流，对电源回馈制动，同时在 VD_1 上的压降使 VT_1 不能导通。在整个制动状态中，VT_2、VD_1 轮流导通，而 VT_1 始终截止，输出电压和电流波形如图 3-5c 所示。反向电流的制动作用使电动机转速下降，直到新的稳态。最后，应该指出，当电源采用半导体二极管整流装置时，在回馈制动阶段，电能不可能通过它回送电网，只能向滤波电容充电，从而造成直流侧瞬间电压升高，称作"泵升电压"。如果回馈能量大，泵升电压太高，将危及电力晶体管和整流二极管，须采取措施加以限制。

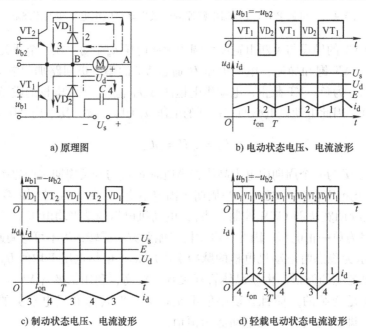

a) 原理图　　　　　　　　　　b) 电动状态电压、电流波形

c) 制动状态电压、电流波形　　　　d) 轻载电动状态电流波形

图 3-5　有制动电流通路的不可逆 PWM 变换器原理图及输出波形

还有一种特殊情况，在轻载电动状态中，负载电流较小，以至于当 VT_1 关断后，i_d 的续流很快就衰减到零，如在图 3-5d 中 $t_{on} \sim T$ 期间的 t_2 时刻。这时二极管 VD_2 两端的压降也降为零，使得 VT_2 导通，反向电动势 E 沿回路 3 送过反向电流 $-i_d$，产生局部时间的能耗制动作用。到了 $t = T$（相当于 $t = 0$）时刻，VT_2 关断，$-i_d$ 又开始沿回路 4 经 VD_1 续流，直至 $t = t_4$ 时刻 $-i_d$ 衰减到零，VT_1 才开始导通。这种在一个开关周期内 VT_1、VD_2、VT_2、VD_1 四个管子轮流导通的输出电流波形如图 3-5d 所示。

2. 可逆 PWM 变换器

可逆 PWM 变换器的接线形式有 H 形、T 形两类。本教材主要讨论常用的 H 形变换器。H 形变换器是由 4 个全控型电力电子器件和 4 个续流二极管组成的桥式电路。H 形变换器在控制方式上分为双极式、单极式和受限单极式三种。下面着重分析双极式、单极式可逆 PWM 变换器的工作原理。

（1）双极式可逆 PWM 变换器　图 3-6a 为 H 形双极式可逆 PWM 变换器的电路原理图。

4 个 IGBT（绝缘栅双极型晶体管）分成两组工作，VT_1 和 VT_4 同时导通和关断，其驱动电压 $u_{g1} = u_{g4}$；VT_2 和 VT_3 同时导通和关断，其驱动电压 $u_{g2} = u_{g3} = -u_{g1}$。

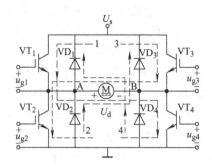

a) H形双极式可逆PWM变换器的电路原理图

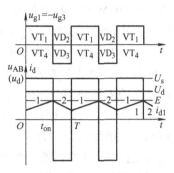

b) 电动状态正转电压、电流波形

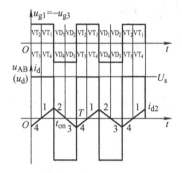

c) 电动状态正转轻载时电压、电流波形

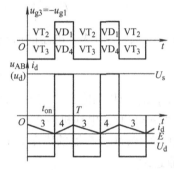

d) 电动状态反转电压、电流波形

图 3-6　H 形双极式可逆 PWM 变换器的电路原理图及输出电压、电流波形

在一个开关周期内，当 $0 \leq t < t_{on}$ 时，u_{g1} 和 u_{g4} 为正，晶体管 VT_1 和 VT_4 饱和导通；而 u_{g2} 和 u_{g3} 为负，VT_2 和 VT_3 截止，这时，电动机电枢 AB 两端的电压 $u_d = u_{AB} = +U_s$，电枢电流 i_d 沿着回路 1 从电源 U_s 的正极 $\rightarrow VT_1 \rightarrow$ 电动机电枢 $\rightarrow VT_4 \rightarrow$ 电源 U_s 的负极。当 $t_{on} \leq t < T$ 时，u_{g1} 和 u_{g4} 变负，VT_1 和 VT_4 截止；u_{g2} 和 u_{g3} 变正，但 VT_2 和 VT_3 并不能立即导通，因为在电动机电枢电感向电源 U_s 释放能量的作用下，电流 i_d 沿回路 2 经 VD_2 和 VD_3 形成续流，在 VD_2 和 VD_3 上的压降使 VT_2 和 VT_3 的集电极和发射极之间承受反压，这期间电枢 AB 两端电压 $u_d = u_{AB} = -U_s$。

在一个周期内，电枢两端电压正负相间，即在 $0 \leq t < t_{on}$ 期间为 $+U_s$，在 $t_{on} \leq t < T$ 期间为 $-U_s$，所以称其为双极式 PWM 变换器。

由于电枢两端电压 u_{AB} 的正负变化，使得电枢电流波形根据负载大小分为两种情况。当重载负载电流较大时，电流 i_d 的波形如图 3-6b 中的 i_{d1}，由于平均负载电流大，在续流阶段（$t_{on} \leq t < T$）电流仍维持正方向，电动机始终工作在正向电动状态；当轻载负载电流较小时，电流 i_d 的波形如图 3-6c 中的 i_{d2}，由于平均负载电流小，在续流阶段，电流很快衰减到零，于是 VT_2 和 VT_3 的 $c-e$ 极间反向电压消失，VT_2 和 VT_3 导通，电枢电流反向，i_d 沿着回路 3 从电源 U_s 正极 $\rightarrow VT_3 \rightarrow$ 电动机电枢 $\rightarrow VT_2 \rightarrow$ 电源 U_s 负极，电动机工作在制动状态。同理，在 $0 \leq t < t_{on}$ 期间，电流也有一次倒向。

这样看来，双极式可逆 PWM 变换器的输出电流波形与不可逆有制动的变换器输出电流波形相差不大，那么双极式可逆 PWM 变换器是如何反映出"可逆"的作用呢？实际上，只要控制双极式可逆 PWM 变换器中开关器件驱动电压（正负脉冲）的宽窄，就能实现电动机的正转和反转。当正脉冲较宽时（$t_{on} > T/2$），则电枢两端平均电压为正，电动机正转；当正脉冲较窄时（$t_{on} < T/2$），电枢两端平均电压为负，电动机反转（反转时，输出电压电流波形如图 3-6d 所示）；如果正负脉冲电压宽度相等（$t_{on} = T/2$），平均电压为零，则电动机停止。此时电动机的停止与四个晶体管都不导通时的停止是有区别的，四个晶体管都不导通时的停止是真正的停止。平均电压为零时的电动机停止，电动机虽然不动，但电动机电枢两端瞬时电压值和瞬时电流值都不为零，而是交变的，电流平均值为零，不产生平均力矩，但电动机带有高频微振，因此能克服静摩擦阻力，消除正、反向的静摩擦死区。

双极式可逆 PWM 变换器电枢平均端电压可用公式表示为

$$U_d = \frac{t_{on}}{T}U_s - \frac{T - t_{on}}{T}U_s = \left(\frac{2t_{on}}{T} - 1\right)U_s \tag{3-3}$$

以 $\rho = U_d/U_s$ 来定义 PWM 电压的占空比，则 ρ 与 t_{on} 的关系为

$$\rho = \frac{2t_{on}}{T} - 1 \tag{3-4}$$

调速时，ρ 的变化范围变成 $-1 \leqslant \rho \leqslant 1$。当 ρ 为正值时，电动机正转；当 ρ 为负值时，电动机反转；当 $\rho = 0$ 时，电动机停止。

双极式可逆 PWM 变换器的优点如下。

1）电流连续。

2）可使电动机在四个象限中运行。

3）电动机停止运行时，有微振电流，能消除静摩擦死区。

4）低速时每个晶体管的驱动脉冲仍较宽，有利于晶体管的可靠导通，平稳性好，调速范围大。

双极式可逆 PWM 变换器的缺点是：在工作过程中，四个大功率晶体管都处于开关状态，开关损耗大，且容易发生上、下两管同时导通的事故，降低了系统的可靠性。

为了防止双极式可逆 PWM 变换器的上、下两管同时导通，可在一管关断和另一管导通的驱动脉冲之间，设置逻辑延时环节。

（2）单极式可逆 PWM 变换器 为了克服双极式可逆 PWM 变换器的上述缺点，对于动、静态性能要求低一些的系统，可采用单极式可逆 PWM 变换器。单极式可逆 PWM 变换器的电路和双极式可逆 PWM 变换器的电路一样，如图 3-6a 所示，只是驱动脉冲信号不一样。在单极式可逆 PWM 变换器中，四个晶体管基极的驱动电压是：左边两管 VT_1 和 VT_2 的驱动脉冲 $u_{g1} = -u_{g2}$，具有与双极式一样的正负交替的脉冲波形，使 VT_1 和 VT_2 交替导通；右边两管 VT_3 和 VT_4 的驱动脉冲与双极性时不同，改成因电动机的转向不同而施加不同的直流控制信号。如果电动机正转，就使 u_{g3} 恒为负、u_{g4} 恒为正，使 VT_3 截止、VT_4 饱和导通，VT_1 和 VT_2 仍工作在交替开关状态。这样，在 $0 \leqslant t < t_{on}$ 期间，电动机电枢两端电压 $u_d = u_{AB} = +U_s$，而在 $t_{on} \leqslant t \leqslant T$ 期间，$u_d = u_{AB} = 0$。在一个周期内电动机电枢两端电压 $u_d = u_{AB}$ 总是大于零的。电动机正转时的电压、电流波形如图 3-7a 所示。

如果希望电动机反转，就使 u_{g3} 恒为正、u_{g4} 恒为负，使 VT_3 饱和导通、VT_4 截止，VT_1 和

VT_2 仍工作在交替开关状态。这样，在 $0 \leqslant t < t_{on}$ 期间，电动机电枢两端电压 $u_d = u_{AB} = -U_s$，而在 $t_{on} \leqslant t \leqslant T$ 期间，$u_d = u_{AB} = 0$，在一个周期内电动机电枢两端电压 $u_d = u_{AB}$ 总是小于零的。电动机反转时的电压、电流波形如图 3-7b 所示。

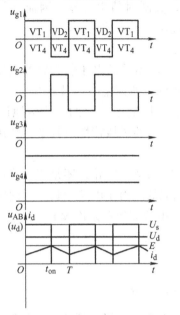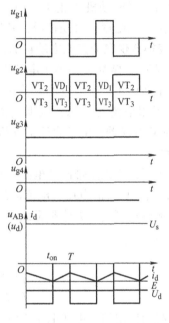

　　　a) 电动机正转时的电压、电流波形　　　　　b) 电动机反转时的电压、电流波形

图 3-7　单极式可逆 PWM 变换器电压、电流波形

　　由于在一个周期内，电枢两端电压 u_{AB} 只有一个方向，即电动机正转时即在 $0 \leqslant t < t_{on}$ 期间为 $+U_s$（电动机反转时为 $-U_s$），在 $t_{on} \leqslant t < T$ 期间为 0（电动机反转时为 0），所以称其为单极式可逆 PWM 变换器。

　　驱动信号的这种变化在不同阶段会造成电力晶体管的开关状态、电流流通回路、占空比与双极式可逆 PWM 变换器有所不同，两种变换器在重载时的具体比较列于表 3-1 中。

表 3-1　双极式和单极式可逆 PWM 变换器的比较（当负载较重时）

控制方式	电动机转向	$0 \leqslant t < t_{on}$		$t_{on} \leqslant t < T$		占空比调速范围
		开关状况	U_{AB}	开关状况	U_{AB}	
双极式	正转	VT_1、VT_4 导通 VT_2、VT_3 截止	$+U_s$	VT_1、VT_4 截止 VD_2、VD_3 续流	$-U_s$	$0 \leqslant \rho \leqslant 1$
	反转	VD_1、VD_4 续流 VT_2、VT_3 截止	$+U_s$	VT_1、VT_4 截止 VT_2、VT_3 导通	$-U_s$	$-1 \leqslant \rho < 0$
单极式	正转	VT_1、VT_4 导通 VT_2、VT_3 截止	$+U_s$	VT_4 导通、VD_2 续流 VT_1、VT_3 截止 VT_2 不通	0	$0 \leqslant \rho \leqslant 1$
	反转	VT_3 导通、VD_1 续流 VT_2、VT_4 截止 VT_1 不通	0	VT_2、VT_3 导通 VT_1、VT_4 截止	$-U_s$	$-1 \leqslant \rho \leqslant 0$

由于单极式可逆 PWM 变换器的 VT_3、VT_4 二者中总有一个常通，而另一个截止，这一对开关器件无须频繁交替导通，因而减少了开关损耗和上、下管同时导通的概率，可靠性得到了提高。同时，当电动机停止工作时，$U_d = 0$，其瞬时值也为零，因而空载损耗也减少了。但此电路无高频微振，启动较慢，其低速性能不如双极式的好。

3. PWM 变换器供电的直流电动机的机械特性

在稳态情况下，PWM 变换器供电的直流电动机所承受的电压仍为脉冲电压，因此尽管有高频电感的平波作用，电枢电流和转速还是脉动的。所谓稳态，只是指电动机的平均电磁转矩与负载转矩相平衡的状态，电枢电流实际上是周期性变化的，严格地说只能算作是"准稳态"。PWM 变换器供电的直流电动机在准稳态下的机械特性是其平均转速与平均转矩（电流）的关系。

前节分析表明，不论是带制动电流通路的不可逆 PWM 电路，还是双极式和单极式的可逆 PWM 电路，其准稳态的电压、电流波形都是相似的。由于电路中具有反向电流通路，在同一转向下电流可正可负，无论是重载还是轻载，电流波形都是连续的，这就使机械特性的关系式简单得多。

经计算有

$$n = \frac{\rho U_{\mathrm{s}}}{K_e \Phi} - \frac{R_\Sigma I_{\mathrm{d}}}{K_e \Phi} = n_0 - \Delta n \tag{3-5}$$

可画出带制动作用的不可逆电路供电的第 I 、II 象限的机械特性，如图 3-8 所示。而可逆电路供电的机械特性与此相仿，只是扩展到第 III、IV 象限而已。

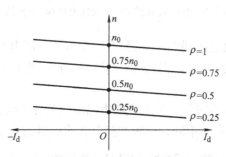

图 3-8　带制动作用的不可逆电路供电的第 I 、II 象限的机械特性

3.2.2　直流脉宽触发器

直流脉宽触发器是为 PWM 变换器中全控型电力电子器件提供宽度可调脉冲的装置，主要由直流脉宽调制器、逻辑电路（包括逻辑分配、逻辑延时、逻辑保护、逻辑封锁）、隔离电路、驱动器等分立单元组成，现在也有将以上环节集成在一起的集成直流脉宽触发器如 SG1731、TL494、TL495 等。下面介绍直流脉宽触发器的主要组成环节。

1. 直流脉宽调制器

直流脉宽调制器是直流脉宽触发器中最重要的部件，它的作用是为 PWM 变换器中全控型电力电子器件提供宽度可调脉冲。它是一个电压-脉冲变换装置，由载波发生器和电压比较器两部分组成。其中载波发生器的作用是产生一个频率固定的周期性变化的波形，如常用的三角波发生器、锯齿波发生器等，电压比较器的作用是将载波发生器输出的载波信号 u_z 与直流控制电压信号 U_{ct} 进行比较，产生频率与载波频率相同的方波脉冲信号 u_{pwm}。直流脉宽调制器根据载波发生器的类型有三角波脉宽调制器和锯齿波脉宽调制器，下面介绍三角波、锯齿波直流脉宽调制器的工作原理。

（1）分立元器件组成的三角波直流脉宽调制器　三角波直流脉宽调制器如图 3-9 所示。其中运算放大器 A_1 为方波发生器，运算放大器 A_2 为反向积分器，正反馈运算放大器 A_3 为电压比较器（正反馈可提高输出脉冲前后沿的陡度）。A_1 与 A_2 的这种连接形式构成三角波振荡发生器，输出三角波电压信号 u_z。三角波电压 u_z 与直流控制电压 U_{ct}、直流偏置电压 U_b，经 A_3 比较后，输出 PWM 信号电压 u_{pwm}（简写成 u_p）。

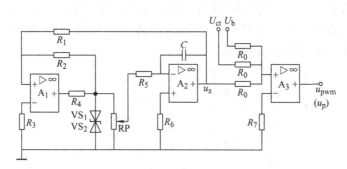

图 3-9　三角波直流脉宽调制器

三角波电压的作用是：三角波电压的幅值确定了 U_{ct} 的变化范围，三角波电压的频率是 PWM 变换器中开关元器件的频率。

控制电压的作用是：当 $U_{ct} > 0$ 时，使输入端合成电压的正半周的宽度增大，即三角波过零的时间提前，经比较器后，在输出端得到正半周波比负半周波宽的调制输出电压，如图 3-10b 所示。$U_{ct} < 0$ 时，输入端合成电压的正半周的宽度减小，三角波过零时间后移，经比较后，得到负半波宽的输出信号，如图 3-10c 所示。所以，改变直流控制电压 U_{ct} 的大小，就能改变输出脉冲的宽度，从而改变电动机的转向。

偏置电压 U_b 的作用是：当 $U_{ct} = 0$ 时，调节 U_b，使比较器的输出端得到正、负半周脉冲宽度相等的调制输出 u_{pwm}（供双极式 PWM 变换器用），如图 3-10a 所示。

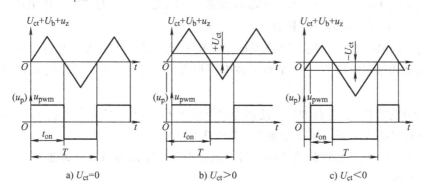

图 3-10　三角波直流脉宽调制器输出波形

（2）分立元器件组成的锯齿波直流脉宽调制器　锯齿波直流脉宽调制器电路如图 3-11 所示，主要由两部分组成。

第一部分是一个单结晶体管自激振荡电路构成的锯齿波发生器。图 3-11 中晶体管 VT_1 处于放大工作区，由 VD_1 提供一个恒定的偏置电压，VD_1 与 R_1（240Ω）、VT_1、RP_1、R_3（2kΩ）构成的电路相当于一个恒流源。电源经 VT_1 向电容 C_2 充电时，由于充电电流恒定，电容 C_2 电压将按直线上升（而不是按指数曲线上升）。当电容 C_2 两端电压达到单结晶体管的峰值电压时，单结晶体管导通，电容 C_2 将通过单结晶体管放电，由于放电回路时间常数很小，电容 C_2 两端电压在放电时近似为一条垂直线。这样，电容 C_2 上的电压即为一个锯齿波形电压。此电压被引出再经过由 VT_3 及电阻 R_5（1.5kΩ）构成的射极输出器输出 u_z（电流放大或功率放大）。调节电位器 RP 可调节恒流源的电流，亦即调节电容充电电压上升的斜率，斜率越高（电容 C_2 充电越快），自激振荡电路产生的锯齿波的频率越高。因此，调节电位器 RP 即可调节本电路的振荡频率。

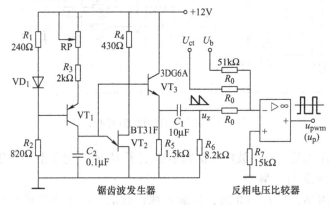

图 3-11　锯齿波直流脉宽调制器电路

第二部分是一个运算放大电路构成的电压比较器。该运算放大电路未设反馈阻抗环节，是一个开环放大器，因此，只要有微小的输入电压，其输出电压即达饱和值（或限幅值）。它的输入端是锯齿波电压 u_z、控制电压 U_{ct} 和偏置电压 U_b 三个电压信号的综合。由于三个信号的输入回路电阻 R_0 相等（均为 51kΩ），因此其输入综合电压 u_Σ 即为三个电压的代数和（即 $u_\Sigma = U_{ct} + U_b + u_z$）。由于是由反相输入端输入，因此 $u_\Sigma > 0$ 时，其输出电压 u_p 为负饱和值；反之，$u_\Sigma < 0$ 时，u_p 为正饱和值。

为了使控制电压 $U_{ct} = 0$ 时，比较器输出电压的正、负半波的宽度相等（输出的平均电压为零）而加入偏置电压 U_b，U_b 取锯齿波电压最大值 U_{zm} 的一半，极性与 u_z 相反，即 $U_b = U_{zm}/2$。

当 $U_{ct} = 0$ 时，U_{ct} 与 U_b 叠加后，使锯齿波下移了 U_b 高度，锯齿波过零点 a 在锯齿波的中央，比较器输出的方波正、负部分相等，如图 3-12a 所示。

当 $U_{ct} < 0$ 时，叠加后锯齿波下移，过零点 a 右移，输出方波正脉冲加宽，负脉冲变窄，如图 3-12b 所示。

当 $U_{ct} > 0$ 时，叠加后锯齿波上移，过零点 a 左移，输出方波正脉冲变窄，负脉冲加宽，如图 3-12c 所示。

综上所述，调节控制电压（亦即输入电压）U_{ct}的数值与极性，即可调节输出正、负脉冲的宽度，从而可以调节输出脉冲的宽度。

以上介绍了两种分立元器件组成的 PWM 调制器，目前还有集成的 PWM 调制器，如 SG3525，关于集成 PWM 调制器 SG3525 的工作原理将在 3.3 节中介绍。

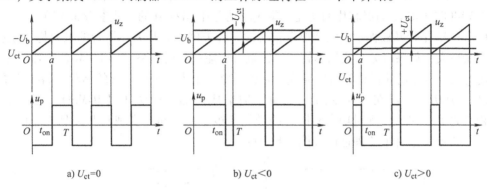

a) $U_{ct}=0$　　　　　　　　b) $U_{ct}<0$　　　　　　　　c) $U_{ct}>0$

图 3-12　锯齿波直流脉宽调制器输出波形

2. 逻辑电路

逻辑电路包括逻辑分配、逻辑延时、逻辑保护、逻辑封锁四个环节。

PWM 调制器输出的一组脉冲必须分配成两组极性相反的触发脉冲，才能满足单、双极性的 PWM 直流变换器的要求。

在可逆 PWM 变换器中，跨接在电源两端的上、下两个全控型电力电子开关经常交替工作，由于电力电子开关的关断过程中有一段存储时间和电流下降时间（总称关断时间），在这段时间内电力电子开关并未完全关断。如果在此期间另一个电力电子开关已经导通，则将造成上、下两管直通，从而使电源正负极短路。为了避免发生这种情况，在逻辑电路中设置了逻辑延时环节，保证在对一个管子发出关闭脉冲后，延时一段时间后再对另一个管子发出开通脉冲。由于电力电子开关导通时也存在开通时间，所以延时时间只要大于电力电子开关的存储时间就可以了。逻辑延时环节的形式可参考模块 2 中的逻辑延时电路。

系统正常工作时，逻辑电路的两个输出总是极性相反的，也就是说，两个输出中总是一个为正，而另一个为负。但当逻辑电路发生故障时，两个输出有可能同时为正，这将造成 PWM 变换器中上、下两只全控管直通，形成主电路电源短路的事故。为了避免这种事故，在逻辑装置中设置了逻辑保护环节，其电路形式可参考模块 2 中的逻辑保护电路。

在逻辑保护环节中有时还需设置逻辑信号封锁端，其作用是当 PWM 变换器桥臂电流超过最大电流时，逻辑保护环节瞬时动作，发出封锁信号，使电力电子开关元件封锁不工作。逻辑封锁环节的位置根据系统的组成环节及功能来定，比如加入到逻辑电路中，形成逻辑延时、保护的整体环节，也可以把这个环节固化到 PWM 调制器中，当有过电流现象时，PWM 调制器不输出脉冲波形。

3. 隔离电路

隔离电路是在 PWM 变换器主电路板与 PWM 控制器之间加入的环节，可采用快速光耦合器 6N137（或 6N136），其主要作用是隔离 PWM 变换器主电路的强电与 PWM 控制器的弱电，提高整个系统的可靠性，防止强电对弱电造成的损害。

4. 驱动放大电路

脉宽调制器输出的脉冲信号一般功率较小，不能用来直接驱动主电路的电力开关，必须经过驱动器的功率放大，以确保晶体管在开通时能迅速达到饱和导通，关断时能迅速截止。驱动放大电路多数都是高性能集成芯片，如 UAA4002 集成驱动器芯片、IR2110 等。下面先介绍 UAA4002 集成驱动器芯片的功能，集成驱动芯片 IR2110 的功能参考 3.3 节。

UAA4002 是带基极保护的集成驱动器芯片，在采用电力开关晶体管的电力拖动系统中，电源容量很大，如果电力开关晶体管坏了，就有可能在基极回路（即 PWM 调制器）中流过很大的电流，为了防止晶体管故障时损害基极电路，电力开关晶体管的驱动电路必须要有快速自动保护功能。现在，有专门的驱动保护集成电路，如法国 THOMSON 公司生产的 UAA4002 芯片，可以实现对功率晶体管的最优基极驱动，同时实现对开关晶体管的非集中保护。UAA4002 芯片的原理框图如图 3-13 所示。

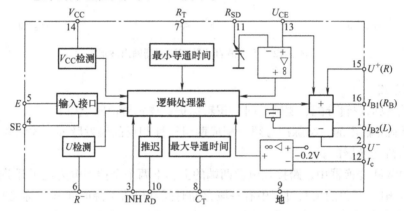

图 3-13　UAA4002 芯片的原理框图

（1）UAA4002 的特点

1）标准的 16 脚双排直插式结构。

2）UAA4002 将接收到的以逻辑信号输入的导通信号转变为加到功率晶体管上的基极电流，这一基极电流可以自动调节，保证晶体管总处于准饱和状态。UAA4002 输出的最大电流为 0.5 A，也可以通过外接晶体管扩大。

3）UAA4002 可给晶体管加 $-3A$ 的反向基极电流，保证晶体管快速关断。这个负的基极电流亦可通过外接晶体管扩大。

4）UAA4002 内装高速逻辑处理器保护晶体管，监控导通期间晶体管集-射极电压和集电极电流，亦监控集成电路的正负电源电压和芯片温度，对被驱动的晶体管实现就地保护（非集中保护），无须经隔离环节，所以执行快速、保护准确。保护功能包括：过电流保护、退饱和保护（$1 \sim 5.5$ V，由用户设定）；最小导通时间限制（最小导通时间在 $1 \sim 12 \, \mu s$ 之间，由用户设定），最大导通时间限制；正向驱动电源电压监控（小于 7V 时保护，不可调）；负驱动电源电压监控（保护值由用户设定）；芯片过热保护（保护 UAA4002 本身）。

5）可外接抗饱和二极管。

6）与通常的驱动模块不一样，其输入端可接收电平信号和交变脉冲信号，如果需要对输入端隔离，可外加光耦合器或微分变压器。

（2）引脚功能和参数确定　引脚的功能和参数如下。

14 脚接正电源（推荐值为 +10V）。

2 脚接负电源（推荐值为 -5V）。

9 脚接地。

1 脚通过一小电感 L 接被驱动功率晶体管基极，输出反向基极关断电流 I_{B2}。

3 脚为封锁端，高电位时封锁输出信号，零电位时解除封锁。

4 脚为输入方式选择端，高电平时选用电平方式，低电平时选用脉冲方式。选用电平方式时可将 4 脚悬空或通过一阻值不小于 47 kΩ 的电阻接正电源 V_{CC}。脉冲方式用在控制电路必须与主电路隔离的场合，UAA4002 由交变脉冲控制，其方法是将 4 脚直接接地（接 9 脚），此时加到输入端的控制信号幅度至少为 ±2V，并低于电源正、负电压 V_{CC} 和 U^-，即用此方式，负电源电压 U^- 的绝对值必须大于 2.5 V。

5 脚为输入端。

6 脚通过电阻 R^- 接负电源（2 脚）。R^- 与 R_T 的值决定负电源欠电压保护的门槛电压 $|U^-|_{min}$，其关系为

$$R^- = \frac{R_T}{2}\left(1 + \frac{|U^-|_{min}}{5}\right) \tag{3-6}$$

若不用此功能，6 脚可直接接地或接负电源。

7 脚通过电阻 R_T（kΩ）接地，R_T 的值决定管子最小导通时间 $t_{on(min)}$（μs），两者关系为 $t_{on(min)} = 0.06R_T$。$t_{on(min)}$ 可在 1 ~ 12 μs 之间调节。

8 脚通过电容 C_T（nF）接地，C_T、R_T 的值决定管子最大导通时间 $t_{on(max)}$，其关系为 $t_{on(max)} = 2R_T \times C_T$。如最大导通时间不受限制，可将 8 脚直接接地。

10 脚通过电阻 R_D（kΩ）接地，可使输出端电压的前沿相对输入端电压的前沿延迟 T_D（μs），其关系为 $T_D = 0.05R_D$。T_D 的值可在 1 ~ 10μs 范围内调节。若不采用延迟功能，可将 10 脚直接接正电源 V_{CC}。

11 脚通过电阻 R_{SD} 接地。R_{SD} 上的电压值由下式决定：$U_{RSD} = 10R_{SD}/R_T$，当从 13 脚引入的管压降 $U_{CE} > U_{RSD}$ 时，退饱和保护动作。U_{RSD} 可在 1 ~ 5.5 V 之间调节。如 11 脚开路，其电位自动限制在 5.5 V。如放弃退饱和保护，可将 11 脚直接接负电源。

12 脚为电流信号输入端，其电压值为负。当低于 -6V 时过电流保护动作。

13 脚通过抗饱和二极管接至被驱动功率晶体管的集电极。

15 脚通过电阻 R 接正电源 V_{CC}，其阻值决定正向基极驱动电流，有

$$I_{B1} = \frac{V_{CC} - U_{BE(GTR)} - U_{CE}}{R + R_B} \tag{3-7}$$

式中，$U_{BE(GTR)}$ 为被驱动功率管 GTR 的 b、e 间压降；U_{CE} 为 UAA4002 内部输出级晶体管的饱和压降。

16 脚通过一小电阻 R_B 接被驱动功率晶体管的基极，输出正向基极驱动电流 I_{B1}。

3.3　SG3525 控制的开环可逆直流脉宽调制调速系统实例分析

SG3525 控制的开环可逆直流脉宽调制（PWM）调速系统的组成框图如图 3-14 所示。

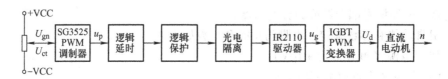

图 3-14　开环可逆直流脉宽调制（PWM）调速系统的组成框图

SG3525 控制的开环可逆直流脉宽调速系统的实际接线图包括 PWM 控制电路与 PWM 驱动及主电路两部分，如图 3-15 和图 3-16 所示，分别对应 PWM 控制电路及 PWM 主电路两块电路板，下面对这一电路进行分析。

3.3.1　系统中各单元电路的工作原理

1. PWM 波形的产生电路

在 PWM 控制电路中，PWM 波形是由 SG3525 电路产生的。调试时可在 SG3525 的 5 脚观察芯片产生的锯齿波，改变 R_T、C_T 的值可改变锯齿波的频率 f_s，f_s 一般可选在 8 ~ 10 kHz。

转速给定电压 U_{gn} 是通过⑤端经 R_5 加入到 SG3525 的 9 脚，当 $U_{gn} = 0$ 时，调整电位器 RP$_1$ 使 SG3525 输出的 PWM 波的占空比为 50%（观察 SG3525 的 13 脚），这样，送入双极性的 H 桥电路后，电动机电枢的平均电压即为零。若改变 U_{gn} 的极性和大小，SG3525 的 PWM 输出的占空比就会在大于 50%（相当于电动机电枢电压 $U_d > 0$）或小于 50%（相当于电动机电枢电压 $U_d < 0$）之间变化了。

2. 逻辑延时及保护电路

在 PWM 控制电路中，由反相器 U$_2$（4049）及二极管 VD$_1$、VD$_2$，电阻 R_1、R_2，电容 C_1、C_2 组成了典型的逻辑延时电路，以使 H 桥电路上、下两个功率管交替导通时可产生一个"死区时间"，防止上、下两管出现"直通"短路现象，它也被称为"先断后通"。"死区时间"的大小可通过改变 R_1（R_2）、C_1（C_2）的大小来改变，一般可取 4 ~ 5μs。从 U$_4$ 的两个输出 6 脚及 9 脚可观察"死区时间"。

3. 强、弱电隔离

在 PWM 主电路板中，采用了快速光耦合器 6N137（或 6N136）作强、弱电之间的隔离，以提高可靠性。

4. 驱动电路

IGBT 的驱动采用了 IR 公司的 IR2110 集成驱动电路。这一集成电路可同时输出两个极性相反的驱动信号给逆变桥中的上、下两个功率管。这样，两个桥臂若采用常规电路需要 3 组独立电源，而采用 IR2110 只需一组电源即可，大大简化了电路。

控制电路的信号未送入时，4 个光耦合器 6N137 的输出均为高电平，经反相器 4049 送入 IR2110 的输入端，HIN、LIN 均为低电平，IR2110 的输出 HO、LO 也均为低电平，保证了无信号输出时，PWM 变换器中桥臂的上、下两个 IGBT 是处于关断状态。

5. PWM 主电路

VT$_1$ ~ VT$_4$ 四个 IGBT 管，VD$_1$ ~ VD$_4$ 四个快速恢复二极管组成了一典型的 H 桥电路，由于 IGBT 是电压控制器件，输入阻抗高，为防止静电感应损坏管子，在 IGBT 的门极与发射极之间并联一个 150 kΩ 的电阻。门极回路串联的 22Ω 电阻是为了防止门极回路产生振荡。

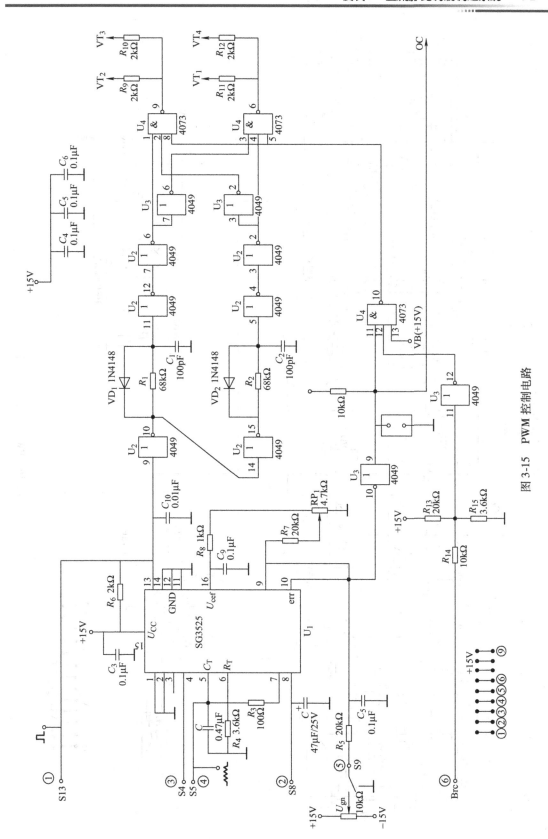

图 3-15　PWM 控制电路

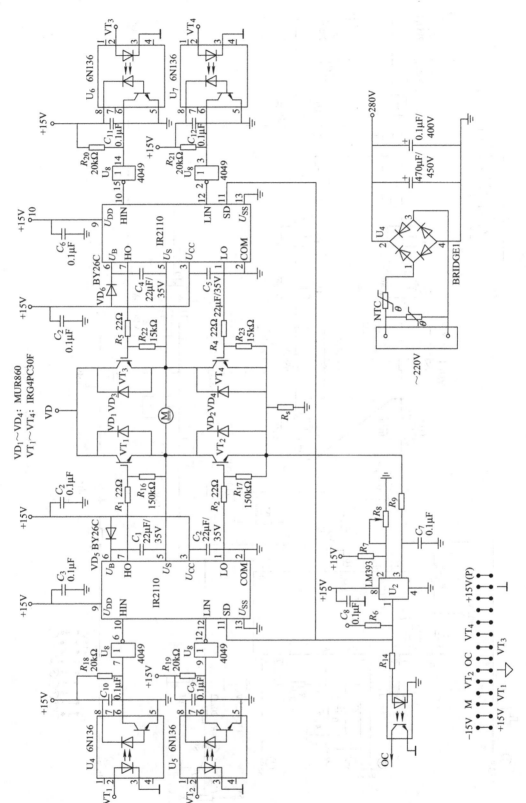

图 3-16　PWM 驱动及主电路

3.3.2　电路中主要芯片功能的介绍

1. SG3525 芯片介绍

SG3525 是美国硅通用公司设计的第二代锯齿波 PWM 调制器专用集成电路，其内部结构框图如图 3-17 所示。它的出现为脉宽调制传动系统的设计提供了方便，而且提高了系统的可靠性。下面对 SG3525 锯齿波 PWM 调制器的内部结构及其引脚功能进行介绍。

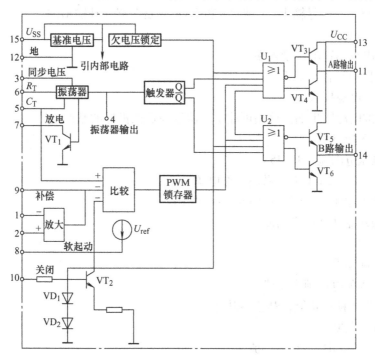

图 3-17　SG3525 内部结构框图

（1）SG3525 引脚说明

1 脚为误差放大器的反相输入端，在闭环系统中，该引脚接反馈信号。在开环系统中，该端与补偿信号输入端（9 脚）相连，可构成跟随器。

2 脚为误差放大器的同相输入端，在闭环系统和开环系统中，该端接给定信号。根据需要，在该端与补偿信号输入端（9 脚）之间接入不同类型的反馈网络，可以构成比例、比例积分和积分等类型的调节器。

3 脚为振荡器外接同步信号输入端，该端接外部同步脉冲信号可实现与外电路同步，同步脉冲的频率应比振荡器频率 f_s 要低一些。

4 脚为振荡器输出端。

5 脚为振荡器外接定时电容 C_T 端（C_T 另一端接地），振荡器频率 $f_s = 1/C_T\,(0.7R_T + 3R_D)$，$R_D$ 为 5 脚与 7 脚之间跨接的放电电阻（也称死区电阻），用来调节死区时间，定时电容范围为 $0.001\sim0.1\,\mu\text{F}$。

6 脚为振荡器外接定时电阻 R_T 端（R_T 另一端接地），R_T 值为 $2\sim150\text{k}\Omega$。

7 脚为振荡器放电端，该端与引脚 5 之间接一只放电电阻 R_D 构成放电回路，来调节死区时间，放电电阻范围为 0 ~ 500Ω。

8 脚为软起动端，外接软起动电容，该电容由内部 U_{ref} 的 50μA 恒流源充电。

9 脚为误差放大器的输出端（也为 PWM 比较器补偿信号输入端）；在该端与引脚 2 之间接入不同类型的反馈网络，可以构成比例、比例积分和积分等类型调节器。

10 脚为 PWM 信号封锁端，当该脚为高电平时，输出驱动脉冲信号被封锁，该脚主要用于故障保护。

11 脚为 A 路驱动信号输出，引脚 11 和引脚 14 是两路互补输出端。

12 脚为信号地。

13 脚为输出级偏置电压接入端。

14 脚为 B 路驱动信号输出。

15 脚为偏置电源接入端。

16 脚为基准电源输出端。该端可输出一温度稳定性极好的基准电压。

（2）SG3525 特点

1）工作电压范围宽：8 ~ 35V。

2）内置 5.1V（±1.0%）微调基准电源。

3）振荡器工作频率范围宽：100Hz ~ 400kHz。

4）具有振荡器外部同步功能。

5）死区时间可调。

6）内置软起动电路。

7）具有输入欠电压锁定功能。

8）具有 PWM 锁存功能，禁止多脉冲。

9）逐个脉冲关断。

10）双路输出（灌电流/拉电流）。

（3）SG3525 的工作原理　SG3525 内置了 5.1V 精密基准电源，微调至 1.0%，在误差放大器共模输入电压范围内，无须外接分压电组。SG3525 还增加了同步功能，可以工作在主从模式，也可以与外部系统时钟信号同步，为设计提供了极大的灵活性。在 C_T 引脚和 7 脚之间加入一个电阻就可以实现对死区时间的调节功能。由于 SG3525 内部集成了软起动电路，因此只需要一个外接定时电容。

SG3525 的软起动接入端（8 脚）上通常接一个软起动电容。上电过程中，由于电容两端的电压不能突变，因此与软起动电容接入端相连的 PWM 比较器反相输入端处于低电平，PWM 比较器输出高电平。此时，PWM 锁存器的输出也为高电平，该高电平通过两个或非门加到输出晶体管上，使之无法导通。只有软起动电容充电至其上的电压使 8 脚处于高电平时，SG3525 才开始工作。由于实际中，基准电压通常是接在误差放大器的同相输入端上，而输出电压的采样电压则加在误差放大器的反相输入端上。当输出电压因输入电压的升高或负载的变化而升高时，误差放大器的输出将减小，这将导致 PWM 比较器输出为正的时间变长，PWM 锁存器输出高电平的时间也变长，因此输出晶体管的导通时间将最终变短，从而使输出电压回落到额定值，实现了稳态。反之亦然。

外接关断信号对输出级和软起动电路都起作用。当 10 脚上的信号为高电平时，PWM 锁存器将立即动作，禁止 SG3525 的输出，同时，软起动电容将开始放电。如果该高电平持续，软起动电容将充分放电，直到关断信号结束，才重新进入软起动过程。注意，10脚不能悬空，应通过接地电阻可靠接地，以防止外部干扰信号耦合而影响SG3525的正常工作。

欠电压锁定功能同样作用于输出级和软起动电路。如果输入电压过低，在SG3525的输出被关断的同时，软起动电容将开始放电。

此外，SG3525还具有以下功能，即无论因为什么原因造成PWM脉冲中止，输出都将被中止，直到下一个时钟信号到来，PWM锁存器才被复位。

SG3525锯齿波集成PWM调制器的工作性能好，外部元器件用量少，适用于PWM-M直流调速系统及各种开关电源。

2. IR2110芯片介绍

IR2110是美国国际整流器公司（International Rectifier Company）利用自身独有的高压集成电路及无闩锁CMOS技术于1990年前后开发并投放市场的大功率MOSFET和IGBT专用驱动集成电路。目前，IR公司已批量推出IR21系列几十种功率MOS器件的驱动集成电路，其技术处于世界先进行列。IR2110使MOSFET和IGBT的驱动电路设计大为简化，加之它可实现对MOSFET和IGBT的最优驱动，又具有快速完整的保护功能，因而它的应用可极大地提高控制系统的可靠性并极大缩小印制电路板的尺寸。

（1）主要设计特点和性能

1）IR2110的一大特点是采用了自举技术，它的内部为自举操作设计了悬浮电源。同一集成电路可同时输出两个驱动信号给逆变桥中的上、下功率开关管。悬浮电源保证了IR2110直接可用于母线电压为 $-4 \sim 500$ V的系统中来驱动功率MOSFET或IGBT。同时器件本身容许驱动信号的电压上升率达 $\pm 50V/ms$，故保证了芯片自身有整形功能，实现了不论其输入信号前后沿的陡度如何，都可保证加到被驱动的MOSFET或IGBT栅极上的驱动信号前后沿很陡，因而可极大地减少被驱动功率器件的开关时间，降低开关损耗。

2）IR2110的功耗很小，当其工作电压为15V时，功耗仅为1.6mW。这就减少了栅极驱动电路的电源容量、体积和尺寸。

3）IR2110的合理设计，使其输入级电源与输出级电源可有不同的电压值，因而保证了其输入与CMOS或TTL电平兼容，而输出具有较宽的驱动电压范围，允许的工作电压范围为 $5 \sim 20V$。同时，允许逻辑地与工作地之间有 $-5 \sim 5$ V的电位差。

4）在IR2110内部不但集成有独立的逻辑电源与逻辑信号相连接来实现与用户脉冲形成部分的匹配。而且还集成有滞后和下拉特性的施密特触发器的输入级，及对每个都有上升或下降沿触发的关断逻辑和两个通道上的延时及欠电压封锁单元，这就保证了当驱动电压不足时封锁驱动信号，防止被驱动功率MOSFET退出饱和区进入放大区而损坏。

5）IR2110完善的设计，使它可对输入的两个通道信号之间产生合适的延时（即"死区时间"，但较小），因而防止了被驱动逆变桥中的两个功率MOS器件切换时同时导通。

6）由于IR2110是应用无闩锁CMOS技术制造的，因而决定了其输入输出可承受大于2A的反向电流。它的工作频率高，对信号延时小。对两个通道来说，典型开通延时为120ns，关断延时为94ns，两个通道之间的延时误差不超过 $\pm 10ns$，因而IR2110可用来实现工作频率大于1MHz的门极驱动。

（2）封装、引脚、功能及用法 IR2110的引脚排列如图3-18所示，共有双列直插14个引脚。10脚（HIN）及12脚（LIN）分别为驱动逆变桥中同桥臂上、下两个功率MOS器件

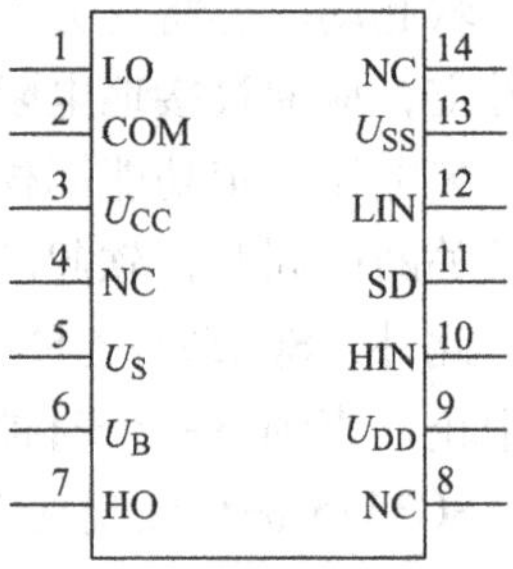

的驱动信号输入端，应用时接用户脉冲形成部分的两路输出范围为 U_{SS} （ $-0.5V$ ） $\sim U_{DD}$ （ $+0.5V$ ），这里 U_{SS} 和 U_{DD} 分别为 13 脚（ U_{SS} ）及 9 脚（ U_{DD} ）电压值。

11 脚（SD）为保护信号输入端。当该脚为高电平时，IR2110 的输出被封锁，输出端 HO（7 脚）、LO（1 脚）恒为低电平。而当该脚为低电平时，输出跟随输入端变化。应用时接用户故障（过电压、过电流）保护电路。

6 脚（ U_B ）及 3 脚（ U_{CC} ）分别为上下通道互锁输出级电源输入端。应用时接用户提供的输出级电源正极，且通过一个较高品质的电容接 2 脚。3 脚还通过一高反压快速恢复二极管与 6 脚相连。

图 3-18　IR2110 的引脚排列

（3）工作原理简介　IR2110 的原理框图如图 3-19 所示。从图 3-19 可见 IR2110 的两个输出通道的控制脉冲通过逻辑电路与输入信号相对应，当保护信号输入端为低电平时，同相输出的施密特触发器 SM 输出为低电平，两个 RS 触发器的位置信号无效，则两或非门的输出跟随 HIN 及 LIN 变化，控制信号无效，而当 SD 端输入高电平时，因 SM 端输出为高电平，两个 RS 触发器置位，两或非门的输出恒为低电平，控制信号无效，此时即使 SD 变为低电平，但由于 RS 触发器由 Q 端维持高电平，所以两或非门的输出将保持低电平，直到两个施密特触发器 SMH 和 SML 输出脉冲的上升沿到来，两个或非门才因 RS 触发器翻转为低电平而跟随 HIN 及 LIN 变化。由于逻辑输入级中的施密特触发器具有 $0.1U_{DD}$ 滞后带，因而整个扩建输入级具有良好的抗扰能力，并可接收上升时间较长的输入信号。再则逻辑电路以其自身的逻辑电源为基准，这就决定了逻辑电源可用于比输出工作电源低得多的电源电压。为了将逻辑信号电平转为输出驱动信号电平，片内设两个抗扰性能好的 U_{DD}/U_{SS} 电平转换电路，

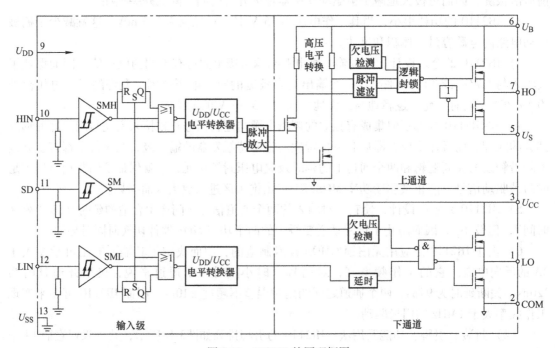

图 3-19　IR2110 的原理框图

该电路的逻辑地电位（U_{SS}）和功率地电位（COM）之间容许有 ±5V 的额定偏差，因此决定了逻辑电路不受由于输出驱动开关动作而产生的耦合干扰的影响。集成与片内下通道的传输延时，简化了控制电路时间上的要求。两个通道分别应用了两个相同的交替导通的推挽式连接的低阻 MOS 管，它们分别由两个 N 沟道的 MOSFET 驱动，因而其输出的电流峰值可达 2A 以上。由于这种推挽式结构，所以驱动容性负载时上升时间比下降时间长。对于上通道很窄的开通和关断脉冲由脉冲发生器产生，并分别由 HIN 的上升和下降沿触发，脉冲发生器产生的两路脉冲用以驱动两个高压 DMOS 电平转换器，这两个电平转换器接着又对工作于悬浮电位的 RS 触发器进行置位或复位，这便是以地电位为基准的 HIN 信号的电平转换为悬浮电位的过程。由于每个高压 DMOS 电平转换器仅在 RS 触发器置位或复位时开通一段很短的开关脉冲时间，因而使功耗达到最小。再则，U_S 端快速 dU/dt 瞬变产生的 RS 触发器误触发可通过一个鉴别电路与正常的下拉脉冲有效区别开来。这样，上通道基本上可以承受任意幅值的 dU/dt 值，并保证了上通道的电平转换电路即使在 U_S 的电压降到比 COM 端还低 4V 时仍能正常工作。对下通道，由于正常时 SD 为低电平，U_{CC} 不欠电压，所以施密特触发器 SML 的输出使下通道中的或非门输出跟随 LIN 而变化，此变化的逻辑信号经下通道中 U_{DD}/U_{CC} 电平转换器转换后加给延时网络，由延时网络延时一定的时间后加到与非门电路，其同相和反相输出分别用来控制两个互补输出级中的低阻场效应晶体管驱动级中的 MOS 管，当 U_{CC} 低于电路内部整定值时，下通道中的欠电压检测环节输出，在封锁下通道输出的同时封锁上通道的脉冲产生环节，使整个芯片的输出被封锁；而当 U_B 欠电压时，则上通道中的欠电压检测环节输出仅封锁上通道的输出脉冲。

（4）应用注意事项　IR2110 独特的结构决定了它通常可用于驱动单管斩波、单相半桥、三相全桥逆变器或其他电路结构中的两个相串联或以其他方式连接的高压 N 沟道功率 MOSFET 或 IGBT，其下通道的输出直接用来驱动逆变器（或以其他方式连接）中的功率 MOSFET 或 IGBT，而它的上通道输出则用来驱动需要高电位栅极驱动的高压侧的功率 MOSFET 或 IGBT，在它的应用中需注意下述问题。

1）IR2110 应用典型连接如图 3-20 所示。通常它的输出级的工作电源是一悬浮电源，这是通过一种自举技术由固定的电源得来的。充电二极管 VD 的耐压能力必须大于高压母线的峰值电压，为了减小功耗，推荐采用一个快恢复的二极管。自举电容的值依赖于开关频率、占空比和功率 MOSFET 或 IGBT 栅极的充电需要，应注意的是电容两端耐压不允许低于欠电压封锁临界值，否则将产生保护性关断。对于 5kHz 以上的开关应用，通常采用 0.1 μF 的电容是合适的。

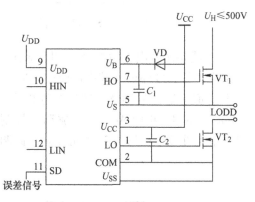

图 3-20　IR2110 应用典型连接

2）为了向需要开关的容性负载提供瞬态电流，应用中应在 U_{CC} 和 COM 之间、U_{DD} 和 U_{SS} 之间连接一个旁路电容。这两个电容及 U_B 和 U_S 间的储能电容都要与器件就近连接。建议 U_{CC} 与 COM 之间的旁路电容用一个 0.1 μF 的陶瓷电容并联，而逻辑电源 U_{DD} 上有一个 0.1 μF 的陶瓷电容就够了。

3）大电流的 MOSFET 或 IGBT 相对需要较大的栅极驱动能力，IR2110 的输出即可对这些器件进行快速的驱动。为了尽量减小栅极驱动电路的电感，每个 MOSFET 应分别连接到 IR2110 的 2 脚和 5 脚作为栅极驱动信号的反馈。对于较小功率的 MOSFET 或 IGBT 可在输出处串一个栅极电阻，栅极电阻的值根据电磁兼容（EMI）的需要、开关损耗及最大允许 du/dt 值来决定。

3.4　SG1731 控制的双闭环直流脉宽调制调速系统实例分析

图 3-21 是 SG1731 控制的双闭环直流脉宽调制调速系统的实际接线图。

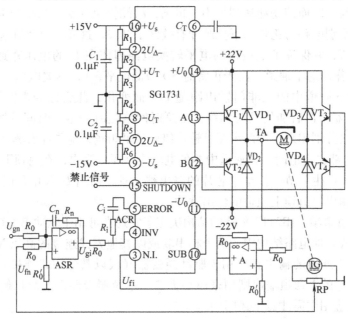

图 3-21　SG1731 控制的双闭环直流脉宽调制调速系统的实际接线图

从线路图看出它与 V-M 双闭环系统结构相同，在原有的开环 PWM-M 的基础上增加了电流内环与速度外环（其中电流调节器 ACR 和电流检测及反馈环节等构成电流环，速度调节器 ASR 和转速检测及反馈环节等构成速度环），且 ASR 和 ACR 实行串联，即由 ASR 去"驱动"ACR，再由 ACR 去"驱动"控制电路，采用双闭环的主要目的是为了提高系统的动、静态性能。根据图 3-21 可以画出此调速系统的组成框图，如图 3-22 所示。

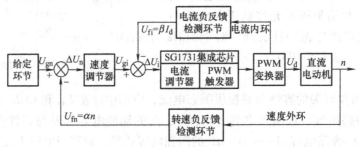

图 3-22　SG1731 控制的双闭环直流脉宽调制调速系统组成框图

3.4.1 SG1731 控制的双闭环直流脉宽调制调速系统的组成

SG1731 控制的双闭环直流脉宽调制调速系统由主电路、控制电路和反馈检测环节三部分组成。

1. PWM 变换器主电路

主电路为由 4 个 GTR（$VT_1 \sim VT_4$）构成的 H 型可逆供电电路，其中 4 个二极管为续流二极管，SM 为永磁式直流伺服电动机，H 型电路由 ±22V 直流电源供电。

2. 反馈检测环节

本系统采用测速发电机 TG 及反馈电位器 RP 作为速度反馈检测环节，采用电流互感器 TA 和电压比较器 A 作为电流反馈检测环节。

3. 控制电路

本系统的控制电路包括给定环节（输出给定电压）、外置速度调节器 ASR 和 SG1731 集成芯片。由于给定环节、速度外环与 V-M 中相同，这里主要介绍 SG1731 集成芯片。

SG1731 是美国硅通用公司针对直流电动机 PWM 控制而设计的单片 IC，也可用于液压 PWM 控制。该芯片内置三角波发生器、误差运算放大器（此系统中作电流调节器 ACR 用）、比较器及驱动器等。其原理是把一个直流控制电压 U_{ct} 与三角波电压 $2u_\Delta$（u_{ct} 为电容 C 两端的波形）叠加形成脉宽调制方波，经驱动器输出。本芯片具有外触发保护、死区调节和 ±100mA 电流的输出能力，其振荡频率在 100Hz ~ 350kHz 可调，适用于单极式 PWM 变换器电路，是直流电动机专用的 PWM 控制器。SG1731 的内部结构和引脚排列如图 3-23 所示。

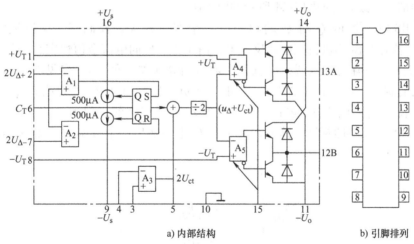

a) 内部结构   b) 引脚排列

图 3-23　SG1731 的内部结构和引脚排列

（1）SG1731 引脚的基本功能

1）16 脚和 9 脚接电源 $\pm U_s$（$\pm 3.5 \sim \pm 15V$），用于芯片的控制电路。

2）14 脚和 11 脚接电源 $\pm U_o$（$\pm 2.5 \sim \pm 22V$），用于桥式功放电路。

3）2 脚和 7 脚接外供的正负参考电压 $2U_{\Delta+}$、$2U_{\Delta-}$（其中 $2U_{\Delta+}$ 为三角波正限幅电压，$2U_{\Delta-}$ 为三角波负限幅电压。比较器 A_1、A_2，双向恒流源及外接电容 C_T 组成三角波发生器，其振荡频率 f 由外接电容 C_T 和外供正、负限幅参考电压 $2U_{\Delta+}$、$2U_{\Delta-}$ 决定，有

$$f = \frac{5 \times 10^4}{4\Delta U C_T} \qquad (3\text{-}8)$$

式中，$\Delta U = 2U_{\Delta+} - 2U_{\Delta-}$。

4）3 脚、4 脚、5 脚为偏差放大器 A_3 的正相输入端、反相输入端、输出端。通过配置不同的输入阻抗与反馈阻抗，可以构成不同的调节器。

5）1 脚与 8 脚为外加电压 $+U_T$、$-U_T$，为 A_4、A_5 比较器提供正、负门槛电压，以与三角波 u_Δ 进行比较。

6）15 脚为关断控制端，当该输入端为低电平时，封锁输出信号。

7）10 脚为芯片片基，接最低电位或一般接地。

8）6 脚，外接电容 C_T 后接地。

9）12 与 13 脚，驱动脉冲输出端。

（2）SG1731 外部接线图及内部各部分的工作原理

1）电源及电压信号。$2U_{\Delta+}$、$2U_{\Delta-}$、$+U_T$、$-U_T$ 由 $\pm15V$ 电压 U_S 经电阻 R_1、R_2、R_3、R_4、R_5、R_6（见图 3-21）分压产生，适当选择这些电阻的阻值就可得到所需电压的数值。由于芯片内部设置了一个"$\div2$"除法器，所以在除法器前使三角波正、负限幅电压 $U_{\Delta\pm}$、控制电压 U_{ct} 幅值增为 2 倍。

$\pm15V$ 电压 U_S 经 $0.1\mu F$ 电容接地，使从电源中传入的干扰信号，通过电容对地旁路。

2）三角波振荡器。由图 3-23a 可见，由 RS 触发器，比较器 A_1、A_2，正、反向恒流源（I_S 均为 $500\mu A$）和外接电容器 C_T 等构成三角波振荡器。为便于理解，现将图 3-23a 中的三角波振荡器部分，改画为如图 3-24 所示的原理图。

图中，RS 触发器的 Q 与 $\overline{Q}$ 端相当于一个双向开关，控制正、反恒流源（$I_S = \pm 500\mu A$），交替对电容 C_T 进行充电和反充电。由于正、反向电流数值恒定且相等，因此电容电压 u_{CT} 的上升和下降均为斜线，而且斜率数值相等（差一负号），参见图 3-24 中的 u_{CT} 波形。触发器的翻转，是由电容电压 u_{CT} 与正（或负）限幅电压 $2U_{\Delta+}$（或 $2U_{\Delta-}$）进行比较后，通过比较器 A_1（或 A_2）输往 S 端（或 R 端）来实现的；即当 $u_{CT} > 2U_{\Delta+}$（或 $u_{CT} < 2U_{\Delta-}$）时，RS 触发器即翻转。这样，在电容 C_T 上便输出一个等幅的三角波 u_{CT}（或 $2u_\Delta$）如图 3-24 所示。

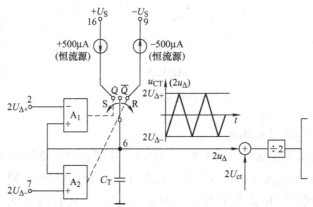

图 3-24　三角波振荡器原理图

3）偏差放大器（调节器）。图 3-23a 中的 A_3 为偏差放大器（即调节器），它的正、反相输入端 3 脚、4 脚和输出端 5 脚均引出芯片外，因此，通过配置不同的输入回路阻抗和反馈回路阻抗，可以构成不同的调节器。在图 3-21 所示的系统中，输入回路阻抗为电阻 R_0，反馈回路阻抗为电阻 R_i 和 C_i 的串联，所以它是一个比例积分调节器，其输入为 U_{gi}，其输出电压为 $2U_{ct}$，U_{ct} 为经除法器（÷2）后的控制电压。

4）PWM 波的形成。由图 3-23a 可见，三角波电压 $2u_\Delta$ 和偏差放大器输出电压 $2U_{ct}$ 进行叠加后，再经除法器送出的电压为 $(u_\Delta + U_{ct})$，此电压将送往比较器 A_4 和 A_5，并与正（或负）阈值（门槛）电压 $+U_T$（或 $-U_T$）进行比较，这样 A_4（或 A_5）输出的便是 PWM 电压。

5）关断控制功能。当 10 脚接入低电平（与 TTL 电平兼容，以便于微机控制）时，此低电平将使输出级中的晶体管迅速截止，使系统停止工作。这种功能可为系统的各种保护环节（如外触发保护）提供服务。

6）SG1731 使用时的注意事项为：$+U_S$ 与 $-U_S$ 之间的差值不能小于 7V，但也不能超过 30V；$+U_o$ 与 $-U_o$ 之间的差值不能小于 5V，但也不能超过 44V。电动机供电可共用此电源，也可另设电源。

基片"地"（10 脚）必须连到最低电位处。

3.4.2 SG1731 控制的直流脉宽调制调速系统的工作原理

由图 3-23a 可见，在比较器 A_4（或 A_5）上进行比较的是 $(u_\Delta + U_{ct})$ 与 $+U_T$（或 $-U_T$）。其中，$\pm U_T$ 是预先设定的。下面主要介绍控制信号的综合和系统的工作过程。

1）当控制电压 $U_{ct} = 0$ 时，$(u_\Delta + U_{ct})$ 即为三角波 u_Δ，它对称于横轴，如图 3-25a 所示。

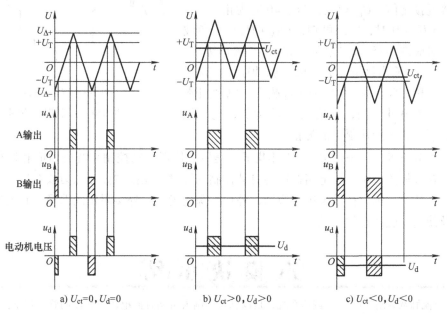

a) $U_{ct}=0$, $U_d=0$ b) $U_{ct}>0$, $U_d>0$ c) $U_{ct}<0$, $U_d<0$

图 3-25 无死区单极性 PWM 波形的生成

注意，当 $U_{ct} = 0$ 时，若整定时使 $\pm U_T$ 与 $U_{\Delta\pm}$ 相等，则在 $U_{ct} = 0$ 时，u_Δ 三角波与 U_T 无交点，输出级 A、B 的输出为零，晶体管 $VT_1 \sim VT_4$ 全部截止，$U_d = 0$，电动机静止。但这样，

当电动机起动或反转时，晶体管从不工作到工作，有一个起动过程，在时间上便出现一个死区，影响系统的响应速度。为此，通常在整定电压值时，使 $|\pm U_T|$ 略小于 $|U_{\Delta\pm}|$，这样，在 $U_{ct}=0$ 时，$(u_\Delta+U_{ct})$ 与 $+U_T$ 和 $-U_T$ 均有相交点，于是在电动机两端便加有正、负相等的方脉冲列（见图 3-25a）。由于正、负脉冲列相等，所以平均电压仍为零，电动机不会转动。但这时 VT_1、VT_4 与 VT_2、VT_3 却交替工作着，为电动机的起动、反转准备了条件，从而消除了死区，加快了电动机的起动或反向过程。如前所述，由图 3-21 可以看出，适当选择分压电路中 $R_1 \sim R_6$ 的数值，便可整定 $\pm U_T$ 和 $U_{\Delta\pm}$ 的数值，来满足上述的要求。

2）当 $U_{ct}>0$ 时，u_Δ 与 U_{ct} 叠加后，三角波将上移 U_{ct} 值。由图 3-25b 可见，$(u_\Delta+U_{ct})$ 与 $-U_T$ 无相交点。对应到图 3-23a，此时在比较器 A_5 中，$-U_T$ 起主导作用，使比较器 A_5 输出负信号，芯片功放级内部电路将使"输出级 B"呈现低电平（$u_B=$ "0"）。

与此同时，$(u_\Delta+U_{ct})$ 送往比较器 $A_4 \oplus$ 端，与 A_4 的 $+U_T$ 进行比较，当 $(u_\Delta+U_{ct})>(+U_T)$ 时，在比较器 A_4 中，$(u_\Delta+U_{ct})$ 起主导作用，A_4 输出正信号，使"输出级 A"输出正信号。对应图 3-25b 中点状阴影的部分，则为一正方脉冲列 u_A。调节 U_{ct} 的大小，即可改变其脉冲的宽度；U_{ct} 越大，脉宽越宽，输出的平均电压 U_d 也就越大。

当输出级 A 的高电平送往主电路中的 VT_1 和 VT_2 的基极时，与此同时，输出级 B 的低电平送往 VT_3 和 VT_4 的基极，由图 3-26 可见，这将使 VT_1 和 VT_4 导通，而 VT_2 与 VT_3 截止，这样，便在伺服电动机上加上正向的 PWM 电压（见图 3-26），此时平均电压 U_d 为正，它将使伺服电动机正转，这一过程将一直继续到转速接近预定值，$U_{fn}=U_{gn}$，$\Delta U_n=0$ 时为止。

3）当 $U_{ct}<0$ 时，同理可知，$(u_\Delta+U_{ct})$ 三角波将下移。对应图 3-25c 中线状阴影部分，"输出级 A"将呈低电平，"输出级 B"为正的方脉冲序列，这时晶体管 VT_3 和 VT_2 导通，VT_1 和 VT_4 截止，电动机端电压为负的方脉冲序列，平均电压 U_d 为负，电动机将反转，直到转速到达预定值为止。

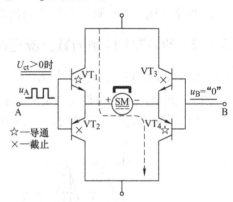

图 3-26 $U_{ct}>0$ 时
主电路工作状况示意图

由以上分析可见，采用 PWM 专用集成电路后，使得自动控制系统的组成和调整变得简单得多。在分析由专用集成电路控制的自动控制系统时，应把主要注意力放在集成电路的功能、特点、技术指标、在系统中的应用、外接电源的确定、外接阻抗的选择、有关参数的整定，以及使用时应注意的问题上。

本模块小结

（1）直流脉宽调制（PWM）调速系统，是以脉宽调制式可调直流电源取代晶闸管相控整流电源后构成的直流电动机转速调节系统。这种直流电源采用全控型电力电子器件作为功率开关器件，并按脉宽调制方式实现直流电动机电枢电压调节，因而主电路结构简单，性能优越。该系统的闭环控制方式、动静态性能和分析、综合方法均与晶闸管直流调速系统相同。

（2）直流脉宽调制调速是利用大功率电力电子器件的开关作用，将固定大小的直流电压转换成较高频率的方波电压，加在直流电动机的电枢上，通过对方波脉冲宽度的控制，改变电动机电枢电压的平均值，从而调节电动机的转速。

（3）PWM 变换器有不可逆和可逆两类。应用不可逆变换器调速时，电动机只能单方向旋转。可逆 PWM 变换器克服了不可逆变换器的缺点，使电动机能够在四个象限中运行，从而实现了电动机的可逆运行。

（4）与晶闸管直流调速系统相比，PWM 式直流调速系统的优点主要表现在以下几个方面。

1）PWM 变换器结构简单，所需功率开关器件数少。特别是在可逆系统中，其开关器件数目仅为晶闸管三相桥式反并联电路的 1/3。

2）直流供电电源由二极管整流电路完成，不存在相控方式下电压、电流波形的畸变和相移，以及随运行速度一同下降的弊端，因而即使在极低转速下运行时，系统亦能保持有较高的功率因数。

3）系统按双极式工作时，不采用笨重的滤波电抗器，仅依靠电枢绕组本身自感的滤波作用即可保证在轻载下电流无断续现象，不致出现电动机动态模型降阶和动态参数改变等一般反馈控制无法克服的模型干扰和参数干扰，有利于系统动态性能的改善，同时也使低速下电动机转速的平稳性提高，有利于系统调速范围的扩大。

4）主电路开关频率高，使系统能具有更高的截止频率，有利于提高系统对于外部信号的响应速度。

（5）PWM 式直流调速系统不仅电路结构简单，而且性能优越，但目前由于受全控型开关器件容量的限制，暂时妨碍了它在大容量直流调速系统中的应用，但在 100 kW 以下的拖动领域内，该系统相对于晶闸管直流调速系统的优势是无可争辩的。

3-1 PWM 控制方式的意义何在？目前，实际生产中的哪些方面用到了 PWM 控制方式？

3-2 为什么 PWM-M 系统比 V-M 系统能够获得更好的动态特性？

3-3 PWM-M 系统由哪些环节组成？PWM 触发器由哪些环节组成？脉宽调制器在 PWM-M 系统中的作用是什么？

3-4 在直流脉宽调速系统中，当电动机停止不动时，电枢两端是否还有电压，电路中是否还有电流？为什么？

3-5 H 型 PWM 变换器在什么情况下会出现直通？线路上可采取什么措施防止直通现象？

3-6 PWM 变换器中是否必须设置续流二极管？为什么？

3-7 双极性工作方式系统中电枢电流会不会产生断续情况？

3-8 PWM-M 不可逆调速系统中，当主电路中二极管处于续流状态时，电动机运行于何种状态？为什么？

3-9 简述双极式 PWM 变换器的工作原理及优缺点。

3-10 试分析比较 V-M 可逆调速系统和 PWM-M 可逆直流调速系统的制动过程，指出它们的相同点和不同点。

3-11 在 H 型直流变换器电路中标出电动机反向旋转情况下，工作在不同方式时的电流流通路径。

3-12 双极式 H 型变换器是如何实现系统可逆的？画出相应的电压、电流波形。

3-13 简述典型 PWM 变换器电路的基本结构。

3-14 单极式可逆 PWM 变换器，当负载很轻时电流会一个周期内来回变向，试分析此时 VT_1、VT_2、VT_3、VT_4 的开关情况，并画出电压、电流波形。

读图训练

3-15 图 3-27 是开环 PWM 直流变换器调压供电的小功率伺服系统，分析该系统的工作原理。

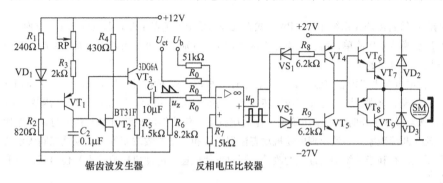

图 3-27 开环 PWM 直流变换器调压供电的小功率伺服系统

1）系统的组成环节有哪些？各环节的作用是什么？
2）说明锯齿波发生器的工作原理。
3）说明电压比较器的工作原理。
4）说明直流 PWM 变换器的类型、工作原理。
5）说明 U_{ct}、U_b、u_z 的作用。

3-16 分析图 3-28 锯齿波脉宽调制器的工作原理。

1）分析集成电路 NE555 的功能。
2）说明电容 C_1、C_2、C_3 的作用。
3）说明 VS、VT、RP、R_1 组成的电路的作用。
4）说明电压 U_{ct}、U_b、u_z 的作用。

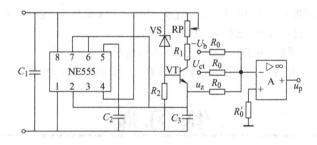

图 3-28 锯齿波脉宽调制器

3-17 图 3-29 为双极式 PWM-M 双闭环直流调速系统，分析其工作原理。

1）其中 A_3、A_4、A_5 组成什么电路？
2）A_1、A_2 在系统中是什么环节？
3）说明 A_6 的作用。
4）分析逻辑延时保护电路的工作原理。

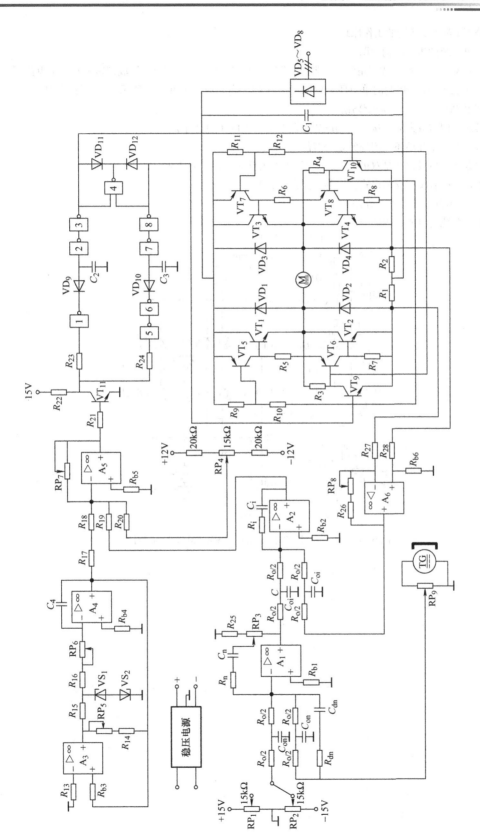

图 3-29 双极式 PWM-M 双闭环直流调速系统

5）分析 PWM 变换器的工作原理。

6）画出系统的组成结构框图。

【提示：A_3、A_4、A_5 组成三角波发生器，非门 1、2、3、4、5、6、7、8 组成逻辑延时保护电路。】

3-18　分析 SG1731 控制的单闭环 PWM-SM 系统的工作原理，如图 3-30 所示，并回答下列问题。

1）其中 $R_1 \sim R_6$、C_1、C_2 的作用。

2）其内部偏差放大器外接阻抗构成哪种调节器？它的作用是什么？

3）这个系统是开环还是闭环？是否有静差？

4）主电路是单极式还是双极式？SM 能否实现正反转运行？为什么？

5）本系统中有哪种反馈形式？它的功能是什么？

6）分析 PWM 变换器的工作原理。

7）画出系统的组成结构框图。

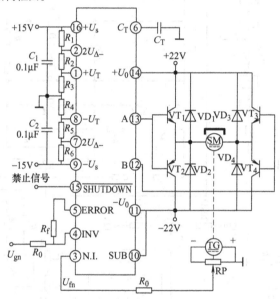

图 3-30　SG1731 控制的单闭环 PWM-SM 系统接线图

模块 **4**

位置随动系统

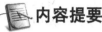**内容提要**

本模块主要介绍了位置随动系统的组成、工作原理、自动调节过程，并对位置随动系统组成中特有的环节，如：位置检测元件、相敏整流电路、执行装置做了详细的阐述。最后通过三个位置随动系统实例分析强化本模块的主要内容。

4.1 位置随动系统概述

位置随动系统又称为伺服系统或跟随系统，它主要解决有一定精度的位置（角位移、线位移）自动跟随问题。当系统的输入给定量（位置量）随时间任意变化时，系统的输出量（位置量）快速而准确地复现给定量的变化，这一类自动控制系统称为位置随动系统。

位置随动系统的应用领域非常广泛，普遍应用于机械制造、冶金、运输以及军事等行业。例如轧钢机压下装置的定位控制，工业电轴、仿形机床、数控机床加工轨迹的控制，雷达天线和电子望远镜的瞄准系统，机器人的动作控制等都是位置随动系统的应用实例。而这些系统一般都要求有响应速度快、抗干扰能力强和定位精度高等优良特性。

4.1.1 位置随动系统的组成与工作原理

下面通过一个简单的例子来说明位置随动系统的基本组成和工作原理，如图 4-1 所示，这是一个电位器式位置随动系统，用来实现雷达天线的跟踪控制。

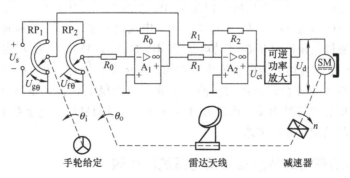

图 4-1　电位器式位置随动系统原理图

从图 4-1 看出，这个系统由两大部分组成，而每个部分又分为几个环节。

（1）控制电路部分

1）位置给定环节：由手轮与 RP_1 伺服电位器组成。其中手轮称为位置给定装置，伺服电位器 RP_1 称为位置传感器。手轮的转轴与伺服电位器的转轴相连。从手轮输出一个给定位置转角量 θ_i，经伺服电位器（位置传感器）变成给定电压 $U_{g\theta}$。

2）位置检测装置：由伺服电位器 RP_2 组成。负载雷达通过机械连杆机构与伺服电位器 RP_2 的转轴相连。从负载雷达输出的转角 θ_o 经伺服电位器 RP_2 变成反馈电压 $U_{f\theta}$。

两个伺服电位器 RP_1、RP_2 由同一个直流电源 U_s 供电，这样可将角位置（θ_i、θ_o）量直接转换成电压量（$U_{g\theta}$、$U_{f\theta}$）输出。

3）电压比较放大器（含位置调节器）：由放大器 A_1、A_2 组成。其中放大器 A_1 仅起倒相作用，A_2（位置调节器 APR）则起电压比较和放大作用（其输出信号作为下一级功率放大器的控制信号 U_{ct}）。由于 A_2 比较的两个电压的差 $\Delta U_\theta = U_{g\theta} - U_{f\theta}$ 可正可负，所以要求电压比较放大器具备鉴别电压极性（正反相位）的能力，即使输出控制电压 U_{ct} 是可正可负的。

（2）主电路部分

1）可逆功率放大器：为了推动随动系统的执行机构伺服电动机，只有电压放大是不够的，还必须有功率放大。功率放大器由伺服电动机的供电电路及其触发电路组成，例如可以是晶闸管组成整流电路（包括其触发电路）或大功率全控型开关组成的直流变换器（包括 PWM 触发器），也可以是交流调压电路（包括其触发电路），但必须是可逆电路。由它输出一个足以驱动电动机 SM 的电压值。

2）执行机构：对于小功率位置随动系统一般采用永磁式交、直流伺服电动机 SM 作为带动负载运动的执行机构，在其他不同场合也有采用直流电动机的情况。

3）减速器与负载：此系统中的雷达天线为负载，一般情况下由于负载转速很低，所以电动机到负载之间还得通过减速器来匹配。

以上六个部分是各种位置随动系统都具有的基本环节，但在不同条件下，由于具体条件和性能的要求，位置随动系统可采用不同的驱动装置、位置检测装置和控制方案，因此一个具体位置随动系统应在具有以上六个基本环节的基础上还要加入一些其他环节，如相敏整流电路等。

在上述系统中，当两个电位器 RP_1 和 RP_2 的转轴一样时，给定角 θ_i 与反馈角 θ_o 相等，所以角差 $\Delta\theta = \theta_i - \theta_o = 0$，电位器输出电压 $U_{g\theta} = U_{f\theta}$，电压放大器的输出电压 $U_{ct} = 0$，可逆功率放大器的输出电压 $U_d = 0$，电动机的转速 $n = 0$，系统处于静止状态。当转动手轮，使给定角 θ_i 增大时，$\Delta\theta > 0$，$U_{g\theta} > U_{f\theta}$，$U_{ct} > 0$，$U_d \geqslant 0$，电动机转速 $n > 0$，经减速器带动雷达天线转动，雷达天线通过机械连杆机构带动电位器 RP_2 的转动轴转动，使 θ_o 也增大。只要 $\theta_i > \theta_o$，电动机就一直带动雷达天线朝着缩小偏差的方向运动，只有当 $\theta_i = \theta_o$ 时，偏差角 $\Delta\theta = 0$，$U_{ct} = 0$，$U_d = 0$，电动机才会停止运动，使系统处在新的稳定状态。如果给定角 θ_i 减小，则系统运动方向将和上述情况相反，读者可以自行分析。显而易见，这个系统完全能够实现被控制量 θ_o 准确跟踪给定量 θ_i 的要求。

4.1.2　位置随动系统的特点及与调速系统的比较

从上面的例子可以看出，位置随动系统与调速系统一样，都是通过系统输出量和给定量进行比较，组成闭环控制即反馈控制，因此两者的控制原理是相同的。但两者也有许多不同，主要表现如下。

1）调速系统的给定量是恒值，希望输出量能稳定，因此系统的抗干扰能力往往显得十分重要（一般要求调速系统恢复时间短、动态降落小、静差小或无）。而位置随动系统中的位置指令是经常变化的，要求输出量准确跟随给定量的变化，所以输出响应的快速性、平稳性、灵活性和准确性成了位置随动系统的主要特征（一般要求位置随动系统跟随时间短、超调量小和无静差）。调速系统的动态指标以抗干扰性能为主，随动系统的动态指标则以跟随性能为主。

2）位置随动系统多数为闭环系统（目前也有精度较高的开环系统），这种系统一般是在调速系统的基础上外加位置负反馈环节，因此位置随动系统在结构上往往比调速系统复杂一些。位置负反馈环是位置随动系统的主要结构特征。典型三环位置随动系统的组成结构框图如图 4-2 所示。

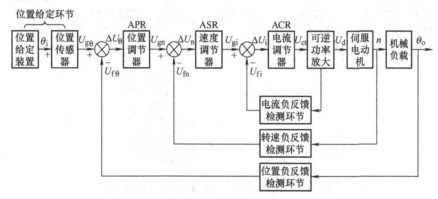

图 4-2 典型三环位置随动系统的组成结构框图

在位置随动系统中，常常采用一对位置检测装置，所以图 4-2 的结构框图可以画成图 4-3 所示形式。

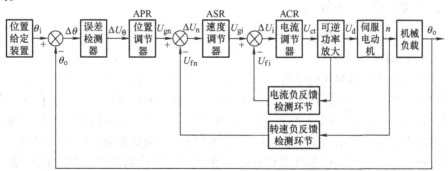

图 4-3 变化后典型位置随动系统的组成框图

从图 4-3 可以看出，位置随动系统实际上就是一个误差（偏差）控制系统，系统将输入与输出的偏差检测出来，经必要的变换、放大，最后去驱动执行元件按照缩小偏差的方向运行。位置随动系统的工作过程就是检测偏差、减小偏差的过程。

位置随动系统的位置环是主环（外环），必须存在，它的作用是用来消除位置偏差。其他负反馈环节是副环（内环），依生产机械对系统性能的要求选择性存在，比如图 4-3 是三环都存在的情况，但也存在只有位置外环、速度内环而无电流内环的情况；或者仅有位置外环、电流内环而无速度内环的情况；或者仅有一个位置环的情况。位置随动系统中电流内环的作用是稳定电流及限制电流过大，并能减小电网电压波动对系统的影响；速度内环的作用是稳定转速及减小速度超调。

在图 4-3 中，位置反馈信号从机械负载输出端取出，这种位置反馈称为全闭环（闭环），但这种闭环系统在获取位置反馈信号时困难较大（有时代价过高），因此，系统也常常采用在伺服电动机轴上装角位移检测装置来获取角位移信号，并作为位置反馈信号，这种位置反馈称为半闭环控制，如图 4-4 所示。半闭环控制的优点是结构简单、成本低、实现容易，在要求不高的场合有很多应用。缺点是忽略了机械传动中的机械惯量、传动中的误差（如滚珠丝杠传动中的误差、齿轮间隙等）和传动在时间上的延迟等，因而会影响到系统的精度。

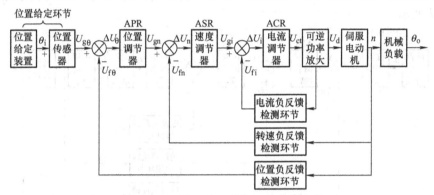

图 4-4 半闭环典型位置随动系统的组成框图

3）位置随动系统的供电电路是可逆的，使系统的负载（伺服电动机）可以正、反两个方向转动，以消除正或负的位置偏差。而调速系统可以存在不可逆系统。

4.1.3 位置随动系统的分类

按不同方法分类，位置随动系统有不同的类型。

1. 按执行机构类型分类

按位置随动系统使用的执行机构——伺服电动机的类型分类可分为直流位置随动系统与交流位置随动系统。直流位置随动系统中采用的执行机构为直流伺服电动机和普通直流电动机，交流位置随动系统中采用的执行机构为交流伺服电动机。尽管目前交流位置随动系统发展迅速，但由于交流伺服电动机的非线性，使得交流位置随动系统的控制比直流位置随动系统的控制复杂得多。因此在许多要求高性能的速度和位置控制场合（如机床进给位置随动系统、军用位置随动系统及机器人控制的位置随动系统），直流位置随动系统仍占有很大优势。特别是被誉为"未来位置随动装置"的晶体管脉宽调制直流位置随动系统（简称 PWM-SM 系统）受到普遍关注，容量由小到大，逐渐形成系列产品。

2. 按信号类型分类

按位置随动系统在控制电路中传输的信号形式（模拟量、数字量）分类可分成模拟式位置随动系统与数字式位置随动系统。

1）模拟式位置随动系统在控制电路中传输的控制信号均为模拟量。这种系统的组成可参考图 4-2，它的工作原理与图 4-1 的工作原理相同。在这种系统的控制电路中给定环节由分立元器件组成，APR、ASR、ACR 采用线性集成运算放大器，触发电路是由晶体管、电阻、电容等分立元器件构成的电路。模拟式位置随动系统还可以根据给定量是角位移还是线位移分成模拟式角位移位置随动系统和模拟式线位移位置随动系统。常用的模拟式角位移位置随动系统的给定量是角位移量，系统中的位置检测装置一般采用伺服电位器、自整角机、旋转变压器、圆形感应同步器等。模拟式角位移位置随动系统是最常见的位置随动系统，也是本模块重点讨论的内容。常用的模拟式线位移位置随动系统的给定量是线位移量，最常见的应用实例是仿形机床。

模拟式位置随动系统的精度较差，但快速响应性能比数字式的好，适合在某些频繁正反转（要求每秒一、二次正反转）的设备中使用。

2）数字式位置随动系统在控制电路的某些环节中传输的信号为数字量，而不是在全部控制电路中传送的信号都是数字量。因为对于多环位置随动系统来说控制参数越多，计算越复杂，采用微机控制来实现位置随动系统的全数字化具有一定困难。所以在实际中使用的数字式位置随动系统多为数模混合控制方式，即电流环、速度环采用模拟控制，位置外环采用微机控制，或者电流环采用模拟控制，速度环、位置外环采用微机控制。但随着数字信号处理器（DSP）的出现使得位置随动系统的全数字化成为可能。

根据被控量的性质不同，数字式位置随动系统又可分成数字式相位控制随动系统、数字式脉冲控制随动系统和数字式编码控制随动系统三种基本类型。

数字式位置随动系统工作可靠度高、稳态精度高，调试方便、简单。

4.2　位置随动系统的主要部件

从典型位置随动系统组成框图可见，位置随动系统在组成单元上分成机械执行机构和电气控制两大部分。机械执行机构通常包括工作台（或刀架）、滚珠丝杠、导轨和减速齿轮等；电气控制部分包括给定环节、位置检测装置、相敏整流与滤波装置、各种调节器（APR、ASR、ACR）、触发脉冲电路、主电路供电环节、执行元件（交、直流伺服电动机）等，现对电气控制部分的主要部件做以介绍。

4.2.1　位置检测元件

位置随动系统与调速系统最大的不同是它的检测元件（装置），由于位置检测部件对系统的构成和性能起着决定性的作用，一般希望检测元件精度高、线性度好、灵敏度高。位置检测元件根据其原理和信号处理方式的不同有以下几种。

1. 伺服电位器

常用的伺服电位器是接触式电阻变换器，它是角位移检测元件，在位置随动系统中一般是成对使用，它的作用是将转角差变成电压差。

图 4-5 为伺服电位器原理图，其中 RP_s 为位置给定电位器，连接给定角位移 θ_i；RP_d 为检测反馈电位器，连接反馈检测角位移 θ_o。在图 4-5 的连接中，其输出电压即偏差电压 ΔU 为

$$\Delta U = K(\theta_i - \theta_o) = K\Delta\theta \qquad (4-1)$$

式中，$\Delta\theta$ 为两电位器轴的角位移之差。

伺服电位器作位置检测元件，其线路简单，所需电源简单，惯性小，消耗功率小，并且比一般电位器精度高，线性度好，摩擦转矩也小，但由于伺服电位器通常为绕线式电位器，因此它的输出信号不平滑，有接触不良、可靠性差和寿命短的缺点，故伺服电位器通常用于精度要求较低的场合。现在国内生产的导电塑料电位器和光电照射式的光敏电位器，可以避免上述缺点。

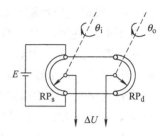

图 4-5　伺服电位器原理图

2. 自整角机

自整角机是角位移检测元件，在结构上分为接触式和非接触式两类，在用途上分为力矩式和控制式两类。力矩式自整角机的输出转矩小，只能带动指针、刻度盘等轻负载且精度较低，适用于远距离指示系统。对于功率较大的负载，可采用控制式自整角机。

图 4-6 是接触式自整角机的结构示意图。

自整角机在结构上分为定子与转子两部分，它的定子和转子铁心均为硅钢冲片压叠而成。定子绕组与交流电动机三相绕组相似，也是 U、V、W 三相分布绕组，它们彼此在空间上相隔 120°，一般连接成星形，定子绕组称为整步绕组。转子绕组为单相两极绕组（通常做成隐极式，为直观起见，图中常画成磁极式）。转子绕组称为励磁绕组，它通过两只集电环和一个电刷与外电路相连，以通入交流励磁电流，其工作原理基于电磁感应原理。

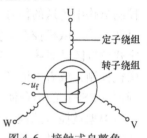

图 4-6　接触式自整角机的结构示意图

在位置随动系统中测量角差时，一般采用控制式自整角机，此时自整角机作为转角—电压变换器，是成对来用的。其中一台自整角机作为发送机，其转子与指令轴相连，对应给定转角 θ_i（也称发送机角位移），另一台自整角机作为接收机，其转子与执行轴相连，对应输出转角 θ_o（也称接收机角位移），并且有 $\theta_i = 0°$ 的位置与 $\theta_o = 0°$ 的位置相差 90°。这对自整角机的功能是将两个转轴（指令轴、执行轴）的角位移差与一电压信号相互转换，实现角度传输、变换和接收。

实际使用时，通常将发送器定子绕组的三个出线端 U_1、V_1、W_1 与接收器定子绕组的三个对应的出线端 U_2、V_2、W_2 相连，如图 4-7 所示。工作时，发送器的转子绕组上加一正弦交流励磁电压 $u_f(t) = U_{fm}\sin\omega_o t$，式中 ω_o 称为调制角频率，与 ω_o 对应的频率 f_o 称为调制频率。f_o 通常为 400Hz（也有 50Hz 的）。当发送器转子绕组加上励磁电压后，便会产生励磁电流，此电流产生的交变脉动磁通将在定子的三相绕组上产生感应电动势。此电动势又作用于接收器定子的三相绕组，产生交变的感应电流（i_U、i_V、i_W）。这些电流的综合磁通将使接收器转子绕组感应产生一个正弦交流电压 u_{bs}。可以证明，此正弦交流电压的频率与励磁电压的频率相同，其振幅与两个自整角机间的角差 $\Delta\theta$ 的正弦成正比。即

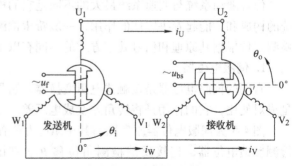

图 4-7　自整角机发送器与接收器接线图

$$u_{bs} = U_{bsm}\sin\Delta\theta\sin(\omega_o t - \varphi + 90°) \tag{4-2}$$

式中，U_{bsm} 为接收器转子绕组感应电压 u_{bs} 的最大值；φ 为自整角机的定子阻抗角，其中 $\varphi = \arctan(X/R)$，X 为发送机与接收机定子每相绕组电抗之和，R 为发送机与接收机定子每相绕组电阻之和。

当 $\Delta\theta = \theta_i - \theta_o$ 很小时，$\sin\Delta\theta \approx \Delta\theta$，则式（4-2）可写成

$$u_{bs} = U_{bsm}\Delta\theta\sin(\omega_o t - \varphi + 90°) \tag{4-3}$$

这种线路的优点是简单可靠，可供远距离检测与控制，其精度为 0、1、2 三级，最大误差在 0.25°~0.75° 之间。它的缺点是有剩余电压、误差较大、转子有一定的惯性等。

3. 旋转变压器

旋转变压器也是角位移检测元件，它是一种特殊的两相旋转电动机。在结构上与两相绕线转子异步电动机相似，都由定子和转子两部分组成，且定子和转子上各自有两套在空间上完全正交的绕组，定子绕组直接与外电路相连，转子绕组通过集电环、电刷与外电路相连。旋转变压器的结构示意图如图 4-8 所示。

旋转变压器的工作原理也是基于电磁感应原理，和普通变压器原理基本相似，即在定子绕组中通入励磁电压，会在转子绕组中感应出电压。只是旋转变压器的转子是可以转动的，当其转子旋转时，转子绕组相对于定子绕组的位置随之变化（出现了转角），这时转子输出电压与转子转角呈一定的函数关系。

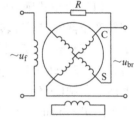

图 4-8　旋转变压器的结构示意图

旋转变压器在不同的自动控制系统中用途不同。它用于位置随动系统时，一般要两台联合使用，作为角度差的测量（即角度传感器）。

图 4-9 所示是一个用作角度—相位电压变换器的旋转变压器原理图。图中左边的旋转变压器作为发送器，右边的旋转变压器作为接收器。两台旋转变压器的定子绕组对应短接在一起，两台转子绕组中各有一组绕组自行短接，另一组绕组与外电路相连。发送器中与外电路相连的转子连接指令轴，对应给定转角 θ_i（也称发送器角位移），接收器中与外电路相连的转子连接执行轴，对应输出转角 θ_o（也称接收器角位移），并且有 $\theta_i = 0$ 的位置与 $\theta_o = 0$ 的位置相差 90°（空间上相差 90°）。

当发送器转子绕组 S 接上一正弦励磁交流电压 $u_f(t) = U_{fm}\sin\omega_o t$（$U_{fm}$ 是励磁电压的幅值，ω_o 是励磁电压的角频率），其两组定子绕组（相当变压器的二次侧）产生感应电动势，此电动势使两旋转变压器定子绕组中产生感应电流；此电流经电磁感应在接收器转子绕组 S' 中产生一感应电压 u_{br}。可以证明，电压 u_{br} 为一正弦交流电压，其频率与 u_f 的相同，幅值与两个旋转变压器转子的角差 $\Delta\theta = \theta_i - \theta_o$ 的正弦值成正比，即

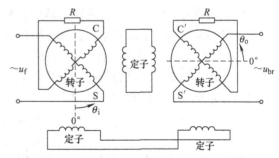

图 4-9　用作角度—相位电压变换器的旋转变压器原理图

$$u_{br} = ku_f\sin\Delta\theta = kU_{fm}\sin\Delta\theta\sin\omega_o t \tag{4-4}$$

式中，k 为旋转变压器接收机与发送机之间的变化系数。

当角度差 $\Delta\theta$ 不大时，$\sin\Delta\theta \approx \Delta\theta$，$u_{\mathrm{br}}$ 近似与角度差 $\Delta\theta$ 成正比，即

$$u_{\mathrm{br}} = kU_{\mathrm{fm}}\Delta\theta\sin\omega_{\mathrm{o}}t \tag{4-5}$$

输出电压的幅值为

$$U_{\mathrm{br}} = kU_{\mathrm{fm}}\sin\Delta\theta \approx kU_{\mathrm{fm}}\Delta\theta \tag{4-6}$$

旋转变压器的精度分 0、1、2、3 级，其角度差传输误差可降到 $1' \sim 5'$。显然精度比自整角机高，而且旋转变压器惯性小，摩擦力矩也小，可以远距离传送，因此被广泛地应用于精度要求较高的随动系统中。为了进一步提高精度，还可采用双通道测量原理。

4. 感应同步器

感应同步器是模拟式位置检测元件，按测量的位移量是直线位移还是角位移，感应同步器分为直线式感应同步器和圆盘式感应同步器。其工作原理与旋转变压器完全一样，也是利用了电磁感应原理。

（1）直线式感应同步器　直线式感应同步器由定尺和滑尺两部分组成，结构上相当于旋转变压器的定子和转子。定尺安装在机床床身或其他固定件上，滑尺装在机床的运动部件上（如工作台）。定尺和滑尺相互平行面对面放置，其间有一定的气隙（很小），一般应保持在 (0.25 ± 0.05) mm 范围内，滑尺相对于定尺可平行移动。定尺的标准长度为 250mm，上面用印制电路的方法刻有一套矩形绕组，绕组的节距 $T = 2\mathrm{mm}$。滑尺较短，上面也用印制电路的方法刻有多套正弦励磁绕组和余弦励磁绕组（本绕组示意图上显示一套）。滑尺每套矩形绕组的节距与定尺绕组的节距相同，都是 $T = 2\mathrm{mm}$，当正弦励磁绕组与定尺绕组节距对正时，余弦励磁绕组与定尺绕组相差 1/4 节距，即 90° 电角度。直线式感应同步器的绕组结构示意图如图 4-10 所示。

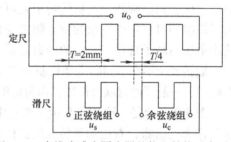

图 4-10　直线式感应同步器的绕组结构示意图

当两滑尺绕组通以给定频率的正、余弦交流电压励磁时，根据电磁感应原理，在定尺绕组上会产生感应电动势。感应同步器就是利用定尺上这个感应电动势的变化来进行滑尺位置检测的。

根据励磁方式的不同，感应同步器可有两种工作状态：一种为相位工作状态，也称鉴相状态；另一种为幅值工作状态，也称鉴幅状态。

1）鉴相状态。所谓鉴相状态就是根据感应电动势的相位来鉴别位移量的信号处理方式，即给感应同步器滑尺的正弦和余弦两个绕组上分别施加频率（$1 \sim 10\mathrm{kHz}$）和幅值相同、但相位相差 90° 的正弦励磁电压，即

$$u_{\mathrm{s}} = U_{\mathrm{m}}\sin\omega_{\mathrm{o}}t \tag{4-7}$$

$$u_{\mathrm{c}} = U_{\mathrm{m}}\cos\omega_{\mathrm{o}}t \tag{4-8}$$

此时，我们采用类似旋转变压器的分析方法，得到定尺输出的总感应电动势为

$$u_{\mathrm{o}} = kU_{\mathrm{m}}\sin(\omega_{\mathrm{o}}t - 2\pi x/T) = kU_{\mathrm{m}}\sin(\omega_{\mathrm{o}}t - \theta) \tag{4-9}$$

式中，kU_{m} 为定尺绕组感应电动势的幅值；x 为滑尺的位移；$\theta = 2\pi x/T$ 滑尺位移对应的相位角；T 为定尺节距。

由式（4-9）可知，定尺的感应电动势 u_{o} 的相位 θ 正比于定尺与滑尺的相对位移 x，此时的感应同步器相当于一个调相器，将感应电动势 u_{o} 输入到数字鉴相电路，即可由相位变

化测出位移。

2）鉴幅状态。所谓鉴幅状态就是根据感应电动势的幅值来鉴别位移量的信号处理方式，即在滑尺的正、余弦绕组上施加频率和相位相同、但幅值不同的正弦励磁电压，即

$$u_s = U_s \sin\omega_o t$$

$$u_c = U_c \sin\omega_o t$$

利用函数变换器使励磁电压的幅值满足

$$U_s = U_m \sin\varphi$$

$$U_c = U_m \cos\varphi$$

于是定尺绕组输出的总感应电动势为

$$u_o = kU_m \sin(\varphi - 2\pi x/T)\sin\omega_o t = kU_m \sin(\varphi - \theta)\sin\omega_o t \qquad (4-10)$$

式中，$kU_m \sin(\varphi - 2\pi x/T)$ 为感应电动势的幅值；U_m 为励磁电压的幅值；φ 为励磁电压幅值的相位角，是已知量；x 为滑尺的位移；$\theta = 2\pi x/T$ 滑尺位移对应的相位角。

由式（4-10）可知，感应电动势的幅值随滑尺位移的相位角 θ（即位移 x）而变化，此时，感应同步器相当于一个调幅器，将感应电动势 u_o 输入到数字鉴幅电路，即可由幅值变化测量位移量。

（2）圆盘式感应同步器 圆盘式感应同步器又称旋转式感应同步器，是由定子和转子组成的，形状呈圆片形。圆盘式感应同步器定子和转子绕组的制造工艺与直线式感应同步器相同，定子相当于直线式感应同步器的滑尺，转子相当于定尺。定子与机械固定件安装在一起，转子与机械转动件安装在一起。定子和转子相互平行面对面放置，其间有很小气隙，转子相对于定子可同心转动。定子上面用印制电路的方法刻有一套绕组，绕组的节距 $T = 2\text{mm}$。转子上面也用印制电路的方法刻有多套正弦励磁绕组和余弦励磁绕组，且绕组的节距与定子绕组的节距相同，正弦励磁绕组和余弦励磁绕组相差 1/4 节距，即 90°电角度，绕组示意图如图 4-11 所示。

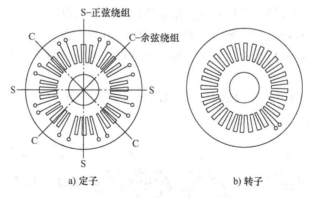

图 4-11 圆盘式感应同步器的绕组结构示意图

圆盘式感应同步器的工作原理与直线式的相同，这里就不再赘述。

感应同步器的优点是结构简单、工作可靠、寿命长，对工作环境要求不高、抗干扰能力好、精度高。感应同步器输出的电压是由定尺与滑尺的相对位移直接产生的，不经过任何机械传动装置，所以其测量精度只受本身精度的限制。由于感应同步器一般采用激光刻制，在恒温条件下用专门设备进行精密感光腐蚀生产，又由于定尺上感应的电压信号是多周期的平

均效应，从而减少了绕组局部尺寸误差的影响，所以感应同步器可达到较高的测量精度。一般直线式感应同步器测量位移的精度可达 ±1μm，分辨率为 0.2 μm。圆盘式感应同步器在极数相同情况下，感应同步器的直径越大，其精度越高，一般圆盘式感应同步器的精度为角秒级，在 0.5″ ~ 1.2″ 之间（而旋转变压器的测角精度可达到角分数量级）。

5. 差动变压器

差动变压器是电磁感应式直线位移传感器，如图 4-12 所示。它由一个可以移动的铁心和绕在它外面的一个一次绕组、两个反极性相连的二次绕组组成。当一次绕组通以 50Hz ~ 10kHz 的交流电 u_f 时，二次绕组的输出电压 e 为两电动势之差，即 $e = e_1 - e_2$。

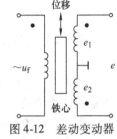

图 4-12 差动变动器

若铁心在中央，则两个二次绕组感应的电动势相等，即 $e_1 = e_2$，由于两个二次绕组反极性相连，此时输出电压 $e = e_1 - e_2 = 0$。当铁心有微小的位移后，则两个二次绕组的电动势就不再相等，其合成电压 e 也不再为零，而且铁心的位移量越大，两个二次电动势的差值就越大，则 e 也越大。若铁心的位移方向相反，则其合成电动势的相位将反向（相位改变 180°）。不过，无论位移方向如何，其合成电动势 e 均为交变信号，不能反映位移的方向。

差动变压器无磨损部分，驱动力矩小，灵敏度高（0.5 ~ 2.0V/mm），测量精度高（可达 0.1μm），而且线性度好，线性范围大，稳定性好，使用方便，因此在检测微小位移量时常采用差动变压器，它的缺点是位移量小（为全长的 1/10 ~ 1/4）。此外，由于铁心质量较大，故不宜使用在位移速度很快的场合。

6. 光电编码盘

前面介绍的角位移检测元件都是模拟量式的，适用于模拟式的位置随动系统，而现在多数位置随动系统都已发展成数字式的，这就需要数字式角位移检测元件，其中光电编码盘就是一种数字式位置检测元件，它能直接将角位移信号转换成数字信号。

光电编码器通过读取光电编码盘上的图案或编码信息来表示与光电编码器相连的电动机转子的位置信息。根据光电编码器的工作原理可以将光电编码器分为增量式光电编码器与绝对式光电编码器。

（1）增量式光电编码器 增量式光电编码器主要由光源、码盘、检测光栅、光电检测器件和转换电路组成，如图 4-13 所示。

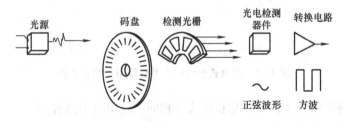

图 4-13 增量式光电编码器的组成

码盘上刻有节距相等的辐射状透光缝隙（窄缝），这些透光缝隙将码盘分成透光区和不透光区，相邻两个透光缝隙之间代表一个刻线（或增量）周期；检测光栅上刻有 A、B 两组与码盘上的缝隙相对应的透光缝隙，用以通过或阻挡光源和光电变换器件之间的光线，它们的节距和码盘上的节距相等，并且两组透光缝隙错开1/4节距。工作时，检测光栅不动，码盘随着被测转轴转动时，光源发出的光投射到码盘与检测光栅上，当码盘上的不透光区正好与检测光栅上的透光窄缝对齐时，光线被全部遮住，光电变换器输出电压为最小；当码盘上的透光区正好与检测光栅上的透明窄缝对齐时，光线全部通过，光电变换器输出电压为最大。码盘每转过一个刻线周期，光电变换器将输出一个近似正弦波的电压。由于检测光栅上有两个检测窄缝A、B，因此光电变换器将输出两个相位差为90°电角度的正弦交流电压。交流电压经过转换电路的信号处理，可以输出两组方波脉冲信号。增量式光电编码器的输出信号波形如图4-14所示。为了得到码盘转动的绝对位置，还须设置一个基准点。码盘每转一圈，零位标志槽对应的光敏元件就产生一个脉冲，称为"一转脉冲"，脉冲计数的个数能反映出转轴转过的角度或转速，经光电变换器输出的两个正弦交流电压A、B的相位关系则表示出转轴转动的方向，A信号的相位超前B信号90°，表示转轴正转；B信号的相位超前A信号90°，表示转轴反转。

　　增量式光电编码器的优点是：原理构造简单、易于实现；机械平均寿命长，可达到几万小时以上；分辨率高（可达到1800个脉冲/转）；抗干扰能力较强，信号传输距离较长（远至几百米），可靠性较高。其缺点是它无法直接读出转动轴的绝对位置信息。

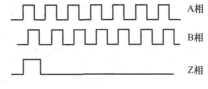

图4-14　增量式光电编码器的
输出信号波形

　　（2）绝对式光电编码器　绝对式光电编码器是通过读取编码盘上的二进制的编码信息来表示绝对位置信息的。它的码盘是编码盘，与增量式的不同。编码盘是按照一定的编码形式制成的圆盘，根据编码方式的不同又分成二进制编码盘和循环编码盘。

　　1）二进制编码盘。图4-15是二进制编码盘原理示意图。从图中看出码盘是由透光区和不透光区组成（只有两种状态），图中空白部分是透光的（用"0"来表示）；涂黑的部分是不透光的（用"1"来表示），通常将组成编码的同心圈称为码道，由于码道的道数（N）与二进制的位数相同，所以将圆盘划分成2^N个扇区，每个扇区对应一个N位二进制数，最外侧的是最低位，最里侧的是最高位。例如本码盘有4个码道，所以本码盘为四位二进制码盘，4位二进制可形成16个二进制数，因此就将圆盘划分为16个扇区，每个扇区都有一个4位二进制编码，外侧为低位，内侧为高位，如0000、0001、…、1111。

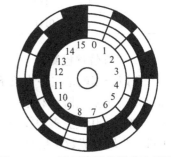

图4-15　二进制编码盘原理示意图

　　这种四位二进制编码组成的绝对式光电编码器在工作时，码盘的一侧放置光源，另一边放置光电接收装置，即在每个码道都对应有一个光敏管（光敏二极管）及放大、整形电路。当码盘转到一定的角度时，扇区中透光的码道对应的光敏二极管导通，输出低电平"0"，遮光的码道对应的光敏二极管不导通，输出高电平"1"，这样形成与编码方式一致的高、低电平，经放大整形后，成为相应数码电信号输出，从而获得扇区的位置角。

　　由于制造和安装精度的影响，若码盘回转在两码段交替过程中，会产生读数误差。例如，当码盘顺时针方向旋转，由位置"0111"变为"1000"时，这四位数要同时都变化，可能将数码误读成 16 种代码中的任意一种，如读成 1111、1011、1101、…、0001 等，产生了无法估计的很大的数值误差，这种误差称为非单值性误差或粗大误差。为了消除粗大误差，可改用双排光敏管组成双读出端，对进位和不进位的情况进行"选读"。这样做虽然可以消除粗大误差，但结构和电路却要复杂得多。

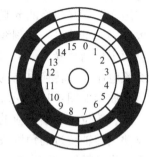

2）循环码盘（或称格雷码盘）。循环码习惯上又称格雷码，它也是一种二进制编码，只有"0"和"1"两个数。图 4-16 所示为四位二进制循环码编码盘原理示意图。这种编码的特点是任意相邻的两个代码间只有一位代码有变化，即"0"变为"1"或"1"变为"0"。因此，在两数变换过程中，所产生的读数误差最多不超过"1"，只可能读成相邻两个数中的一个数。所以，它是从根本上消除粗大误差的一种有效方法。此外，循环码表示最低位的区段宽度要比二进制码盘宽一倍，这也是它的优点。其缺点是不能直接进行二进制算术运算，在运算前必须先通过逻辑电路转换成二进制编码。数码互换对照表见表 4-1。

图 4-16 四位二进制循环码编码盘原理示意图

表 4-1 数码互换对照表

十 进 制 数	标准二进制码	格 雷 码	十 进 制 数	标准二进制码	格 雷 码
0	0000	0000	8	1000	1100
1	0001	0001	9	1001	1101
2	0010	0011	10	1010	1111
3	0011	0010	11	1011	1110
4	0100	0110	12	1100	1010
5	0101	0111	13	1101	1011
6	0110	0101	14	1110	1001
7	0111	0100	15	1111	1000

7. 光栅位移检测器

所谓光栅就是在一块长条形的光学玻璃上均匀地刻上很多与运动方向垂直的线条，包括标尺光栅（主光栅）和指示光栅，线条之间的距离越小，检测精度就越高，一般每毫米刻 50、100、200 或更多根线条。采用光栅作测量元件时，可将光栅位移转换成模拟信号，并可进一步转换成数字信号。

光栅测量装置由光源、长光栅 G_1、短光栅 G_2、光敏元件等组成，如图 4-17 所示。

长光栅 G_1 在机床的移动部件上，称为标尺光栅或主光栅；短光栅 G_2 装在机床的固定部件上，称为指示光栅。两块光栅相互平行并保持一定间隙，而且刻线密度相同。光栅线纹之间的距离称为栅距 ω，它由所需精度决定。光栅一般制成预定的长度，以满足机床工作台移动的全行程，特殊需要时可以加长。

如果将指示光栅在其自身平面内转过一个很小的

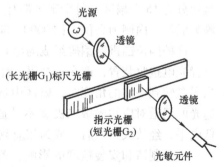

图 4-17 光栅测量装置

角度 θ，这样两块光栅的刻线相交，则在相交处出现黑色条纹，这种利用相互倾斜一个小角度的标尺光栅和指示光栅在相对运动时产生的干涉条纹称为莫尔条纹，如图 4-18a 所示。由于两块光栅的刻线密度相等，即栅距相等，产生的莫尔条纹的方向与光栅刻线方向大致垂直，光强度分布近似正弦形。当 θ 很小时，莫尔条纹的节距 $W = \omega/\theta$。

由式 $W = \omega/\theta$ 表明，莫尔条纹的节距是光栅栅距的 $1/\theta$ 倍。当标尺光栅移动时，莫尔条纹就沿垂直于光栅移动方向移动，当光栅移动一个栅距 ω 时，莫尔条纹就相应准确地移动一个节距 W，也就是说两者一一对应，所以只要读出莫尔条纹的数目，就知道光栅移动了多少个栅距。而栅距 ω 在制造光栅时是已知的，所以光栅的移动距离就可以通过电气系统自动地测量出来，即

$$L = NW \tag{4-11}$$

式中，L 为两光栅相对移动量；N 为记录的莫尔条纹数；W 为莫尔条纹的节距。

如果光栅在每毫米内的刻线为 100 条，即栅距为 0.01mm，人们无法用肉眼来分辨，但它的莫尔条纹却清晰可见。所以莫尔条纹是一种简单的放大机构，其放大倍数取决于两光栅刻线的交角 θ，如 $\omega = 0.01$mm，$W = 10$mm，则其放大倍数 $1/\theta = W/\omega = 1000$。

莫尔条纹的另一个特点是平均效应。因为莫尔条纹是由若干条光栅组成的，例如每毫米刻有 100 条线纹的光栅，10mm 宽的莫尔条纹，就由 1000 根线组成，这样一来，栅距之间所固有的相邻误差就被平均了。

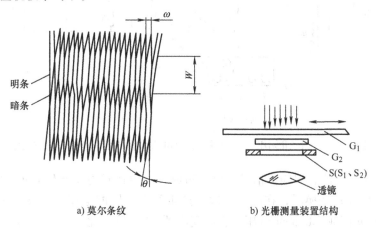

a) 莫尔条纹 b) 光栅测量装置结构

图 4-18 莫尔条纹及光栅测量装置结构

如图 4-18b 所示，如果仅用一个光敏元件检测光栅莫尔条纹变化信号，只能产生一个正弦波信号用作计数，不能分辨运动方向。为了能辨别方向，在莫尔条纹的移动方向上设置两个狭缝 S_1、S_2，其中心距离为 $\omega/4$。透过它们的光线分别被两个光敏元件所接收，当光栅 G_1 移动时，莫尔干涉条纹通过两个狭缝的时间不相同，相应光敏元件获得的电信号便存在 1/4 周期的相位差。两个信号中，哪个超前，哪个滞后，取决于光栅 G_1 的移动方向。当光栅 G_1 向右移动时，莫尔条纹向上移动，狭缝 S_2 的输出信号波形超前 1/4 周期；当光栅 G_1 向左移动时，莫尔条纹便向下移动，狭缝 S_1 的输出信号波形超前 1/4 周期，这样根据两狭缝输出信号的相位超前和滞后的关系就可以确定光栅 G_1 的移动方向。

为了辨别位移的方向，进一步提高测量的精度，提高分辨率，以及实现数字显示的目的，必须把光敏元件检测输出的信号送入数显表做进一步的处理。光栅数显表由整形放大电

路、细分电路、辨向电路及数字显示电路等组成。

光栅检测元件若用光玻璃制成，容易受外界气温的影响产生误差，因为光栅之间间隙很小，当灰尘、切屑、油、水等污物侵入时会影响光敏信号幅值和机床定位精度。因此，对光栅测量装置的维护与保养极为重要。

4.2.2 相敏整流与滤波装置

由于检测装置输出的信号通常很小，一般都要经过电压放大才能驱动后续电路。目前常用的电压放大装置是运算放大器，多采用直流信号放大的装置，而前面介绍的检测装置（如自整角机、旋转变压器、差动变压器等）输出的都是交流信号电压，因此这些交流信号电压在输入运算放大器之前，应通过整流电路，将检测输出的交流信号转换成直流信号，而且转换后直流信号电压的极性还应随着检测角差 $\Delta\theta$ 的正负而改变，以保证随动系统的执行电动机向着消除偏差的方向运动。因此整流电路就需要采用相敏整流电路，图 4-19 所示为一种由 I、II 两组二极管桥式整流电路组成的相敏整流与滤波电路。

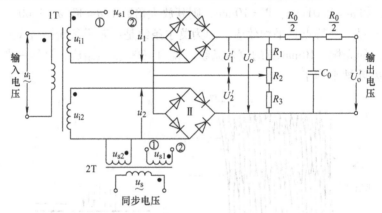

图 4-19 由 I、II 两组二极管桥式整流电路组成的相敏整流与滤波电路

图 4-19 中 u_i 为检测装置输出信号，可以写成统一表达式为 $u_i = K\Delta\theta\sin\omega_o t$，它经变压器 1T（电压比为 1:1）变换后，在两个二次侧产生两个相同的电压 u_{i1}、u_{i2}，而且 $u_{i1} = u_{i2} = u_i$。图中 u_s 为与 u_i 同频率的同步电压，它经变压器 2T（电压比为 1:1）变换后，也在两个二次侧产生两个相同的电压 u_{s1}、u_{s2}，而且 $u_{s1} = u_{s2} = u_s$，并使 u_s 的幅值大于 u_i 的幅值，即 $U_{sm} > U_{im}$。

由图 4-19 可见，I 组整流桥的输入电压 u_1 等于 u_{s1} 与 u_{i1} 相加（因为它们的极性一致），所以 $u_1 = u_{s1} + u_{i1} = u_s + u_i$。I 组整流桥的输出电压为 $U'_1 = |U_s + U_i|$。II 组整流桥的输入电压 $u_2 = u_{s2} - u_{i2} = u_s - u_i$（因为它们的极性相反），其输出电压 $U'_2 = |U_s - U_i|$。

相敏整流电路的输出电压 U_o 为两组整流桥输出的叠加。由图 4-19 可见，两组输出电压极性相反，所以 $U_o = U'_1 - U'_2$。

当角差 $\Delta\theta > 0$ 时，u_s 与 u_i 同相，如图 4-20a 所示。其中给出了 u_s、u_i、U'_1、U'_2 及 U_o 的电压波形。此时 $U_o = U'_1 - U'_2 = +2|U_i|$。

同理，当 $\Delta\theta < 0$ 时，则 u_s 与 u_i 反相，如图 4-20b 所示。这时的 I 组电压恰与图 4-20a 中 II 组的电压相同，II 组的电压与图 4-20a 中的 I 组电压相同，于是 $U_o = U'_1 - U'_2 = -2|U_i|$。

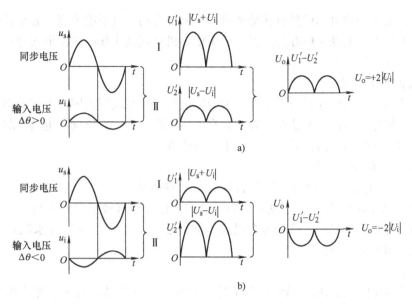

图 4-20　相敏整流电路的输入电压与输出电压波形

由以上的分析可见，相敏整流电路通过输入电压与一个比它大的同步电压叠加，并使一组相加而另一组相减；然后再利用两组对称但反向的整流桥的电压叠加，来达到既能把交流信号变为直流信号，又能反映出输入信号极性的要求。

由于相敏整流电路的输出电压为全波整流信号，因此还需要设置如图 4-19 所示的由 R_0、C_0 组成的 T 形滤波电路，以获得较为平稳的直流信号。

4.2.3　放大电路

1. 电压放大电路

电压放大电路的作用是对直流小信号进行电压放大（即比例放大），通常采用由运算放大器组成的有源放大电路。位置系统中如需加入串联校正环节，则可把电压放大环节与串联校正环节合在一起，采用由运算放大器和 R、C 元件组成各种调节器，从而既完成了放大的作用又达到了改善系统性能的目的。

2. 功率放大电路

给执行元件（如伺服电动机）供电的电路通常就是功率放大电路，由于随动系统需要消除可能出现的正、负两种位移偏差，因此需要执行元件（伺服电动机）能正、反两个方向可逆运行，所以执行元件的供电电路通常是可逆供电电路。目前采用较多的是由晶闸管组成的可逆供电电路（包括整流电路和交流调压电路）及其触发电路或由大功率晶体管（GTR）组成的 PWM 变换电路及 PWM 触发电路。

4.2.4　执行装置

执行装置的作用是将控制作用转换成被控负载的位移信号，通常由各种伺服电动机和减速器构成。

对于有较高要求（定位精度高，调速范围宽，带负载能力强，响应速度快）的位置随动系统来说，由于伺服电动机具有转动惯量小、灵敏度高、过载能力强、起动转矩大、动态响应性能好等优点，无疑是最好的选择。伺服电动机根据其工作的电流形式分成两种：直流伺服电动机与交流伺服电动机。

1. 直流伺服电动机

由于直流伺服电动机起制动性能好、响应速度快以及在较宽范围内方便地实现平滑无级调速等优势，使它多用在对调速性能要求较高的生产设备中。直流伺服电动机的工作原理与直流电动机的工作原理相同，只是在结构上有所改进。

（1）普通直流伺服电动机

1）结构。普通直流伺服电动机与普通直流电动机相比，其电枢形状较细较长（惯量小），磁极与电枢间的气隙较小，铁心材料好，加工精度与机械配合要求高。直流伺服电动机按照其励磁方式的不同，又可分为电磁式（即他励式，型号为 SZ）和永磁式（即其磁极为永久磁钢，型号为 SY）。

2）特点。

① 直流伺服电动机的机械特性和调节特性均为直线（当然，这里没考虑摩擦阻力等非线性因素，因此实际曲线还是略有弯曲的）。

② 调节的范围也比较宽。

它的缺点是有换向器，有火花，维护不便。

普通直流伺服电动机的额定功率一般在 600 W 以下（也有达几 kW 的）。额定电压有6V、9V、12V、24V、27V、48V、110V 和 220V 几种。转速可达 1500～6000 r/min，时间常数低于 0.03s。

（2）小惯量直流伺服电动机

1）结构。小惯量电动机的转子与一般直流电动机的区别在于：第一，其转子是光滑无槽的铁心，用绝缘粘合剂直接把线圈粘在铁心表面上，如图 4-21 所示；第二个区别是转子长而直径小。由于电枢没有齿和槽，也不存在轭部磁密的限制，这样，对同样磁通量来说，磁路截面积（即电枢直径与长度的乘积）就可缩小，所以细小的电枢可以得到较小的转动惯量（电动机的转动惯量与转子的直径二次方成正比，一般直流电动机电枢由于磁通受到齿截面的限制而不能做得很小）。

小惯量电动机的定子结构采用如图 4-22 所示的方形，这提高了励磁线圈放置的有效面积。但由于是无槽结构，气隙较大，励磁和线圈匝数较多，故损耗大，发热严重。为此采取的措施是在极间安放船形挡风板，增加风压，使之带走较多的热量，而线圈外不包扎成赤裸线圈。

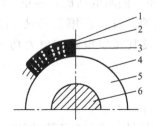

图 4-21 小惯量电动机的转子

1—环氧无纬玻璃丝带 2—高强度漆包线 3—层间绝缘
4—对地绝缘 5—转子铁心 6—转轴

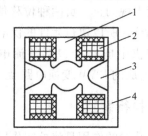

图 4-22 小惯量电动机的定子

1—磁极 2—励磁线圈 3—船形挡风板 4—机座壳

2）特点。其优点如下。

① 转动惯量小，约为一般直流电动机的十分之一。

② 由于电枢反应比较小，具有良好的换向性能，机电时间常数只有几毫秒（机电时间常数是电动机动态特性的一个重要参数）。

③ 由于转子无槽，故电气机械均衡性好，尤其在低速时运转稳定、均匀且无爬行现象。

④ 最大转矩为额定值的 10 倍。

其不足之处如下。

① 这类电动机的热容量较小，热时间常数较小，容许过载的持续时间不能太长，一般为1s左右。假如过载时间稍长电枢绕组就易烧坏，而且电枢绕组损坏后，很难修复。

② 由于电动机转动惯量小，而机床的转动惯量大，两者之间必须经过齿轮传动才能匹配，因而需要精密的齿轮箱传动，且不同尺寸的电动机又需要不同的齿轮，因此造成齿轮箱往往比它的驱动电动机还要昂贵。

③ 电刷磨损较快，系统调整麻烦。

（3）宽调速直流伺服电动机

1）结构。宽调速直流伺服电动机的结构与一般的直流电动机相似，按励磁方法不同可分为电励磁和永久磁铁励磁两种。电励磁的特点是励磁量便于调整，易于安排补偿绕组和换向器，所以电动机的换向性能好、成本低，在较宽的速度范围内得到恒转矩特性。永久磁铁励磁一般无换向极和补偿绕组，其换向性能受到一定限制，但它不需要励磁功率，因此效率较高，并且电动机低速时输出较大转矩。此外，这种结构的温升低，电动机直径可以做得小一些，加上永磁材料性能在不断提高，成本也逐渐下降，所以这种结构用得较多。

永久磁铁励磁的直流伺服电动机，定子采用矫顽力高、不易去磁的永磁材料，转子直径大并且有槽，因而热容量大。结构上又采取了凸极式和隐极式永磁电动机磁路的组合，提高了电动机气隙磁密。在电动机转子轴端部通常装有低纹波（纹波系数一般在2%以下）测速电动机。这类电动机中具有代表性的产品如日本富士通公司 FANUC 电动机。

2）特点如下。

① 高转矩。在相同的转子外径和电枢电流的情况下，由于其设计的转矩系数较大，所以产生的转矩也较大，从而使电动机的加速性能和响应特性都有显著的改善。在低速时输出较大的转矩，应用在数控机床上可以不经减速齿轮而直接去驱动丝杠，从而避免由于齿轮传动中间隙所产生的噪声、振动及齿隙造成的误差。

② 过载能力强。由于转子热容量大，因此热时间常数大，又采用了耐高压的绝缘材料，所以允许过载转矩达5～10倍，电动机转矩惯性比就大。

③ 动态响应好。由于电动机定子采用了矫顽力很高的永磁材料，这种材料可使电动机电流过载 10 倍而不会去磁，这就显著地提高了电动机的瞬时加速转矩，改善了动态响应。由于无励磁绕组，使电动机发热减少，温升下降。

④ 调速范围宽，运转平稳。由于电动机的机械特性和调节特性的线性度好，低速能输出较大的转矩，电动机转子直径较大，电动机槽数和换向片数可以增多，使电动机的输出转矩波动减小，所以调速范围宽且运转平稳。

⑤ 易于调试。由于电动机转子的转动惯量接近于一般直流电动机，转动惯量较大，调试时外界负载的转动惯量对伺服系统的影响比较小，因而容易与机床匹配，工作稳定，所以

能在不增加负载转动惯量的情况下预调，对于每台机床不必逐个调整伺服系统。

2. 交流伺服电动机

（1）普通交流伺服电动机

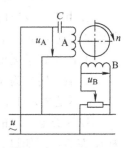

图 4-23　交流伺服电动机的电路图

1）结构。普通交流伺服电动机实际上是一种两相感应电动机，在结构上主要由定子部分和转子部分组成。其中定子的结构与旋转变压器的定子基本相同，即在定子铁心中也安放着空间互成 90°电角度的两相绕组，其中一组为励磁绕组 A，另一组为控制绕组 B。运行时，励磁绕组 A 始终加上一定频率的交流励磁电压（其频率通常有 50Hz或 400Hz 等几种），控制绕组 B 则接上交流控制电压。常用的一种控制方式是在励磁回路串接电容 C，如图 4-23 所示，这样控制电压在相位上（亦即在时间上）与励磁电压相差 90°。

交流伺服电动机的转子通常有笼型和空心杯式两种。笼型（如 SL 型）交流伺服电动机的转子与普通笼型转子有两点不同：一是其形状细而长（为了减小转动惯量），二是其转子导体采用高电阻率材料（如黄铜、青铜等），这是为了获得近似线性的机械特性。空心杯转子（如 SK 型）交流伺服电动机，它是用铝合金等非导磁材料制成的薄壁杯形转子，杯内置有固定的铁心。这种转子的优点是惯量小，动作迅速灵敏，缺点是气隙大，因而效率低。

2）工作原理。当定子的两个在空间上相差 90°的绕组（励磁绕组和控制绕组）里通以在时间上相差 90°电角度的电流时，两个绕组产生的综合磁场是一个强度不均匀的旋转磁场。在此旋转磁场的作用下，转子导体相对地切割着磁力线，产生感应电动势，由于转子导体为闭合回路，因而形成感应电流。此电流在磁场作用下，产生电磁力，构成电磁转矩，使伺服电动机转动，其转动方向与旋转磁场的转向一致。分析表明，增大控制电压，将使伺服电动机的转速增加；改变控制电压极性，将使旋转磁场反向，从而导致伺服电动机反转。

3）特点。交流伺服电动机的主要特点是结构简单，转动惯量小，动态响应速度快，运行可靠，维护方便。但它的机械特性与调节特性线性度差，效率低，体积大，所以常用于小功率伺服系统中。国产的 SL 系列，电源频率为 50Hz 时，额定电压有 36V、110V、220V 和 380V 等几种；电源频率为 400Hz 时，额定电压有 20V、26V、36V 和 115V 等几种。

（2）三相永磁伺服电动机　三相永磁同步伺服电动机是目前应用最多的高性能交流伺服电动机。从结构上看，其定子有齿槽，内有三相绕组，形状与普通感应电动机的定子相同，它的转子用强抗退磁的永久磁铁构成，形成励磁磁通。因此，这种电动机无需励磁电源，效率高。三相永磁同步伺服电动机在转子上安置永久磁铁的方式有两种：一种是将成形永久磁铁装在转子表面，即所谓外装式；另一种是将成形永久磁铁埋入转子里面，即所谓内装式，如图 4-24 所示。

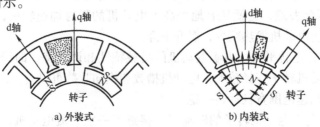

a) 外装式　　　　　　　b) 内装式

图 4-24　永久磁铁在转子上的安装法

根据永久磁铁安装在转子上方法的不同，永久磁铁的形状可分为扇形和矩形两种，从而有如图 4-25 所示的三相永磁同步伺服电动机转子的构造。

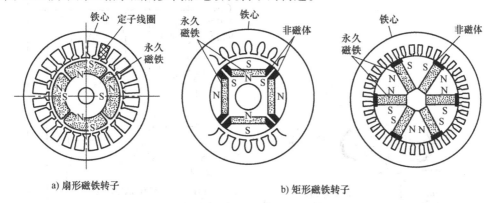

a) 扇形磁铁转子　　　　　　　　　　b) 矩形磁铁转子

图 4-25　三相永磁同步伺服电动机转子的构造

图 4-25a 扇形磁铁构造的转子具有电枢电感小、齿槽效应转矩小的优点。但易受电枢反应的影响，且由于磁通不可能集中，气隙磁密低，电动机呈现非凸极特性。

图 4-25b 矩形磁铁构造的转子呈现凸极特性，电枢电感大，齿槽效应转矩大。但磁通可集中，形成高磁通密度，故适用于大容量电动机。由于电动机呈现凸极特性，可以利用磁阻转矩。此外，这种转子结构的永久磁铁不易飞出，故可适合于高速运转。

三相永磁同步伺服电动机在正常工作时，应配有磁极位置检测器（传感器），以便于起动时控制住起始位置。

位置传感器可以用旋转变压器，也可用光电编码器。如果采用粗、精复合位置检测，可采用廉价的霍尔元件进行粗检测，而用高分辨率的光电编码器进行位置精检测。

4.3　小功率晶闸管交流调压位置随动系统实例读图分析

交流位置随动系统是以交流伺服电动机为执行元件的控制系统，由于近年来新型功率电子器件、新型的交流电动机控制技术等的重要进展，这种类型的位置随动系统取得了突破性的进展。图 4-26 是一个小功率晶闸管交流调压位置随动伺服系统，下面分析该系统的组成及工作原理。

4.3.1　系统组成

1. 被控对象——交流伺服电动机

交流伺服电动机 SM 的定子为空间位置相差 90°的两相绕组 A 和 B，A 为励磁绕组，B 为控制绕组。在励磁绕组 A 的回路中串接了电容 C_1，使励磁电流和控制电流在时间上相差 90°电角度，励磁绕组 A 通过变压器 T_1 由 115V、400Hz 的交流电源供电，控制绕组通过变压器 T_2 经交流调压电路（主电路）接于同一交流电源。

2. 主电路——单相双向晶闸管交流调压电路

随动系统的位置偏差可能为正，也可能为负，要消除位置偏差，必须要求伺服电动机能正、反两个方向运行。因此，本系统的供电电路采用单相双向晶闸交流调压电路（与交流

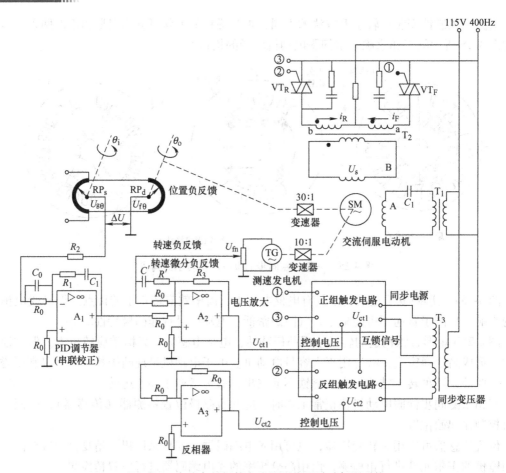

图 4-26 小功率晶闸管交流调压位置随动伺服系统

伺服电动机对应），它是由 VT_F 和 VT_R 组成的正、反两组供电电路。

当 VT_F 导通工作时，变压器 T_2 的一次绕组 a 便有电流 i_F 通过，电源交流电压经变压器 T_2 变压后提供给控制绕组，使交流伺服电动机正转（设为正转）；反之，当 VT_R 导通工作时，变压器 T_2 的一次绕组 b 将有电流 i_R 流过，电源交流电压经变压器 T_2 变压后提供给控制绕组，使交流伺服电动机反转。

3. 触发电路

系统中触发电路有正、反两组，其作用是为 VT_F、VT_R 提供触发脉冲。由同步变送器 T_3 提供同步信号电压。如图 4-26 所示，引脚①、③为正组触发输出，送往 VT_F 门极；引脚②、③为反组触发输出，送往 VT_R 门极；引脚③为公共端。

在主电路中，VT_F、VT_R 不能同时导通，因此，在正、反两组触发电路中要增设互锁环节，以保证在任意时刻，只可能一组发生触发脉冲。

4. 控制电路

1）给定信号。位置给定量为 θ_i，通过伺服电位器 RP_s 转换为电压信号 $U_{g\theta} = K\theta_i$。

2）位置负反馈环节。系统的输出量是 θ_o，通过伺服电位器 RP_d 转换为电压信号 $U_{f\theta} = K\theta_o$。$U_{f\theta}$ 与 $U_{g\theta}$ 极性相反，因此是位置负反馈，偏差电压输入信号为 $\Delta U_\theta = U_{g\theta} - U_{f\theta}$

$= K (\theta_i - \theta_o)$。

3）位置调节器与电压放大器。位置调节器 A_1 为 PID 调节器，是为改善随动系统动、静态性能而设置的串联校正环节，其输入信号是 ΔU_θ，输出信号到电压放大器 A_2 的输入端，A_2 输出信号是正组触发电路的控制电压 U_{ct1}，增设反相器 A_3 可得到反组触发电路的控制电压 U_{ct2}。

4）转速负反馈和转速微分负反馈环节。有时为了改善系统动态性能，减小位置超调量，还增设转速负反馈环节。U_{fn} 为转速负反馈电压，它主要用来限制速度过快，亦即限制位置对时间的变化率（$\omega = \mathrm{d}\theta/\mathrm{d}t$）过快。另外，$U_{fn}$ 另一路还经 C' 和 R' 反馈回输入端，形成转速微分负反馈环节，限制加速度（$\mathrm{d}n/\mathrm{d}t$）过大。

5）为避免参数之间互相影响，在系统设计时使位置负反馈构成外环，信号在 PID 调节器 A_1 输入端综合；在转速负反馈和转速微分负反馈构成内环，信号在电压放大器 A_2 输入端综合。

4.3.2 系统组成框图

根据系统的组成环节及信号传递关系，可画出该系统的组成框图如图 4-27 所示。

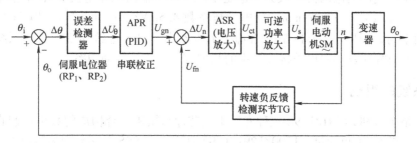

图 4-27 小功率晶闸管调压位置随动系统组成框图

4.3.3 系统工作原理

在稳态时，$\theta_o = \theta_i$，$\Delta U_\theta = 0$，$U_{ct1} = U_{ct2} = 0$，VT_F 与 VT_R 均关断，$U_s = 0$，电动机停转。当输入量不断变化时，输出 θ_o 也跟随变化，小功率晶闸管调压位置随动系统的自动调节过程如图 4-28 所示。

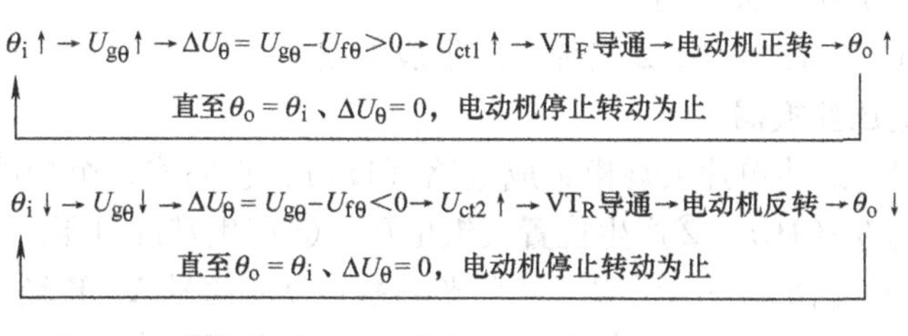

$$\theta_i \uparrow \to U_{g\theta} \uparrow \to \Delta U_\theta = U_{g\theta} - U_{f\theta} > 0 \to U_{ct1} \uparrow \to VT_F 导通 \to 电动机正转 \to \theta_o \uparrow$$
直至 $\theta_o = \theta_i$、$\Delta U_\theta = 0$，电动机停止转动为止

$$\theta_i \downarrow \to U_{g\theta} \downarrow \to \Delta U_\theta = U_{g\theta} - U_{f\theta} < 0 \to U_{ct2} \uparrow \to VT_R 导通 \to 电动机反转 \to \theta_o \downarrow$$
直至 $\theta_o = \theta_i$、$\Delta U_\theta = 0$，电动机停止转动为止

图 4-28 小功率晶闸管调压位置随动系统的自动调节过程

4.4 L290/L291/L292 芯片控制的位置随动系统实例读图分析

近几年来，随着电力电子技术的发展、微机功能的提高及外围电路元件专用集成器件的

不断出现，高性能的、数字式直流位置随动系统的实现成为可能。图 4-29 给出了由 L290/L291/L292 三种集成芯片与微机组合构成的数字式直流位置随动系统原理图。

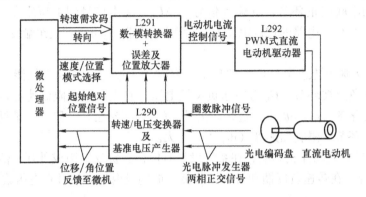

图 4-29　由 L290/L291/L292 与微机组合构成的数字式直流位置随动系统原理图

4.4.1　系统的技术参数

该随动系统使用的电动机参数为：额定电压 18V，最高工作电流 2A，电枢电阻 5.4Ω，电感 5.5mH，空载转速 3800r/min，反电动势系数 4.5mV/（r·min^{-1}）；PWM 功率放大电路的工作频率约 22kHz。这个控制电路若用于机器人、机床进给等较大功率系统时，通过 L292 最后一级 PWM 驱动器可外接大功率的晶体管，以扩大驱动功率。

4.4.2　系统的组成

本系统是由 L290/L291/L292 三种专用集成芯片与微机组合构成的数字控制直流位置随动系统。微机是 8031 单片机，L290/L291/L292 是意大利 SGS 公司专门为直流电动机控制设计的芯片，其中 L290 为转速/电压变换器加基准电压发生器，L291 为数-模转换加速度/位置调节放大器，L292 为 PWM 式直流电动机驱动器。

由图 4-29 看出，微处理器发出的控制指令送至 L291（其内设 D-A 转换器及误差放大器），L291 产生的控制电压去驱动 L292 开关式直流电动机驱动器。安装在电动机轴上的光电脉冲发生器产生的信号由 L290 的转速/电压变换器处理，产生的转速和位置反馈信号送至 L291，直线位移/轴角位置反馈信号送至微处理器，从而构成微处理器控制的模块化直流电动机位置随动系统，如图 4-30 所示。

下面着重介绍 L290/L291/L292 三种专用集成电路。

1. L290 转速/电压变换器

L290 是 16 脚塑料封装单片大规模集成电路（LSI），它完成 3 个功能：①f/U 变换器产生测速电压反馈信号 TACHO。②产生位置反馈电压。③产生基准电压。

下面对 L290 的功能做进一步说明。来自光电编码盘的信号 A、B 经 R_1、C_2 和 R_3、C_4 组成的滤波电路滤波后送入 L290，变成 FTA 和 FTB（FTA 和 FTB 与 A 和 B 一样是两路正交的正弦信号，其频率表示电动机的旋转速度，FTA 和 FTB 的相位关系表示电动机的旋转方向），而自光电编码盘的信号 O 经滤波后变成 FTF（它是光电编码盘每转一圈产生的一个脉冲的圈脉冲信号）。FTA 和 FTB 由放大器 A_1 和 A_2 放大后产生 U_{AA} 和 U_{AB}，经外接 RC 网络（R_4C_4、R_5C_5）微分，变成信号 U_{MA} 和 U_{MB}（与原信号 U_{AA} 和 U_{AB} 间有了相移，且 U_{MA} 和 U_{MB}

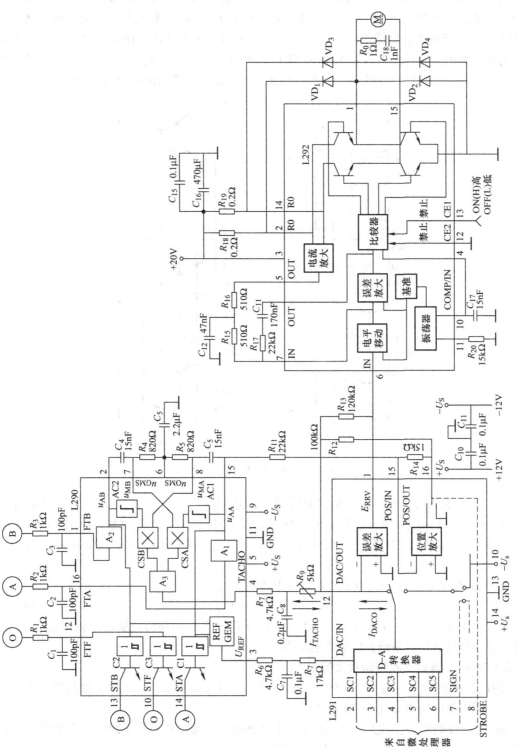

图 4-30 由 L290/L291/L292 组成微机控制的直流伺服系统

幅值与电动机转速成正比），分别送至两个乘法器的输入端。两个乘法器的另一输入端分别为 U_{AC1} 和 U_{AC2}（它们是由 U_{AB} 和 U_{AA} 经比较器后得到的）。两个乘法器的输出在运算放大器 A_3 中求和从而获得测速反馈信号 TACHO，完成 f/U 变换器的功能。图 4-31 表示了在正转和反转时各点波形。测速反馈信号 TACHO 经 L290 的 4 脚输出，滤波后（R_7、C_8），通过 L291 的 12 脚到误差放大器与速度给定（L291 中 D-A 转换器的模拟输出）进行比较。

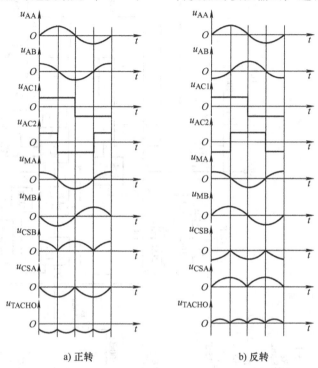

a) 正转　　　　　　　　　b) 反转

图 4-31　正转和反转时各点波形

L290 还将交流信号 FTA、FTB、FTF 信号经转换电路 C_1、C_2、C_3 变成三个方波脉冲信号 STA、STB、STF 送给 MCU。其中 STA 和 STB 供位置跟踪用；STF 供初始化用，以确定绝对位置的原点。同时 L290 还经 15 脚输出 U_{AA} 作为位置反馈电压信号送至 L291 中位置放大器的输入端。

L290 还为 L291 产生一个基准电压，此基准电压为

$$U_{REF} = |U_{AA}| + |U_{AB}| \tag{4-12}$$

由于测速电压也是由 U_{AA} 和 U_{AB} 产生的，因此系统有自动补偿功能，使输入电平波动、温度变化和器件老化对系统性能的影响减小。

2. L291D-A 转换器和误差放大器

L291 是 16 脚塑料封装 LSI 电路，主要由 5bit 的 D-A 转换器、误差放大器和位置放大器组成。使用电源电压为 ±（10～15）V。

5bit 的 D-A 转换器接收从 MCU 来的二进制数码（参考电压取自 L290），产生双极性输出模拟电流，其极性由输入的 SIGN 决定。最大输出电流为

$$I_{FS} = \pm 31 I_{REF}/16 \tag{4-13}$$

式中，I_{REF} 为基准电流。

该 D-A 转换器最大线性误差为 $\pm 1/2$ LSB，即最大输出的 $\pm 1.6\%$。输入数码与输出电流 I_o 的转换关系见表4-2。

表4-2 D-A 转换表（低电平有效）

输入数码						输出电流
SIGN	SC5（MSB）	SC4	SC3	SC2	SC1（LSB）	I_o
L	L	L	L	L	L	$-31I_{REF}/16$
L	H	H	H	H	H	$-I_{REF}/16$
×	H	H	H	H	H	O
H	H	H	H	H	L	$+I_{REF}/16$
H	L	L	L	L	L	$+31I_{REF}/16$

从 MCU 来的速度指令信号经 D-A 转换器转换为模拟量，与从 L290 来的测速反馈信号 TACHO 在误差放大器（速度调节器）中比较，产生电动机的驱动信号 E_{RRV}，送至 L292。速度调节器的参数（增益）可由外接电阻 R_{13} 整定，为了得到良好的稳定性，速度调节器闭环增益应等于或大于 20dB。用 7 脚从 MCU 接收 SIGN 信号来控制电动机的转向。

位置放大器将从 L290 的 15 脚（经 R_{11}）引来的位置反馈电压信号 U_{AA} 放大后，是否输出，由 8 脚的 STROBE 信号决定。当 8 脚的 STROBE 为低电平时，位置放大器输出接至 L291 的 16 脚，再通过外接电阻 R_{12} 作为误差放大器的输入，系统工作于位置闭环工作方式；当 8 脚的 STROBE 信号为高电平时，则系统为位置开环方式，即仅速度闭环控制，此时 16 脚接地。位置放大器的位置增益可单独调整（即调节 R_{11}、R_{12}、R_{14}）。

3. L292 开关式直流电动机驱动器

L292 是 15 脚塑封的智能功率集成电路，其内部有一个功率跨导放大器，组成 PWM 电流环，向直流电动机提供双向的电枢电流与输入（6 脚）的 E_{RRV} 信号成正比。其功能是：①形成脉宽调制方波（PWM）。②有 H 型功率放大电路，使用单电源。③形成电流闭环。

L292 内部的振荡器产生一定频率的三角波，通过外接 R_{20}（可调电位器）将频率调整为 20～30Hz（视电动机工作性能而定）。L292 的 6 脚输入由 L291 送来的双向直流驱动信号，经电平移动（使电路在单电源 18～36 V 作用下，实现电动机可逆运行），放大后与三角波（C_{17} 上的电压）在比较器进行比较，产生两组 PWM 控制信号，加到 H 型功率放大电路。L292 还具有两个逻辑使能端，对这两组 PWM 信号输出级有封锁功能，利用 12 和 13 脚不同组合来封锁输出。仅 12 脚为低电平、13 脚为高电平，系统才能正常工作，其余组合状态均为封锁。

L292 本身的最大驱动能力为 2A、36 V，但如果 L292 外接 H 型功率放大电路（见图 4-30），可使其最大驱动能力达到 50A、150V 左右。电动机两端电压与 6 脚输入的驱动控制信号成正比。为了避免 H 型功率放大电路的两个桥臂出现上下两管同时导通（简称直通），造成电源短路、芯片损坏的事故，实际上末级是由两个比较器构成窗口比较器，接收控制电压和振荡器三角波信号，两个比较器输出的 PWM 信号有一定的时延。该时延时间常数 τ 的大小由 10 脚外接电容器 C_{17} 和内部电阻的 R_T 乘积决定。如图 4-30 所示，$C_{17} \approx 15nF$，$R_T \approx 1.5 k\Omega$，则 $\tau = 2.25\mu s$。当使用多个 L292 驱动多台直流电动机同步运行时，此 R_T 网络应有正确接法，以避免产生开关噪声及互调问题。

L292 设置有电流检测（R_{18}、R_{19} 用作电流检测电阻）和电流调节器（R_{17}、C_{13} 构成 PI 电流调节器的反馈阻抗）组成的电流闭环。由 R_{18}、R_{19} 检测到的电流信号经电流放大器和反馈滤波器（R_{15}、R_{16}、C_{12}）由 L292 的 7 脚输入到误差放大器（电流调节器），与电平移动的输出信号进行比较，再去控制比较器使脉宽产生相应的变化。电流调节器的参数可从外接电路调整。

除此之外 L292 还设置有过载保护、电源欠电压保护等。

4.4.3　由 L290、L291 和 L292 组成的直流位置伺服系统的工作原理

在此位置伺服系统中，与直流伺服电动机共轴的一台光电编码盘输出的交流信号，一路通过 L290 产生测速反馈信号（4 脚）和位置反馈信号（15 脚），送给 L291，另一路通过 L290 产生位移 – 方向信号 STA、STB、STF，送给 MCU。在该系统中，MCU 与 L290、L291 的连接线是 10 条 I/O 线：7 条输出（与 L291 相连）和 3 条输入（与 L290 相连）。其中给 L291 的是 5bit 速度指令码（CS1～CS5）、转向设置信号 SIGN 和速度/位置工作方式选择信号 STROBE，从 L290 来的 3 条输入信号是 STA、STB、STF。

为了跟踪电动机实际位置，MCU 以 STA 计数，测量实际的位移量，并以 STA 和 STB 之间的相位关系来判别方向，常用方法是以 STA 作为中断输入，1 个中断服务程序将 STB 采样，由相位差决定计数是加还是减。MCU 根据目标位置和运动方向，通过运算决定每个运动的最佳速度曲线，以简单、合适的指令，通过 7 条数据线，控制 L291。

对于每一个运动，MCU 根据事先设定的位置值与当前实际位置值的比较结果，计算出位移，确定正确的运动方向，即可起动系统。系统起动初始时，首先工作于位置开环（速度闭环）控制方式。MCU 向 L291 发出最高速度的指令码（若位移指令的距离很短，设定的速度可能要低一些），在 L291 内产生一个电压控制信号，驱动 L292 带动 H 型功率放大电路，给电动机提供斩波电压。电动机以最高允许峰值电流起动，使电动机加速至设定转速。借助 STA 中断服务程序，使工作平台逐步接近目标。然后逐步减小速度指令码，电动机进入制动状态。最后 L291 进入位置闭环控制方式，实现精确定位。图 4-32 给出此过程的转速和电流变化。

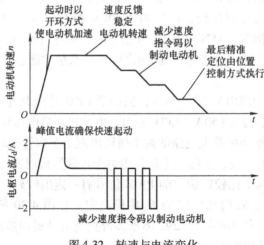

图 4-32　转速与电流变化

4.4.4　系统的特点

从本直流伺服系统的结构来看，它是由电流调节器、速度调节器和位置调节器构成，即所谓的三环结构。这种系统控制参数多，计算复杂，要求极高的运算、数据处理能力，全部采用数字微机控制有一定的困难。因此，本系统实际上采用模数混合控制方式，即电流环、速度环采用模拟控制，位置外环采用微机控制。

本系统充分利用廉价的大规模智能化功率集成芯片 L290/L291/L292，灵活地构成直流模拟式/数字式小型、高可靠性和高性能的 PWM 伺服系统（功率电路采用性能优良的功率晶体管 PWM 功率电路），使用微机和可编程接口来实现伺服系统的全部功能。这种数字式位置随动系统，控制手段先进，系统结构简化，能满足高精度的伺服性能要求。

（1）位置随动系统的特点如下。

1）输出量为位移，而不是转速。

2）位置随动系统的主要矛盾是输入量在不断地变化着，而调速系统的主要矛盾是负载的扰动作用。位置随动系统的典型输入量为单位斜坡信号，而调速系统的典型输入量则为单位阶跃信号。

3）位置随动系统的供电线路都应是可逆电路，以便伺服电动机可以正、反两个方向转动，来消除正或负的位移偏差，而调速恒值控制系统则不一定要求可逆电路。

（2）位置随动系统的反馈回路　随动系统的主反馈（外环）为位置负反馈（位置环），它的主要作用是消除位置偏差。在要求较高的系统中还增设转速负反馈或转速微分负反馈（速度环）作为局部反馈（内环），以稳定转速和限制加速度，改善系统的稳定性。此外还有电流负反馈（电流环），以限制最大电流。

（3）随动系统的校正环节　由于随动系统的输出是位置量 θ，调速系统的输出是速度 n，随动系统比调速系统多一个积分环节 $[\theta(s)/N(s)=2\pi/60s]$，所以系统的稳定性明显差于调速系统，很容易形成振荡；因此通常都采用 PID 调节器，通过增设输入顺馈补偿和扰动顺馈补偿，来减小系统的动态和稳态误差。

4-1　交流伺服电动机和直流伺服电动机在结构、性能（调速范围、快速性）和用途等方面有什么区别？

4-2　在位置随动系统中，有开环系统、半闭环系统和闭环系统，试说明它们之间的区别，并各举一个控制实例。

4-3　数字式位置随动系统的优点有哪些？如何实现？

4-4　如果角差检测装置只能检测角差的大小，而不能分辨它的极性，则位置随动系统将会出现怎样的情况？

4-5　用了转速负反馈和转速微分负反馈后，位置随动系统的快速性是否会受到影响？为什么？

4-6　既要检测角位移，又要检测转速，应选用哪种类型的编码器？

4-7　数控机床的控制系统，属于哪种类型的控制系统？

4-8　为什么高精度的位置随动系统必须配有高精度的位置检测元件？

练习题

4-9 位置随动系统由哪几部分组成？分述各部分的功能。

4-10 常用的位置检测装置有哪几种？各有何优点？其测量精度如何保证？用于什么场合？

4-11 伺服电动机在结构和性能上与普通电动机有什么不同？

4-12 自整角机是如何测量角位移的？

4-13 试述感应同步器工作在鉴相状态的工作原理。

4-14 试述直流 PWM 伺服系统的工作原理。

4-15 试述由 L290/L291/L292 组成的数字直流 PWM 位置伺服控制系统原理及各组成部分功能。

4-16 位置随动系统在构造上和控制特点上与调速系统有哪些主要区别？

读图训练

4-17 图 4-33 为某位置随动系统的电路图，试画出此控制系统的组成结构框图，并分析系统的工作原理。

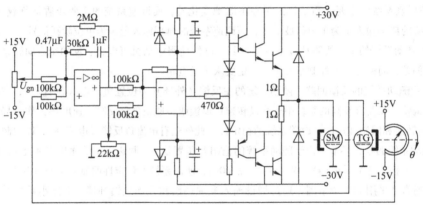

图 4-33 位置随动系统电路图

4-18 图 4-34 为由 L292 构成的双闭环转速控制电路，是一个由专用集成控制芯片 L292 构成的自动控制系统。试分析：

1）由 IC₁ 构成的电路是什么环节，它的输入和输出信号是什么？此环节起什么作用？

2）由 IC₂ 构成的电路是什么环节，它的输入和输出信号是什么？此环节起什么作用？

3）这是一个什么系统？

【提示：本电路是具有转速负反馈、电流负反馈的双闭环速度控制系统。IC_1 为速度调节器，调节 RP_1 可改变转速给定信号，调节 RP_2 可改变电流反馈信号，测速发电机提供转速反馈信号。主电路通过 L292 内部的电流检测放大环节，由 5、7 脚间外接滤波电路输入 IC_2。伺服电动机参数：$U_d = 20V$，$I_{d\,max} = 2A$，$n_o = 3800r/min$，$R_a = 50\Omega$，$L_a = 5mH$。此电路可用于小功率电动机速度控制场合，如自动化仪表、工业机器人等。】

4-19 图 4-35 为某位置随动系统电路图，请回答下列问题：

1）试分析此系统的工作原理；

2）分析各单元和各元件的作用（包括 A_1、A_2、A_3 和 A_4 四个运放器的作用）；

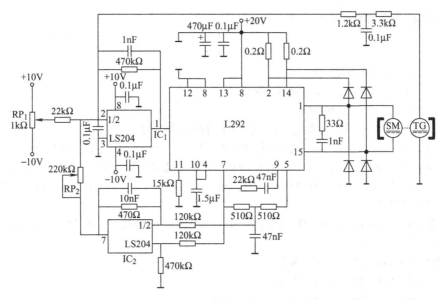

图 4-34　由 L292 构成的双闭环转速控制电路

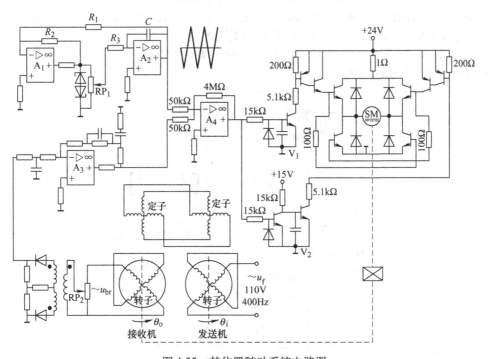

图 4-35　某位置随动系统电路图

3）分析伺服电动机 SM 供电电路的工作情况，它是怎样实现可逆运转的？

4）图中电压放大器 V_2 和 V_1 的电路有什么差别，为什么？

5）画出直流信号电压与三角波比较后产生的方波波形图。

【提示：

1）由运算放大器 A_1、A_2 及有关阻容元件构成的电路为三角波发生器。其中 A_1 为基型迟滞比较器，产生方波（请注意 A_1 与 A_2 的输入端）；A_2 为反相积分器，它与 A_1 共同构成正反馈回路，形成自激振荡，A_2

输出对称三角波，三角波的频率为 f_s，有

$$f_s = \frac{R_2 \alpha}{4R_1 R_3 C}$$

式中，α 为电位器 RP_1 的分压比。

调节电位器 RP_1，即可调节三角波的振荡频率。

2）图中 A_3 组成的电路为 PID 调节器。

3）图中 A_4 为电压比较器（反馈电阻阻值为 4MΩ，接近断路情况）。

4）图中的角位移检测元件，采用的是旋转变压器（外形像小电动机），它能检测角位移量。

5）旋转变压器输出的交流信号经电位器 RP_2 调节后，再经由变压器及两个二极管、三个电阻构成的相敏整流电路（整流后的电压极性能反映输入交流信号的正、反相位）变换成直流信号，作为角位移反馈信号，送往 PID 调节器。】

4-20 图 4-36 为集成控制器 SG1731 控制的单闭环 PWM-SM 系统原理图，请回答下列问题：

1）这是什么控制系统？

2）伺服电动机的最大供电电压是多少？

3）伺服电动机的最大供电电流是多少？

4）伺服电动机能否实现正、反可逆运行？为什么？

5）图中偏差放大器与外接阻抗构成哪种调节器？它的作用是什么？

6）此为单极式控制还是双极式控制？画出伺服电动机正转时（设电压为正）的电压波形。

7）本系统是开环控制还是闭环控制？是有静差还是无静差？

8）若要求将调制频率整定到 400Hz，最方便整定哪个参数？怎样调节？

9）画出系统的组成结构框图。

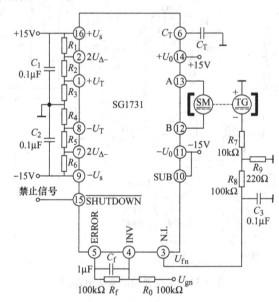

图 4-36 集成控制器 SG1731 控制的单闭环 PWM-SM 系统原理图

4-21 图 4-37 为 KSD-1 型小功率位置随动系统接线图，请回答下列问题：

1）本接线图有几个反馈环？分别是什么？

2）接线图采用的位置负反馈检测装置是什么？

3）本接线图中所有二极管器件的作用是什么？

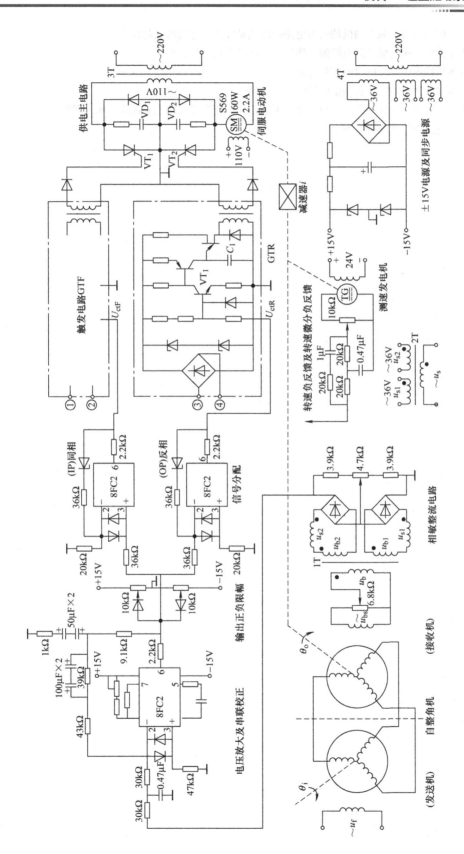

图 4-37　KSD-1 型小功率位置随动系统原理接线图

4）本接线图中直流伺服电动机的供电电路的形式是什么？它的特点是什么？

5）分析本接线图中相敏整流电路的工作原理。它的作用是什么？

6）分析本接线图中同步电源的工作原理。

7）分析本接线图中输出正负限幅电路的工作原理。

8）如果位置随动系统在工作中出现振动，可能是什么原因造成的？如何检查和处理？

9）画出本电路的组成结构框图。

交流异步电动机变频调速系统

内容提要

本模块先介绍了异步电动机变频调速系统中功率变频电路（变频电源）的类型、特点以及变频调速的基本控制方式，然后针对几种常用变频调速系统（如晶闸管电压源型和电流源型变频电源在 U/f 控制方式下的变频调速系统、IGBT-SPWM 变频电源在 U/f 控制方式下的变频调速系统）进行了重点讨论。最后，还介绍了通用变频器的结构、选择、运行等方面的内容。

5.1 交流调速系统的概述

5.1.1 交流调速系统的应用情况

电力传动调速控制系统分成直流调速系统和交流调速系统两类，在 20 世纪 80 年代以前，由于直流电动机的转速容易控制和调节，并且直流调速系统的动、静态性能和起动转矩都优于交流调速系统，所以直流调速系统一直占据调速系统的主要地位。但直流电动机本身存在机械换向、制造成本较高等问题，使得直流电动机维护不便，单机容量、最高转速及应用环境受到很大限制。

20 世纪 80 年代以后，随着电力电子技术、微电子技术、PWM 控制技术及控制理论的发展，加上交流电动机（特别是异步笼型电动机）本身的优越性（交流电动机具有转动惯量小、结构简单、制造容易、造价低廉、维护方便、坚固耐用、很少维修、运行可靠、适应复杂工作环境等特点，在单机容量、供电电压和速度极限等方面均优于直流电动机），促使交流调速技术不断发展与完善，到目前为止，交流调速系统的性能完全可以与直流调速相媲美、相竞争，这也使得交流调速系统的应用越来越广泛，现已经成为调速传动的主流，约占调速系统 90% 以上的份额，大有代替直流调速系统的趋势。

交流调速系统在国民经济中的应用主要体现在以下四个方面。

（1）以节能为目的，改恒速为调速的交流控制系统　由交流电动机拖动的水泵、风机、压缩机等类负载，其用电量占工业总用电量的 50% 以上。通过调速来改变风量或流量，节能效果将是非常可观的，且风机、水泵负载对调速性能的要求并不高，容易实现。

（2）高性能交流调速系统　随着矢量控制、直接转矩控制、解耦控制等交流控制技术的飞速发展，使交流调速系统的性能大大提高，可以获得和直流调速一样的高动态性能。

（3）特大容量、极高转速的交流调速系统 直流电动机受换向器的限制，其容量转速积不超过 $10^6 kW \cdot r/min$。而交流电动机不受此限制，其转速可达每分钟几万转。

（4）取代热机、液力、气动控制的交流调速系统 世界石油资源的衰竭、环境的污染促使了交流电动机车辆的发展，交流调速系统将会代替热机、液力、气动控制。

5.1.2 交流电动机调速的基本方法与特点

根据工作原理的不同，交流电动机又分成交流异步电动机和交流同步电动机两种。在国民经济的各个部门交流异步电动机的台数占到交流电动机的 80% 以上，单在工业生产领域，交流异步电动机也已占到 90% 以上的份额，所以本教材以介绍交流异步电动机调速系统为主。

交流异步电动机的转速方程式为

$$n = \frac{60f_1}{p}(1-s) = n_1(1-s) \tag{5-1}$$

式中，n 为电动机实际转速；f_1 为定子供电电源频率；s 为转差率，$s = (n_1 - n) / n_1$；p 为磁极对数；n_1 为定子旋转磁场的同步转速。

由异步电动机转速方程式（5-1）可知，交流电动机有三种调速方法，图 5-1 给出了不同调速方法的机械特性。

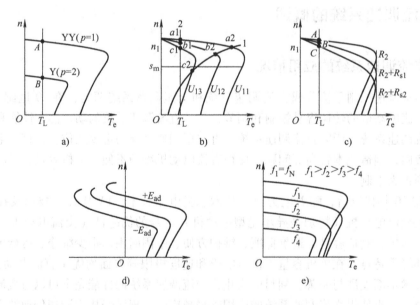

图 5-1 不同调速方法的机械特性

（1）变极调速 变极调速通过改变磁极对数 p 来调节交流电动机的转速。此种调速属于有级调速，转速不能连续调节，其机械特性如图 5-1a 所示。

变极调速只适用于变极电动机，在电动机制造时安装多套绕组，在运行时通过外部开关设备控制绕组的连接方式来改变磁极对数，从而改变电动机的转速。其优点是：在每一个转速等级下，具有较硬的机械特性，稳定性好。其缺点是：转速只能在几个速度级上改变，调速平滑性差；在某些接线方式下最大转矩减小，只适用于风机、泵类负载调速；电动机体积大，制造成本高。

（2）变转差率调速　变转差率调速即以改变转差率 s 来达到调速的目的。此种方法可通过以下几种方式实现。

1）调压调速：改变异步电动机端电压进行调速，其机械特性如图 5-1b 所示。

调压调速过程中的转差功率损耗在转子里或外接电阻上，效率较低，仅用于特殊笼型和绕线转子等小容量电动机调速系统中。由特性曲线看出，当电动机定子电压改变时，可以使工作点处于不同的工作曲线上，从而改变电动机的工作速度。降压调速的特点是：调速范围窄；机械特性软；适用范围窄。为改善调速特性，一般使用闭环工作方式，系统结构复杂。

2）转子串电阻调速：在转子外电路上接入可变电阻，以改变电动机的转差率实现调速，其机械特性如图 5-1c 所示。

串电阻调速适用于绕线转子异步电动机，通过在电动机转子回路中串入不同阻值的电阻，人为改变电动机机械特性的硬度，从而改变在某种负载特性下的转速。其优点是：设备简单、价格便宜、易于实现、操作方便，既可实现有级调速，也可实现无级调速。其缺点是：转差功率损耗在电阻上，效率随转差率增加而等比下降，在低速时机械特性软，静差率大。

3）转子串附加电动势调速（串级调速）：在异步电动机的转子回路中附加电动势，从而改变转差率进行调速的一种方式，其机械特性如图 5-1d 所示。

串级调速方式是转子回路串电阻方式的改进，基本工作方式也是通过改变转子回路的等效阻抗从而改变电动机的工作特性，达到调速的目的。实现方式是：在转子回路中串入一个可变的直流电动势 E_{ad}，从而改变转子回路的回路电流，进而改变电动机转速。相比于其他调速方式，串级调速的优点是：可以通过某种控制方式，使转子回路的能量回馈到电网，从而提高效率；在适当的控制方式下，可以实现低同步或高同步的连续调速。缺点是：只能适用于绕线转子异步电动机，且控制系统相对复杂。

4）应用电磁离合器调速（转差电动机）：在笼型异步电动机和负载之间串接电磁转差离合器，通过调节电磁转差离合器的励磁电流进行调速。

这种调速系统的优点：结构简单，价格便宜。缺点：在调速过程中转差能量损耗在耦合器上，效率低，仅适用于调速性能要求不高的小容量传动控制系统中。

（3）变频调速　变频调速是利用电动机的同步转速随频率变化的特性，通过改变电动机的供电频率进行调速的一种方法，其机械特性如图 5-1e 所示。

从特性曲线可以看出，如果能连续地改变电动机的电源频率，就可以连续地改变其同步转速，电动机的转速则可以在一个较宽的范围内连续地改变。从调速特性上看，变频调速的任何一个速度段的硬度均接近自然机械特性，调速特性好；如果能有一个可变频率的交流电源，就可以实现连续调速，且平滑性好。这种调速方法可适用于笼型电动机，因而应用范围广。

交流异步电动机作为电能与机械能转换的设备，最重要的性能之一是机械特性，由于变频调速在运行的经济性、调速的平滑性、调速的机械特性这几个方面都具有明显的优势，因此它是交流异步电动机比较理想的一种调速方法，也是交流调速的首选方法。

5.1.3 交流异步电动机调速系统的基本类型

以交流电动机作为控制对象来完成各种生产加工过程的装置叫交流调速系统，使用以上不同调速方法的交流调速系统可具体成变极调速系统、交流调压调速系统、绕线转子异步电动机转子串电阻调速系统、串级调速系统、电磁转差离合器调速系统、变频调速系统等。通过考察这些系统在调速时如何处理转差功率 $P_s = sP_m$（从交流异步电动机的工作原理知道：电动机从定子传入转子的电磁功率 P_m 可分成两部分，一部分 $P_d = (1-s)P_m$，是拖动负载的有效功率；另一部分 $P_s = sP_m$，是转差功率），是消耗掉还是回馈给电网，从而可衡量此系统效率的高低。一般按转差功率是否消耗，把交流调速系统分为三大类。

（1）转差功率消耗型调速系统　系统在能量传递过程中转差功率全部都转换成热能而消耗掉，比如降电压调速系统、电磁转差离合器调速系统、绕线转子异步电动机转子串电阻调速系统。这类调速系统效率最低，是以增加转差功率的消耗来换取转速的降低。但这类调速系统组成的结构最简单，在性能要求不高的小容量场合还有一定应用。

（2）转差功率回馈型调速系统　转差功率的一部分消耗掉了，大部分则通过变流装置回馈电网或者转化为机械能予以利用，转速越低时回收的功率也越多，比如绕线转子异步电动机串级调速属于这一类。用这种调速方法组成的系统效率最高，结构最复杂，不容易实现。

（3）转差功率不变型调速系统　这类系统中无论转速的高低，转差功率的消耗基本不变，比如变频调速、变极调速均属于这一类。其中变极对数 p 的调速方法，只能实现有级调速，应用场合有限。而变频调速方法效率很高，性能最优，应用最多、最广，能取代直流电动机调速，最有发展前途，是交流调速的主要发展方向，是 21 世纪的主流。

对比以上交流调速系统的效率、性能和结构，可以看出，随着电力电子器件及单片机的大规模应用，交流异步电动机变频调速系统已成为驱动交流异步电动机运行的首选系统，因此本教材将重点介绍交流异步电动机变频调速系统。

5.1.4 交流调速系统的主要性能指标

交流调速系统的主要性能指标是考评交流调速系统优劣的依据，在衡量交流调速系统性能好坏时应依据生产实践的需求，从技术和经济角度全面评价，下面介绍评价交流调速系统的技术性能指标。

（1）调速效率　无论何种应用，都希望调速效率越高越好，尤其是为了节能而采用的调速，对调速效率要求更加严格。调速系统的效率应该分为调速电动机本身的效率以及调速控制装置的效率两个部分，而通常由电力半导体构成的调速控制装置，效率都在 95% 以上，因此系统的效率重点表现在异步电动机上。

（2）调速平滑性　在调速范围内，以相邻两档转速的差值为标志，差值越小调速越平滑。调速平滑性这个指标表明系统可以获得的转速的准确度，通常用有级和无级来衡量。有级调速是阶梯型的，各个调速速度之间不连续；而无级调速则是直线型的，在调速范围之内，速度点之间是连续的，大多数生产实践都要求实现平滑性好的调速，这样可以满足各种生产条件的需求。

（3）调速范围　调速范围定义为最高转速与最低转速之比，但也可以反过来定义。调速范围应该依据实际生产需要科学地确定，不要盲目追求过大范围，因为扩大调速范围通常要付出技术和经济的代价。同时调速范围也受调速的方法约束，有些调速方法，例如改变磁极对数的调速方法或转差功率消耗型的调速方法，无论如何也不能将调速范围扩得很大。这里所说的调速范围（是指理论上能够达到的），是相对地越大越好。

（4）功率因数　调速系统的功率因数包含异步电动机和调速系统两个部分的功率因数，并希望功率因数接近于 1。

对于异步电动机，当转速下降时，输出机械功率 $P_d = (1 - s) P_m$ 减小，输入有功功率 P_1 也多随之减小，此时的异步电动机功率因数关键取决于励磁无功功率 Q_1 是否减小，如果 Q_1 不变，调速的功率因数必然降低，如果 Q_1 也减小，功率因数将得到改善。

调速系统的功率因数，主要与功率变频装置（变频主电路）的结构形式、控制电路的控制方式有关。功率变频装置（变频主电路）如采用晶闸管变频器，则功率因数较低；如采用 SPWM 变频器，则功率因数较高。

（5）谐波含量　调速系统中的电力电子装置都属于产生畸变的非线性电路，因此调速系统产生电流谐波是必然的。由于谐波对电动机和电源会产生不利影响，因此要求调速系统的谐波要小。

（6）调速的工作特性　调速的工作特性有两个方面：静态特性和动态特性。静态特性主要反映的是调速过程中机械特性的硬度。对于绝大多数负载来说，机械特性越硬，则负载变化时速度变化越小，工作越稳定。所以希望机械特性越硬越好。动态特性即在暂态过程中表现出来的特性，主要指标有两个方面：一是升速（包括起动）和降速（包括制动）过程是否快捷而平稳；二是当负载突然增、减或电压突然变化时，系统的转速能否迅速地恢复。

以上性能指标过于科学、严谨、专业化，对于大多数以节能为目标的用户和生产技术人员，简单、通俗的考评标准会更实用，为此，可以将上述的内容凝练成以下三性：①节能性。节能性主要考核调速系统的效率，平均不低于 85%。②可靠性。可靠性高的要求是电动机和控制装置的故障率低，过载能力强。③经济性。经济性高的表现是价格相对低廉，维护费用小，投资回收期短。

5.2　变频调速系统的基础知识

要实现交流电动机的变频调速，通常需要有一个合适的能改变交流电动机的定子供电电压频率的功率变频装置（变频主电路），也称为变频电源或变频器，另外，还需要有一套能够按一定控制方式对变频器实行控制的控制电路。不同类型的变频电源与不同控制方式的控制电路组成不同类型的变频调速系统。

5.2.1　功率变频装置（变频器/变频电源）的分类与特点

功率变频装置（变频主电路）即变频电源，也称为变频器。它的作用是将恒定频率（工频 50Hz）、恒定电压的交流电 CVCF 变成频率、电压均可调的交流电 VVVF 输出，拖动交流电动机实现无级变速。

变频器有两种类型：一种交-交变频器；另一种是交-直-交变频器。其中，交-交变频器没有明显的中间滤波环节，电网交流电被直接变换成频率和电压可调的交流电，又称为直接变频器。而交-直-交变频器先把电网交流电转换为直流电,经过中间滤波环节后,再进行逆变才能转换为变频变压的交流电,故又称为间接变频器。交-直-交变频器根据中间环节的不同又分为电流型和电压型。交-直-交变频器与交-交变频器的结构对比如图5-2所示。

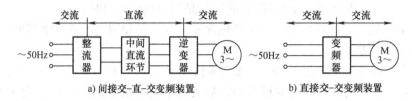

a) 间接交-直-交变频装置   b) 直接交-交变频装置

图5-2   交-直-交变频器与交-交变频器的结构对比

1. 交-交变频器

直接变频器电路由正、反晶闸管整流电路组合而成,在各整流组中,随触发延迟角 α 为固定或按正弦规律变化,输出的交流电有方波与正弦波两种波形。

(1)方波型交-交变频器

1)单相方波型交-交变频器。单相交-交变频主电路如图5-3a所示,图中负载由正组与反组晶闸管整流电路轮流供电,各组所供电压的高低由触发延迟角 α 控制。当正组供电时,负载上获得正向电压;当反组供电时,负载上获得负向电压。如果在各组开放期间 α 不变,则输出电压为矩形交流电压,如图5-3b所示。改变正反组切换频率可调节交流电的频率,而改变 α 的大小可调节矩形波的幅度,从而调节输出交流电压 U_{o} 的大小。

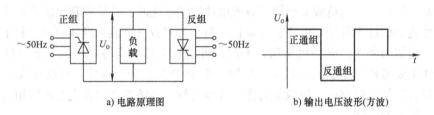

a) 电路原理图   b) 输出电压波形(方波)

图5-3   单相交-交变频主电路原理图及输出电压波形

2)三相方波型交-交变频器。图5-4为三相方波型交-交变频主电路原理图。该主电路由6组三相桥式整流电路组合而成,图中从左往右1、3、5组为整流电路的正组,4、6、2为反组。

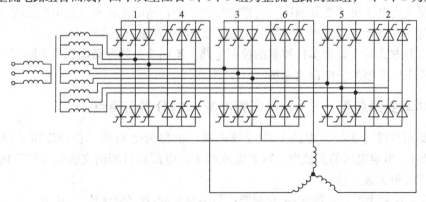

图5-4   三相方波型交-交变频主电路原理图

方波型交-交变频器的控制原理并不复杂，它的变频靠调节 6 个整流组的切换频率，变压靠调节晶闸管的触发延迟角 α 来完成，但其输出交流电频率只能在电网频率的 1/2 以下调节。方波型交-交变频器很少用于普通的异步电动机调速系统，而常用于无换向器电动机的调速及超同步串级调速系统。

（2）正弦波型交-交变频器　正弦波型交-交变频器的主电路与方波型的主电路相同，它可以输出平均值按正弦规律变化的电压，克服了方波型交-交频器输出波形谐波成分大的缺点，是一种实用的变频器。下面说明获得输出正弦波形的方法。

方波型交-交频器的某一整流组工作时，只要输出电压不需要调节，α 就是一个稳定值，该整流组的输出电压平均值就保持恒定。如果现在设法使 α 在某个正组整流工作时，由大到小再变大，如从 $2/\pi \rightarrow 0 \rightarrow 2/\pi$，这样必然引起整流输出平均电压由低到高再到低的变化，如图 5-5a 所示；而在正组逆变工作时，使 α 由小变大再变小，如从 $2/\pi \rightarrow \pi \rightarrow 2/\pi$，就可以获得图 5-5b 所示的平均值可变的负向逆变电压。这样交-交变频器的输出电压就按正弦波规律变化了。

正弦波交-交变频器的输出频率可以通过改变正反组的切换频率进行调整，而其输出电压幅度则可以通过改变 α 进行调整。

总之，交-交变频器由于其直接变换的特点，效率较高。但缺点是：①功率因数低。②主电路使用晶闸管数目多，控制电路较复杂。③变频器输出频率受到电网频率的限制，最大变频范围在电网频率 1/2 以下。

因此，交-交变频器一般只适用于球磨机、矿井提升机、大型轧钢设备等低速大容量拖动场合。

2. 交-直-交变频器

1）如果不考虑中间环节，依组成电路的元器件的类型与输出电压的形式，交-直-交变频器分成以下几种常用形式，如图 5-6 所示。

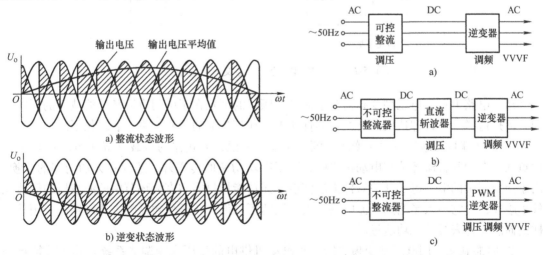

图 5-5　正弦波交-交变频主电路的输出电压波形

图 5-6　交-直-交变频器的几种常用形式

① 晶闸管可控整流电路调压、晶闸管逆变电路调频的变频器，有时也称晶闸管交-直-交变频器，电路结构如图 5-6a 所示。这种变频器调压和调频在两个环节上分别进行，其结构

简单，控制方便。但输入环节采用晶闸管可控整流器，当电压调得较低时，电网端功率因数低；而输出环节，用由晶闸管组成的三相六拍逆变器，每周换相六次，输出谐波较大，这是这类装置的主要缺点。

② 二极管不可控整流、斩波器调压、再用逆变器调频的变频器。这种变频器的电路结构如图 5-6b 所示。输入环节采用不可控整流器，只整流不调压，再增设斩波器进行脉宽直流调压。这样虽然多了一个环节，但输入功率因数提高了，克服了图 5-6a 装置功率因数低的缺点。由于输出逆变环节未变，仍有谐波较大的问题。

③ 二极管不可控整流、脉宽调制（PWM、SPWM）逆变器同时调压调频的变频器。有时也称 PWM 或 SPWM 交-直-交变频器，电路结构如图 5-6c 所示。其输入采用不可控整流器，则输入功率因数高；用全控型电力电子器件组成 PWM 逆变器，则输出谐波成分可以减少。这是当前最有发展前途的一种装置，详细分析见电力电子技术相关书籍。

2）当考虑中间环节时，依中间环节使用的元器件类型，交-直-交变频器分成电压型变频器和电流型变频器两种形式。

在交-直-交变频主电路中，中间直流环节若采用大电容滤波，直流侧直流电压波形比较平直，在理想情况下是一个内阻抗为零的恒压源，逆变输出交流电压是矩形波或阶梯波，这类变频装置叫作电压型变频器，如图 5-7a 所示。一般的交-交变频主电路虽然没有滤波电容，但供电电源的低阻抗使它具有电压源的性质，它也属于电压型变频器。

当交-直-交变频主电路的中间直流环节采用大电感滤波时，直流侧直流电流波形比较平直，因而电源内阻抗很大，对负载来说基本上是一个电流源，逆变输出交流电流是矩形波或阶梯波，这类变频装置叫作电流型变频器，如图 5-7b 所示。有的交-交变压变频装置用电抗器将输出电流强制变成矩形波或阶梯波，具有电流源的性质，它也是电流型变频器。

a) 电压型变频器   b) 电流型变频器

图 5-7　电压型、电流型交-直-交变频主电路

从主电路上看，电压型变频器和电流型变频器的区别在于中间直流环节滤波器的形式不同，但是这样一来，却造成两类变频器性能上存在相当大的差异，主要表现如下。

① 无功能量的缓冲。对于变压变频调速系统来说，变频器的负载（异步电动机）是感性负载，在中间直流环节与电动机之间，除了有功功率的传送外，还存在无功功率的交换。由于逆变器中的电力电子开关器件无法储能，无功能量只能靠直流环节中的滤波器的储能元件来缓冲，使它不致影响到交流电网上去。因此可以说，两类变频器的主要区别在于用什么样的储能元件来缓冲无功能量。

② 回馈制动。用电流型变频器给异步电动机供电的变压变频调速系统，其显著特点是容易实现回馈制动。

图 5-8 为电流型变压变频调速系统的电动和回馈制动两种运行状态。以由晶闸管可控整流器 UR 和六拍电流型逆变器 CSI 构成的交-直-交变压变频装置为例，当可控整流器 UR 工

作在整流状态（$\alpha < 90°$）、逆变器工作在逆变状态时，电动机在电动状态下运行，如图 5-8a 所示。这时，直流回路电压的极性上正下负，电流由 U_d 的正端流入逆变器，电能由交流电网经变频器传送给电动机，电动机处于电动状态。如果降低变频器的输出频率 ω，使转速降低，同时使可控整流器的触发延迟角 $\alpha > 90°$，则异步电动机进入发电状态，且直流回路电压 U_d 立即反向，而电流 I_d 方向不变。于是，逆变器变成整流器，而可控整流器 UR 进入有源逆变状态，电能由电动机回馈给交流电网，如图 5-8b 所示。

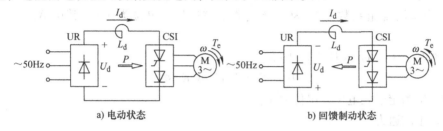

图 5-8　电流型变压变频调速系统的电动和回馈制动两种运行状态

由此可见，虽然电力电子器件具有单向导电性，电流 I_d 不能反向，而可控整流器输出电压 U_d 是可以迅速反向的，电流型变压变频调速系统容易实现回馈制动。与此相反，采用电压型变频器的调速系统要实现回馈制动和四象限运行却比较困难，因为其中间直流环节大电容上的电压极性不能反向，所以在原装置上无法实现回馈制动。若确实需要制动，可采用在直流环节中并联电阻的能耗制动，或者与可控整流器反并联设置另一组反向整流器，并使其工作在有源逆变状态，以通过反向的制动电流，实现回馈制动。但这样做，设备会复杂很多。

③ 调速时的动态响应。由于交-直-交电流型变压变频装置的直流电压可以迅速改变，所以由它供电的调速系统动态响应比较快，而电压型变压变频调速系统的动态响应就慢得多。

④ 适用范围。电压型变频器属于恒压源，电压控制响应慢，所以适用于作为多台电动机同步运行时的供电电源而不要求快速加减速的场合。电流型变频器则相反，由于滤波电感的作用，系统对负载变化的反应迟缓，不适用于多电动机传动，而更适合于一台变频器给一台电动机供电的单电动机传动，但可以满足快速起制动和可逆运行的要求。

5.2.2　变频调速的基本控制方式及其机械特性

目前变频调速的控制方式有三种：U/f 控制方式、矢量控制方式、直接转矩控制方式。其中 U/f 控制方式是基于异步电动机静态数学模型下的控制方式，是最原始的控制方式，而矢量控制方式、直接转矩控制方式是基于异步电动机动态数学模型下的控制方式。这里重点介绍 U/f 控制方式及其机械特性，另外两种控制方式在矢量控制系统、直接转矩控制系统中介绍。

1. U/f 控制方式

U/f 控制方式是通过对变频电源输出电压与频率的协调控制来实现电动机速度调节的。

根据异步电动机的转速表达式（5-1）可知，只要平滑调节异步电动机的供电频率 f_1 就可以平滑调节同步转速 n_1，从而实现异步电动机的无级调速，这就是变频调速的基本原理。

表面看来，只要改变定子电压的频率 f_1，就可以调节转速大小了，但事实上仅改变 f_1 并不能正常调速。在实际系统中，在调节定子电源频率 f_1 的同时调节定子电压 U_1，通过 U_1 和 f_1 的协调控制实现不同类型的变频调速。这是为什么呢？

由交流异步电动机稳态数学模型知道，三相异步电动机定子每相绕组中气隙磁通感应电动势的有效值为

$$E_1 = 4.44 f_1 N_1 K_{N1} \Phi_m \tag{5-2}$$

式中，E_1 为定子每相绕组中气隙磁通感应电动势有效值，单位为 V；N_1 为定子每相绕组串联匝数；K_{N1} 为基波绕组系数；Φ_m 为每极气隙主磁通量，单位为 Wb；其中 N_1、K_{N1}、Φ_m 为常数。

如果忽略定子上的电阻压降，则有

$$U_1 \approx E_1 = 4.44 f_1 N_1 K_{N1} \Phi_m \tag{5-3}$$

式中，U_1 为定子相电压，单位为 V。

于是，主磁通为

$$\Phi_m = \frac{E_1}{4.44 f_1 N_1 K_{N1}} \approx \frac{U_1}{4.44 f_1 N_1 K_{N1}} \tag{5-4}$$

从式（5-2）可看出，在保证 E_1 不变的情况下，若 f_1 上升，则 Φ_m 将下降，电动机的容量不能被充分利用，同时电磁转矩 T_e 也会下降，电动机的拖动能力也会降低；若 f_1 降低，则 Φ_m 上升，当 f_1 小于额定频率时，主磁通 Φ_m 将超过其额定值。由于在设计电动机时，通常将主磁通 Φ_m 的额定值选择在定子铁心磁化曲线的临界饱和点，所以当在额定频率以下调频时，将会引起主磁通饱和，这样励磁电流急剧升高，除了使定子铁心损耗急剧增加，也会使电动机绕组因发热而损坏。这两种情况都是实际运行中所不允许的。为此，在实际调速中常会针对频率的不同范围采用不同的变频控制方式。

（1）基频以下范围内恒磁通的变频控制方式

1）E_1/f_1 控制方式及机械特性。由上面分析知道，E_1 不变的情况下，在基频以下范围变频，肯定会造成 Φ_m 超过其额定值，引起电动机绕组因发热而损坏，造成调速系统无法工作。所以，在充分利用电动机容量的情况下，只能采取 Φ_m 不变的方式。根据式（5-2）看出，要使 Φ_m 保持不变，E_1/f_1 就必须是常数，即基频以下变频采用恒电动势频比的控制方式。由于 $\omega_1 = 2\pi f_1$，有时 E_1/f_1 形式也写成 E_1/ω_1 形式。

当保持 E_1/ω_1 为恒定时，每极磁通 Φ_m 为常值。从交流异步电动机稳态 T 形等效电路出发，可求出电动机的电磁转矩和转子电流为

$$T_e = C_m \Phi_m I'_2 \cos \Phi_2 \tag{5-5}$$

$$I'_2 = \frac{E_1}{\sqrt{\left(\dfrac{R'_2}{s}\right)^2 + \omega_1^2 L'^2_2}} \tag{5-6}$$

式中，T_e 为电磁转矩，单位为 N·m；C_m 为转矩常数；I'_2 为转子电流折算至定子侧的有效值，单位为 A；$\cos \Phi_2$ 为转子电路的功率因数。

将式（5-6）代入式（5-5），得

$$T_e = 3p \left(\frac{E_1}{\omega_1}\right)^2 \frac{s \omega_1 R'_2}{R'^2_2 + s^2 \omega_1^2 L'^2_2} \tag{5-7}$$

式（5-7）就是恒 E_1/ω_1 时的机械特性方程式。

当 s 很小时，可忽略式（5-7）分母中含 s^2 的项，则

$$T_e \approx 3p \left(\frac{E_1}{\omega_1}\right)^2 \frac{s\omega_1}{R_2'} \propto s \qquad (5-8)$$

这表明机械特性的这一段近似为一条直线。

当 s 接近于 1 时，可忽略式（5-7）分母 $R_2'^2$ 项，则

$$T_e \approx 3p \left(\frac{E_1}{\omega_1}\right)^2 \frac{R_2'}{s\omega_1 L_2'^2} \propto \frac{1}{s} \qquad (5-9)$$

这表明机械特性的这一段是双曲线。

当 s 为上述两段的中间值时，机械特性在直线和双曲线之间逐渐过渡。

恒电动势频比（E_1/ω_1）下不同频率的机械特性如图 5-9 所示。这种机械特性和直流电动机调压调速时的机械特性相似，所不同的是当转矩增大到最大值以后，转速再降低时特性又折了回来。

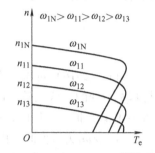

图 5-9　恒电动势频比（E_1/ω_1）
下不同定子频率的机械特性

如果改变异步电动机定子频率 ω_1（f_1），电动机的同步转速为

$$n_1 = \frac{60\omega_1}{2\pi p} \qquad (5-10)$$

该值也随之变化，这时，可求出电动机带负载时的转速降落为

$$\Delta n = sn_1 = \frac{60}{2\pi p} s\omega_1 \qquad (5-11)$$

在式（5-8）所表示的机械特性的近似直线段上，可以导出

$$s\omega_1 \approx \frac{R_2' T_e}{3p \left(\dfrac{E_1}{\omega_1}\right)^2} \qquad (5-12)$$

由式（5-12）看出，当 E_1/ω_1 为恒值时，对于同一转矩 T_e，$s\omega_1$ 是基本不变的，因而 Δn 也是基本不变的［见式（5-11）］。这就是说，在恒 E_1/ω_1 条件下改变定子频率 ω_1 时，机械特性基本上是平行移动的，如图 5-9 所示。

将式（5-7）对 s 求导，并令 $dT_e/ds = 0$，可得恒 E_1/ω_1 控制特性的最大转矩和在最大转矩时的转差率为

$$T_{emax} = \frac{3}{2}p \left(\frac{E_1}{\omega_1}\right)^2 \frac{1}{L_2'} \qquad (5-13)$$

$$s_m = \frac{R_2'}{\omega_1 L_2'} \qquad (5-14)$$

由式（5-13）知，当 E_1/ω_1 为恒值时，T_{emax} 恒定不变，见图 5-9。

由此可见，随着频率的降低，恒 E_1/ω_1 控制的机械特性是一组曲线形状与固有机械特性曲线相同，保持最大转矩不变，且平行下移的近似双曲线。

2）U_1/f_1 控制方式及机械特性。虽然恒 E_1/ω_1 控制方式下电动机的机械特性非常好，但由于 E_1 是电动机内部参数，难于检测和直接控制，使得恒 E_1/ω_1 控制方式难以实现。在电动

势 E_1 的值较高时，可以忽略定子绕组的阻抗压降，而认为定子相电压 U_1 与电动势 E_1 相等，即 $U_1 \approx E_1$，则得 $U_1/\omega_1 \approx$ 常数，这就是恒压频比控制方式。

当 $U_1 \approx E_1$ 时，异步电动机的固有机械特性变成

$$T_e = 3p \left(\frac{U_1}{\omega_1} \right)^2 \frac{s\omega_1 R_2'}{R_2'^2 + s^2 \omega_1^2 L_2'^2} \tag{5-15}$$

当频率变化时，其同步转速与频率的关系与式（5-10）相同，带负载时的转速降落也与式（5-11）相同，在式（5-8）所表示的机械特性的近似直线段上，可以导出

$$s\omega_1 \approx \frac{R_2' T_e}{3p \left(\dfrac{U_1}{\omega_1} \right)^2} \tag{5-16}$$

由式（5-16）可见，当 U_1/ω_1 为恒值时，对同一转矩 T_e，$s\omega_1$ 是基本不变的，因而 Δn 也是基本不变的，这就是说在恒压频比的条件下改变频率时，机械特性基本上是平行移动的。图 5-10 就是恒压频比的条件下改变频率时的机械特性。

当 U_1/ω_1 为恒值时，由式（5-15）对 s 求导，并令 $\mathrm{d}T_e/\mathrm{d}s = 0$，可得到最大转矩 T_{emax} 随角频率 ω_1 的变化关系式为

$$T_{emax} = \frac{3}{2} p \left(\frac{U_1}{\omega_1} \right)^2 \frac{1}{\dfrac{R_1}{\omega_1} + \sqrt{\left(\dfrac{R_1}{\omega_1} \right)^2 + (L_1 + L_2')^2}} \tag{5-17}$$

可见，T_{emax} 是随着 ω_1 降低而减小的（见图 5-10）。

当频率很低时，T_{emax} 太小，将限制调速系统的带负载能力。为此需采用定子阻抗电压补偿，即适当的人为增加定子电压的数值，这样可以增强带负载能力。图 5-10 中虚线特性曲线就是提高定子电压后的机械特性。而恒 E_1/ω_1 控制的机械特性就是恒压频比控制中补偿定子压降特性所追求的目标。图 5-11 给出了恒压频比控制特性。

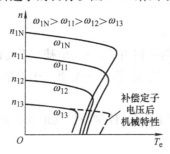

图 5-10　恒压频比改变频率时的机械特性

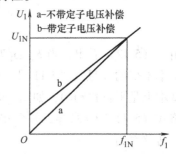

图 5-11　恒压频比控制特性

（2）基频以上范围内弱磁升速的变频控制方式　基频以上调速时，频率可以从 f_{1N} 往上增高，如果还要保持 Φ_m 不变，势必会造成定子电压 U_1 超过额定电压 U_{1N}，使电动机损坏。因此，这种状态一般要保持电动机允许的最高额定电压 U_{1N} 不变，而迫使磁通与频率成反比地降低，相当于直流电动机弱磁升速的情况。

按固有机械特性方程形式将这种情况下的机械特性方程式写成

$$T_e = 3p U_{1N}^2 \frac{sR_2'}{\omega_1 \left[(sR_1 + R_2')^2 + s^2 \omega_1^2 (L_1 + L_2')^2 \right]} \tag{5-18}$$

这时，同步转速、转速降落的表达式与式（5-10）、式（5-11）一样，而最大转矩表达式可以改写成

$$T_{\text{emax}} = 3pU_{1\text{N}}^2 \frac{sR'_2}{\omega_1\left[R_1 + \sqrt{R_1^2 + \omega_1^2\left(L_1 + L'_2\right)^2}\right]} \tag{5-19}$$

由式（5-19）可见，当角频率 ω_1（f_1）提高时，同步转速 n_1 随之提高，最大转矩 T_{emax} 减小，机械特性上移；从式（5-11）看出，转速降落随角频率 ω_1（f_1）的增加而增大，特性斜率稍变大，但其他形状基本相似，如图 5-12 所示。

综上所述，把基频以下和基频以上两种情况结合起来，可得图 5-13 所示的异步电动机变频调速时的控制特性（即在所有频率范围内电压、频率控制特性）。在基频以下调速，最大转矩 T_{emax} 基本不变（过低频率时，采用定子阻抗电压补偿，相应地提高低频最大转矩），属于"恒转矩调速"；而在基频以上调速，由于频率上升而电压不变，气隙磁通 Φ_{m} 必减小，导致最大转矩 T_{emax} 减小，可以认为输出功率基本不变，基本属于"恒功率调速"。

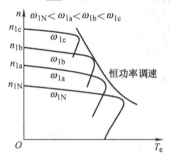

图 5-12 基频以上变频时的机械特性

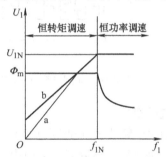

图 5-13 异步电动机变频调速时的控制特性

U/f 控制方式在早期的开环变频调速系统中被广泛使用，但由于它是速度开环控制，系统的精度和动态响应特性都不很理想；尤其在低速区域，当定子电阻压降不容忽视时，电动机最大电磁转矩会下降很多，这不仅会影响系统的带负载能力，也会影响到系统的调速范围和调速精度。一般采用这种控制方式的变频调速系统只适合拖动风机、水泵等生产机械。

2. 矢量控制方式

其基本思想是，在普通的三相交流电动机上设法模拟直流电动机转矩控制规律，在磁场定向坐标系下，通过坐标变换将定子电流矢量分解为励磁电流和转矩电流两个分量，使两分量互相垂直，彼此独立，实现正交解耦控制。

3. 直接转矩控制方式

和矢量控制不同，直接转矩控制摈弃了解耦的思想，取消了旋转坐标变换，简单地通过检测电动机定子的电压和电流，借助瞬时空间矢量理论来计算电动机的磁链和转矩，并根据与给定值比较所得差值，实现磁链和转矩的直接控制。

5.3 晶闸管交-直-交变频器在 U/f 控制方式下的变频调速系统

这种调速系统的功率变频装置（变频电源）是晶闸管交-直-交间接变频器，也称为晶闸管交-直-交变频器。交-直部分是由晶闸管组成的可控整流电路完成调压功能，直-交部分是

由晶闸管组成逆变电路完成调频功能，中间环节可以是由电容元件组成的电压型变频器，也可以是由电感元件组成的电流型变频器。有时将中间环节与逆变环节放在一起，构成电压型逆变器或电流型逆变器。系统的控制电路采用 U/f 控制方式。

5.3.1 晶闸管电压型变频器在 U/f 控制方式下的开环变频调速系统

这种调速系统也称为晶闸管电压型变频调速系统，系统的结构如图 5-14 所示。

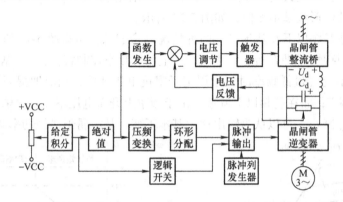

图 5-14　晶闸管交-直-交电压型变频器转速开环变频调速系统结构图

1. 系统的组成

（1）功率变频装置（变频电源）　变频电源是电压型交-直-交变频器，中间环节采用电容元件 C_d 来滤波。整流部分采用由晶闸管组成的三相可控整流电路，作用是将交流电变成幅值大小可调的直流电。具体是通过调节晶闸管的控制（触发延迟）角 α，来调节整流电路输出电压的幅值 U_d。逆变部分采用由晶闸管组成的三相逆变电路，采用 180° 导电型，逆变器的作用是将整流后的直流电逆变成频率可调的三相对称交流电，交流电压的波形是方波或阶梯波。相控整流电路工作原理可参见电力电子技术相关书籍。下面简述晶闸管逆变电路的工作原理，如图 5-15 所示。

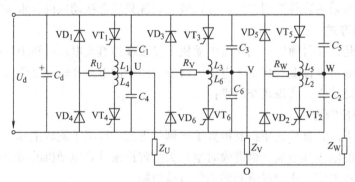

图 5-15　三相串联电感式电压源型变频器逆变部分主电路

逆变器中 $VT_1 \sim VT_6$ 为晶闸管开关，$VD_1 \sim VD_6$ 为续流二极管，给感性电流提供续流回路，R_U、R_V、R_W 为换流电阻，$L_1 \sim L_6$ 为换流电感，$C_1 \sim C_6$ 为换流电容，Z_U、Z_V、Z_W 为变频电源的三相对称负载。

逆变器部分没有调压功能，只要将 6 个晶闸管按一定的导通规则通断，就可以将滤波电容 C_d 送来的直流电压 U_d 逆变成频率可调的交流电。

1）逆变器中晶闸管导通规则。逆变器中 6 个晶闸管导通顺序为 $VT_1 \rightarrow VT_2 \rightarrow VT_3 \rightarrow VT_4 \rightarrow VT_5 \rightarrow VT_6 \rightarrow VT_1 \cdots \cdots$ 各晶闸管的触发间隔为 60°。电压型逆变器通常采用 180° 导电型，即每个晶闸管导通 180° 电角度后被关断，由同相的另一个晶闸管导通。

按照每个晶闸管触发间隔为 60°，触发导通后维持 180° 才被关断的特征（180° 导电规则），可以做出 6 个晶闸管导通区间分布图如图 5-16a 所示。

2）逆变器输出波形。由导通区间分布图，可以做出导通区间内的三相负载等效电路图如图 5-16b 所示，并由此求出逆变器输出相电压与线电压。例：在 0° ~ 60° 区间，由图 5-16a 可知，有 VT_5、VT_6、VT_1 同时导通，画出负载等效电路图如图 5-16b 所示，求出输出相电压为 $u_U = (1/3)U_d$，$u_V = -(2/3)U_d$，$u_W = (1/3)U_d$，输出线电压为 $u_{UV} = U_d$，$u_{VW} = -U_d$，$u_{WU} = U_d$。同理可以求出其他区间的相电压、线电压大小（晶闸管的换相过程参见电力电子技术相关书籍）。

图 5-16c、d 是把各区间连接起来之后的交-直-交电压型逆变器输出相电压、线电压波形。三个相电压波形是阶梯状的互差 120° 电角度的三相对称交变电压，三个线电压波形则为矩形波互差 120° 电角度的三相对称交变电压。

（2）控制电路的主要环节　控制电路的控制方式为 U/f 控制方式，主要由以下环节组成。

1）给定积分器。给定积分器又称软起动器，它用来减缓突加阶跃给定信号造成的系统内部电流、电压的冲击，提高系统的运行稳定性。给定积分器输入输出波形如图 5-17 所示。

2）绝对值运算器。绝对值运算器只反映输入给定信号的绝对值大小，不管输入是正是负，输出均为正。绝对值运算器的输入输出关系为 $u_o = |u_i|$。

3）电压-频率变换器。转速给定信号是以电压形式给出的，用晶闸管逆变桥实现变频就必须将其转换成频率的形式，电压-频率变换器就是将电压给定信号转换成一定频率的脉冲信号的装置，输入电压越高，脉冲频率越高；输入电压

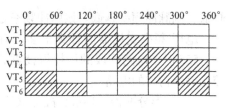

a) 180° 导电型晶闸管的导通规律

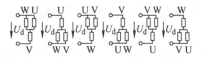

b) 导通区间内的三相负载等效电路图

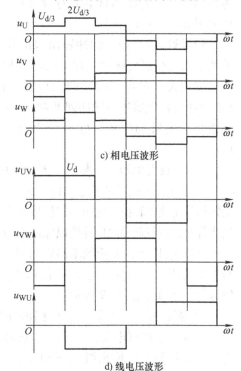

c) 相电压波形

d) 线电压波形

图 5-16　电压型逆变器的晶闸管
导通规律及输出波形

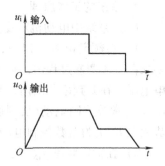

图 5-17　给定积分器输入输出波形

越低，则脉冲频率越低。该脉冲频率是逆变器（六拍逆变器）输出频率的 6 倍。

电压-频率变换器的种类很多，有单结晶体管压控振荡器、555 时基电路构成的压控振荡器，还有各种专用集成压控振荡器构成的电路。

4）环形分配器。环形分配器又称 6 分频器，它将 U/f 变换器送来的压控振荡脉冲，每 6 个为一组，分为 6 路输出，去依次触发逆变桥的 6 个晶闸管。

环形分配器的输出脉冲特征：一是各路脉冲发出的时间间隔为 60° 电角度；二是各路脉冲的宽度为 120° 电角度（因为带感性负载的晶闸管需要宽脉冲触发）。输入输出信号对比波形如图 5-18a、b 所示。

5）脉冲输出级。脉冲输出级的作用是：①根据逻辑开关的要求改变触发脉冲顺序。②将环形分配器送来的脉冲进行功率放大。③将宽脉冲调制成触发晶闸管所需的脉冲列（用脉冲列发生器进行脉冲列调制）。④用脉冲变压器隔离输出级与晶闸管的门极。脉冲输出级的输出波形如图 5-18c 所示。

6）函数发生器。函数发生器的作用有以下两点：

① 在 $f_{1min} \sim f_{1N}$ 的调频范围内，为确保恒转矩调速，将频率给定信号正比例转换为电压给定信号并在低频下将电压给定信号适当提升，进行低频电压补偿以保证 E_1/f_1 为常数。

②在 f_{1N} 以上，无论频率给定信号如何上升，电压给定信号应保持不变，使输出电压 U_1 保持 U_{1N} 不变。函数发生器的输入输出关系如图 5-19 所示。

7）逻辑开关。逻辑开关电路的作用是根据给定信号为正、负或零来控制电动机的正转、反转或停车。如给定信号为正，则控制脉冲输出级按正相序触发；如给定信号为负，则控制脉冲输出级按负相序触发，相应控制调速电动机的正、反转；如给定信号为零，则逻辑开关将脉冲输出级的正负脉冲都封锁，使电动机停车。

2. 系统的工作原理

（1）系统中电动机对变频器的要求

1）在额定频率 f_{1N} 以下，对电动机进行恒转矩调速，即要求在变频调速过程中，在改变定子频率的同时改变定子供电电压。在此频率范围内，频率较高时保证变频器以压频比 U_1/f_1 为常数控制电动机，频率较低时保证变频器以恒电动势频比 E_1/f_1 为常数控制电动机（适当提高定子电压值）。

2）在额定频率 f_{1N} 以上，对电动机进行近似恒功率调速，即要求变频器保持输出电压不变，只改变频率调速。

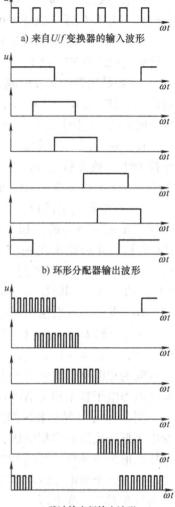

a) 来自 U/f 变换器的输入波形

b) 环形分配器输出波形

c) 脉冲输出级输出波形

图 5-18 环形分配器与
脉冲输出级的波形

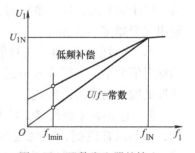

图 5-19 函数发生器的输入
输出关系

（2）系统工作原理　从图 5-14 所示的系统结构图中看出，主电路采用晶闸管交-直-交电压型变频器，控制电路有上、下两个控制通道，上面是电压控制通道，采用电压闭环控制可控整流器的输出直流电压；下面是频率控制通道，控制电压型逆变器的输出频率。电压控制通道和频率控制通道采用同一控制信号（来自绝对值运算器），以保证两者之间的协调。由于转速控制是开环的，不能让阶跃的转速给定信号直接加到控制系统上，否则将产生很大的冲击电流而使电源跳闸。为了解决这个问题，设置了给定积分器将阶跃信号转变成合适的斜坡信号，从而使电压和转速都能平缓地升高或降低，其次，由于系统是可逆的，而电动机的旋转方向只取决于变频电压的相序，并不需要在电压和频率的控制信号上反映极性，因此，在后面再设置绝对值运算器将给定积分器的输出变换成只输出其绝对值的信号。

电压控制通道一般采用电压、电流双闭环的控制结构。内环设电流调节器，以限制动态电流；外环设电压调节器，以控制变频器输出电压。简单的小容量系统也可用单电压环控制（见图 5-14）。电压-频率控制信号加到电压环以前，应补偿定子阻抗压降，以改善调速时（特别是低速时）的机械特性，提高带负载能力。

频率控制通道主要由电压-频率变换器、环形分配器和脉冲放大器三部分组成，将电压-频率控制信号转变成具有所需频率的脉冲列，再按 6 个脉冲一组依次分配给逆变器，分别触发桥臂上相应的 6 个晶闸管。

在交-直-交电压型变频器的调速系统中，由于中间直流回路有大电容滤波，电压的实际变化很缓慢，而频率控制环节的响应是很快的，因而在动态过程中电压与频率就难以协调一致。为此，在电压-频率变换器前面应加设一个频率给定动态校正器（图 5-14 中未画出），它可以是一个惯性环节，用以延缓频率的变化，以便使频率和电压变化的步调一致起来。

这种系统的特点是转速是开环的，其调速性能不如转速闭环系统。因此适用于调速要求不高的场合。

5.3.2　晶闸管电流型变频器在 U/f 控制方式下的开环变频调速系统

这种类型的调速系统也称为晶闸管电流型变频调速系统，系统的结构图如图 5-20 所示。其与前面所述的电压型变频器调速系统的工作原理相同（参考晶闸管电压型调速系统），只是在变频主电路上采用了由大电感滤波的电流型逆变器。下面主要介绍这种调速系统的组成结构。

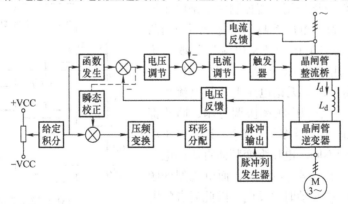

图 5-20　晶闸管交-直-交电流型变频器转速
开环变频调速系统结构图

1. 功率变频装置（变频电路）

变频电路是电流型交-直-交变频器，中间环节采用电感元件 L_d 来滤波。整流部分与电压型的相同，逆变部分采用由晶闸管组成的三相逆变电路，采用 120°导电型，逆变器输出的交流电流波形是方波或阶梯波。负载是三相交流异步电动机的绕组，如图 5-21 所示。下面介绍这种逆变电路的工作原理。

逆变器中 $VT_1 \sim VT_6$ 为晶闸管开关；$VD_1 \sim VD_6$ 为隔离二极管，给感性电流提供续流回路；C_{13}、C_{35}、C_{51}、C_{46}、C_{62}、C_{24} 为换相电容；Z_U、Z_V、Z_W 为变频器的三相对称负载。

电流型逆变器一般采用 120°导电型，6 个晶闸管的触发间隔为 60°。每只管子在持续导通 120°后换相（晶闸管的换相过程参见电力电子技术相关书籍），晶闸管的导通规律如图 5-22a 所示，从图中可以看出每个 60°区间内只有两个晶闸管导通，如在 0°~60°区间，VT_1、VT_6 导通，则主电路电流 I_d（经 L_d 滤波后为平直的电流）流向为 $VT_1 \rightarrow VD_1 \rightarrow U$ 相 $\rightarrow O \rightarrow V$ 相 $\rightarrow VD_6 \rightarrow VT_6$。对于星形对称负载，$i_U = +I_d$，$i_V = -I_d$，$i_W = 0$；对于三角形对称负载，$i_{UV} = (+2/3)I_d$，$i_{VW} = (-1/3)I_d$，$i_{WU} = (-1/3)I_d$，其余区间也可同样计算。电流型逆变器输出电流波形如图 5-22b、c 所示。

2. 控制电路

在系统控制通道上，电流型与电压型系统相同，都有电压控制通道和频率控制通道，因为两类都是采用 U_1/f_1 协调控制。在这里，千万不要误认为电流型变频器就应该采用电流控制而不是电压控制了。"电压型"和"电压控制"是完全不同的两个概念。变频器是"电压型还是电流型"取决于滤波环节，而采用"电压控制"还是"电流控制"，则要看控制目的。无论电压型还是电流型变频调速系统，都要用电压-频率协调控制，因此都必须存在电压控制（电压控制通道），只是电压反馈环节的位置有所不同。电压型变频器直流侧电压的极性是不变的（因为电容元件），而电流型变频器直流侧电压在回馈制动时要反向，因此后者的电压反馈位置不能从直流电压侧引出，而应在逆变器的输出端引出。

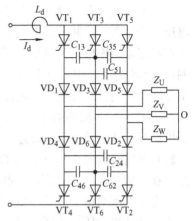

图 5-21　串联二极管式电流型变频器主电路

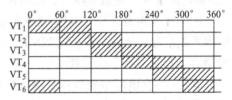

a) 120°导电型晶闸管的导通规律

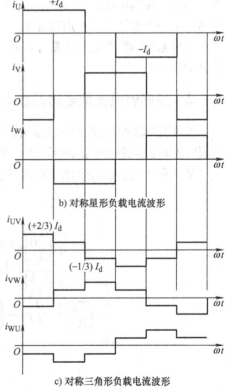

b) 对称星形负载电流波形

c) 对称三角形负载电流波形

图 5-22　电流型逆变器的晶闸管导通规律及输出波形

图 5-20 中所用各控制环节基本上与电压型变频器调速系统类似，当然调节器参数调整会有较大差别。图中电流型逆变器采用电压闭环，能使电动机调速时保持恒磁通，但会使系统不稳定。因为电流内环的响应较快，负载扰动会引起电动机端电压的波动，严重时，引起整流桥输出电压和电流的大幅度振荡，由于频率开环，电动机的电压频率比在过渡过程能保持恒定，使电动机转矩和转速也不断摆动。为了克服这种不稳定因素，在图 5-20 加了一个瞬态校正环节（图中虚线所示），该环节可以在电动机端电压发生波动时，使逆变器输出的频率也产生相应的波动，从而保证在调节过程中电动机的端电压与频率的瞬态比值保持不变，可使系统的稳定性得到较大的改善。瞬态校正中一般采用微分校正，也可以用别的方法，或者只延缓电压调节器的作用而不另加动态校正环节。

5.4　脉宽调制变频器在 U/f 控制方式下的变频调速系统

当变频调速系统采用晶闸管变频电源对异步电动机供电时，一般会存在下列问题。

1）变压与变频需要两套可控的晶闸管变换器，开关元件太多，控制线路复杂，装置庞大。

2）晶闸管可控整流器在低频低压下功率因数太低。

3）晶闸管逆变器输出的阶梯波形交流谐波成分较大，因此整个变频电源的输出转矩脉动大，低速时影响电动机的稳定工作。

4）中间环节如果是储能电容，其充放电时间长，故电压型变频电源的动态响应慢，不适合于加减速快的系统。

为了提高异步电动机的运行性能，更好地控制电动机转速，不但要求变频电源能输出频率和电压大小可调的交流电，而且要求输出交流电的波形尽可能接近正弦波，即人们期望变频电源输出的波形为纯粹的正弦波形。但晶闸管变频电源做不到这一点。电力电子技术的发展和脉宽调制技术的应用，使得这种期望得以实现。目前正弦波脉宽调制（SPWM）变频电源按一定的控制规律工作就能达到这一效果。这里所说的效果并不是指 SPWM 变频电源会输出真正的正弦波，而是指它能输出一组与正弦波等效的矩形脉冲列。

5.4.1　正弦波脉宽调制（SPWM）技术

1. SPWM 调制原理

根据采样控制理论中的重要结论：冲量（窄脉冲的面积）相等而形状不同的窄脉冲加在具有惯性的环节上时，其效果基本相同。该结论是 SPWM 控制的重要理论基础。

将图 5-23a 所示的正弦波（正半周）分成 N 等份，即把正弦半波看成由 N 个彼此相连的脉冲所组成。这些脉冲宽度相等（均为 π/N），但幅值不等，其幅值是按正弦规律变化的曲线。把每一等份的正弦曲线与横轴所包围的面积都用一个与此面积相等的等高矩形脉冲来代替，矩形脉冲的中点与正弦脉冲的中点重合，且使各矩形脉冲面积与相应各正弦部分面积相等，就得到如图 5-23b 所示的脉冲序列。同样，正弦波的负半周也可用相同的方法与一系列负脉冲等效。根据上述冲量相等效果相同的原理，该矩形脉冲序列与正弦波是等效的。

各矩形脉冲在幅值不变的条件下，其宽度随正弦规律变化。这种宽度按正弦规律变化并和正弦波等效的矩形脉冲序列称为 SPWM 波形。

2. SPWM 波形的实现

要获得所需要的 SPWM 脉冲序列有两种方法：硬件电路生成法和软件生成法。但这两种方法生成的 SPWM 波形的功率都较小。

（1）硬件电路生成法 硬件电路生成法是一种较为原始的调制方法，它是指用模拟电子电路、数字电路或专用的大规模集成电路芯片等硬件电路来生成 SPWM 波形的方法。

现以模拟电子电路为例来说明此种方法，如图 5-24 所示。在电压比较器 A 的两输入端分别输入正弦调制波电压 u_{ct} 和三角载波电压 u_z，其输出端便得到一系列的 SPWM 调制电压脉冲。u_{ct} 与 u_z 交点之间的距离决定了输出电压脉冲的宽度，因而可得到幅值相等而脉冲宽度不等的 SPWM 电压信号 u_p。

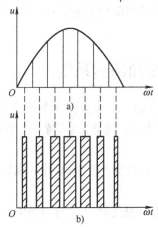

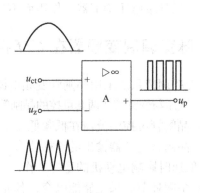

图 5-23　与正弦（波）等效的等幅
不等宽的矩形脉冲序列波形

图 5-24　三角波调制法电路原理图

如果三角波在正弦波的正半周是正单方向变化，在正弦波的负半周是负单方向变化，与正弦波调制后的 SPWM 波形是单极性的，如图 5-25a 所示；如果三角波不论在正弦波的正半周还是在正弦波的负半周都是正负交变的双极性三角波，则与正弦波调制后的 SPWM 波形是双极性的，如图 5-25b 所示。

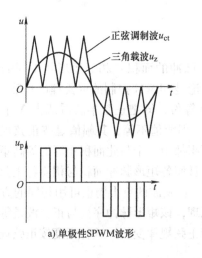

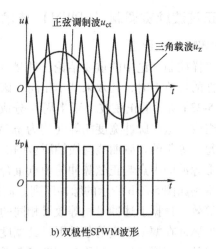

a) 单极性SPWM波形

b) 双极性SPWM波形

图 5-25　单极性、双极性 SPWM 波形

SPWM 波形电压 u_p 的有效值与正弦调制波 u_{ct} 的幅值有关，调制波 u_{ct} 的幅值降低时，如图 5-26 中 u_{ct} 从 u_{ct1} 变成 u_{ct2}，则 SPWM 波形电压 u_p 分别对应 u_{p1} 和 u_{p2}，u_{p2} 波形脉冲宽度比 u_{p1} 的窄，输出电压的基波有效值也相应减小，如图 5-26 所示。

SPWM 波形是周期性变化的波形。它的周期（频率）与正弦调制波的周期（频率）相同，并随着调制波 u_{ct} 的频率改变而改变，与三角载波 u_z 的频率无关。

虽然载波 u_z 频率的变化不影响 u_p 的频率，但可以影响 u_p 的形状，从而决定 u_p 中谐波成分的多少。

用硬件电路生成 SPWM 波形的方法也叫作 SPWM 调制，根据载波是否变化，SPWM 调制有同步调制、异步调制和分段同步调制之分。

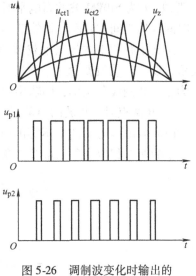

图 5-26   调制波变化时输出的 SPWM 波形

1）同步调制。定义载波频率 f_z 与调制波频率 f_{ct} 之比 N 为载波比，即 $N = f_z/f_{ct}$。

在同步调制方式中，载波比 N 为常数，变频时三角载波的频率与正弦调制波的频率同步改变，因而输出电压半波内的矩形脉冲数是固定不变的，如果取 N 等于 3 的倍数，则同步调制能保证输出电压波形的正、负半波始终保持对称，并能严格保证三相输出波形之间具有互差 120°的对称关系。但是，当输出频率很低时，由于相邻两脉冲间的间距增大，谐波会显著增加，使负载电动机产生较大的脉动转矩和较强的噪声，这是同步调制方式在低频时的主要缺点。

2）异步调制。采用异步调制方式是为了消除上述同步调制的缺点。在异步调制中，在变频器的整个变频范围内，载波比 N 不等于常数。一般在改变调制波频率 f_{ct} 时保持三角载波频率 f_z 不变，因而提高了低频时的载波比。这样，输出电压半波内的矩形脉冲数可随输出频率的降低而增加，相应地可减少负载电动机的转矩脉动与噪声，改善了系统的低频工作性能。但异步调制方式在改善低频工作性能的同时，又失去了同步调制的优点。当载波比 N 随着输出频率的降低而连续变化时，它不可能总是 3 的倍数，必将使输出电压波形及其相位都发生变化，难以保持三相输出的对称性，因而引起电动机工作不平稳。

3）分段同步调制。为了扬长避短，可将同步调制和异步调制结合起来，成为分段同步调制方式。即在一定频率范围内采用同步调制，以保持输出波形对称的优点，当频率降低较多时，如果仍保持载波比 N 不变的同步调制，输出电压谐波将会增大。为了避免这个缺点，可使载波比 N 分段有级地加大，以采纳异步调制的长处，这就是分段同步调制方式。具体地说，把整个变频范围划分成若干频段，每个频段内都维持载波比 N 恒定，而对不同的频段取不同的 N 值，频率低时，N 值取大些，一般大致按等比级数安排。

（2）软件生成 SPWM 波形的算法   在计算机控制 SPWM 变频系统中，SPWM 波形的产生和控制一般由软件加接口电路生成。这里介绍几种用软件产生 SPWM 波形的基本算法。

1）自然采样法。自然采样法是按照正弦波与三角形波交点进行脉冲宽度与间隙时间的采样，从而生成 SPWM 波形。在图 5-27 中，截取了任意一段正弦调制波与三角载波在一个周期内的相交情况。交点 A 是发出脉冲的时刻，B 点是结束脉冲的时刻。在三角波的一个周

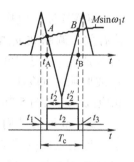

图 5-27　自然采样法

期 T_c 内，t_2 为 SPWM 波的高电平时间，称为脉宽时间，t_1、t_3 则为低电平时间，称为间隙时间。显然 $T_c = t_1 + t_2 + t_3$。

定义正弦调制波与三角载波的幅值比为调制度，用 $M = U_{ct\,m}/U_{z\,m}$ 表示，设三角载波幅值 $U_{z\,m} = 1$，则正弦调制波 $u_{ct} = M\sin\omega_1 t$。其中，ω_1 为正弦调制波角频率，即输出角频率。

A、B 两点对三角波的负峰值（中心线）来说是不对称的，因此脉宽时间 t_2 由 t_2' 与 t_2'' 两个不等的时间段组成。这两个时间可由图 5-27 中显示的两对相似直角三角形高宽比列出方程求出

$$\frac{2}{T_c/2} = \frac{1 + M\sin\omega_1 t_A}{t_2'} \tag{5-20}$$

$$\frac{2}{T_c/2} = \frac{1 + M\sin\omega_1 t_B}{t_2''} \tag{5-21}$$

$$t_2 = t_2' + t_2'' = \frac{T_c}{2}\Big[1 + \frac{M}{2}\big(\sin\omega_1 t_A + \sin\omega_1 t_B\big)\Big] \tag{5-22}$$

自然采样法中，t_A、t_B 是 A、B 两点对应的时间，它们都是未知数，且 $t_1 \neq t_3$，$t_2' \neq t_2''$，这使得实时计算与控制相当困难。即使事先将计算结果存入内存，控制过程中通过查表确定时间，也会因参数过多而占用计算机太多内存和时间，此法仅限于频率段数较少的场合。

2）规则采样法。由于自然采样法的不足，人们一直在寻找更实用的采样方法来尽量接近自然采样法，希望更实用的采样方法要比自然采样法的波形更对称一些，以减少计算工作量，节约内存空间，这就是规则采样法。规则采样法有多种，常用的方法有规则采样Ⅰ法、规则采样Ⅱ法，这里只介绍规则采样Ⅱ法。

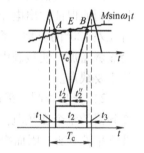

图 5-28　规律采样Ⅱ法

图 5-28 所示的规则采样Ⅱ法是以三角波的负峰值对应的正弦波上的点 E 作为采样电压值，由 E 点作水平线截取三角波上 A、B 两点，从而确定脉宽时间 t_2。这种采样法中，每个周期采样点 E 对时间轴都是均匀的，这时 $AE = EB$，$t_1 = t_3$，$t_2' = t_2''$，简化了脉冲时间与间隙时间的计算。为此有脉宽时间

$$t_2 = \frac{T_c}{2}(1 + M\sin\omega_1 t_e) \tag{5-23}$$

间隙时间

$$t_1 = t_3 = \frac{1}{2}(T_c - t_2) \tag{5-24}$$

式中，t_e 为三角波中点（即负峰值）的时间。

3）指定谐波消除法。以消去输出电压中指定谐波（主要的低次谐波）为目的，通过计算确定各脉冲的开关时刻，这种方法称为指定谐波消除法。在这种方法中，已经不再用三角载波和正弦调制波比较去产生 SPWM 波形，但目的仍是使输出波形尽可能接近正弦波，因此也算是生成 SPWM 波形的一种方法。

例如，要消去 SPWM 波中的五次、七次谐波（由于三相电动机无中性线时，三和三的倍数次谐波无通路，故不用考虑）时，将某一脉冲列展开成傅里叶级数，然后令其五次、

七次分量为零，基波分量为需要值，这样可获得一组联立方程，对方程组求解即可得到为了消除五次、七次谐波各脉冲所应有的开关时刻，从而获得所需的 SPWM 波。

应当指出，这种方法可以很好地消除指定的低次谐波，但是剩余未消去的较低次谐波的次数可能会增大，因而较容易滤除。

5.4.2 SPWM 变频电源

上面介绍的方法所获得的 SPWM 波形的功率太小，不足以驱动三相交流电动机正常工作，需要经过功率放大后才能带动交流电动机。SPWM 变频电源就是 SPWM 波形的功率放大器。

SPWM 变频电源在结构上也是交-直-交间接变频电源，交-直部分是二极管组成的三相不可控整流电路，为变频电源输出提供一个数值较大、固定不变的直流恒值电压 U_d。中间环节多用电容器来滤波。直-交部分是全控型开关组成的 SPWM 逆变器，通过控制全控型开关按一定规律去工作，输出电压大小和频率均可调的 SPWM 交流电。

SPWM 变频电源中的整流部分的工作原理比较简单，这里主要介绍三相 SPWM 逆变器（见图 5-29）的功率放大作用。

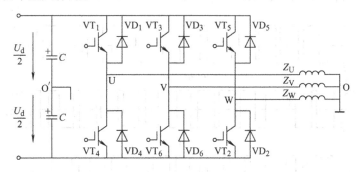

图 5-29 三相 SPWM 逆变器

图 5-29 中 $VT_1 \sim VT_6$ 是逆变器的 6 个全控型功率开关器件，它们各与一个续流二极管反并联相接。为分析方便起见，认为异步电动机定子绕组为星形联结，其中 O 点与整流器输出端滤波电容器的中点 O′相连，因而当逆变器任一相导通时，电动机绕组上所获得的相电压为 $U_d/2$。

利用基准的正弦调制波（小功率）与等腰三角形载波（小功率）相比较产生的 SPWM 波形去通断全控型功率开关器件。具体的做法是，三相对称正弦交流电 U_A、U_B、U_C 分别与一个三角波 u_z 比较，如图 5-30a 所示，产生三个相位互差 120°的 SPWM 脉冲列 A、B、C，其中 A 相双极性 SPWM 脉冲列控制两个开关器件 VT_1、VT_4，B 相双极性 SPWM 脉冲列控制两个开关器件 VT_3、VT_6，C 相双极性 SPWM 脉冲列只控制两个开关器件 VT_5、VT_2，当 A 相双极性 SPWM 脉冲列为正脉冲时让相应的开关器件 VT_1 导通、VT_4 关断，使交流电动机的 U 相负载得到 $u_{UO} = +U_d/2$ 电压，当 A 相双极性 SPWM 脉冲列为负脉冲时让相应的开关器件 VT_1 关断、VT_4 导通，使交流电动机的 U 相负载得到如图所示 $u_{UO} = -U_d/2$ 电压，u_{UO} 如图 5-30b 所示。可用类似的方法控制其他桥臂的开关，这样就得到交流电动机三相负载上的三个相电压 u_{UO}、u_{VO}、u_{WO} 波形，如图 5-30b、c、d 所示，由此可以产生三个线电压 u_{UV}（见图 5-

30e)、u_{VW}、u_{WU}波形。U_d的数值来自二极管整流电路的输出，远远大于 SPWM 脉冲列的幅值，所以 SPWM 变频器起功率放大作用。

双极性 SPWM 和单极性 SPWM 方法一样，对输出 SPWM 交流电压的大小调节要靠改变正弦调制波的幅值来实现，而对输出 SPWM 交流电压的频率调节则要靠改变正弦调制波的频率来实现。

SPWM 型变频电源的主要特点如下。

1）整个电路只有一个可控的功率环节，开关器件少，控制线路结构得以简化。

2）整流侧使用了不可控整流器，电网功率因数与逆变器输出电压无关，接近于 1。

3）变压、变频在同一环节实现，与中间储能元件无关，变频器的动态响应加快。

4）通过对脉冲宽度的控制，能有效地抑制或消除低次谐波，实现接近正弦波形的输出交流电压波形。

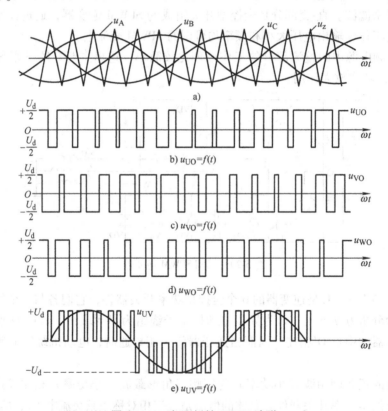

图 5-30　三相双极性 SPWM 波形

5.4.3　SPWM 变频调速系统

根据应用场合和要求的不同，SPWM 变频调速系统可有多种组成形式，其控制方式更是各式各样，现以模拟式的 SPWM 变频调速系统来进行介绍，如图 5-31 所示。

系统的主电路就是前面介绍的 SPWM 变频器，供电对象为三相交流异步电动机。

系统的控制电路有给定环节、给定积分器、U/f 函数发生器、正弦波发生器、三角波发生器、电压比较器、开通延时电路、驱动电路等组成。下面对这些环节进行介绍。

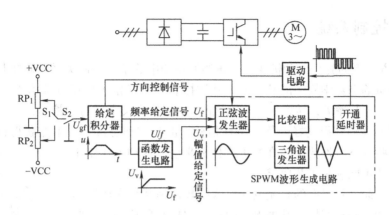

图 5-31　模拟式 SPWM 变频调速系统结构图

1. 给定环节

图 5-31 中，S_1 为正、反向运转选择开关；电位器 RP_1 调节正向转速；RP_2 调节反向转速；S_2 为起动、停止开关，停车时，将输入端接地，防止干扰信号侵入。

2. 给定积分器

它的主体是一个具有限幅的积分环节，将正、负阶跃信号转换成上升和下降、斜率均可调的、具有限幅的正、负斜坡信号。正斜坡信号将使起动过程变得平稳，实现软起动，同时也减小了起动时的过大的冲击电流。负斜坡信号将使停车过程变得平稳。

3. U/f 函数发生器

由前面分析已知，SPWM 波的基波频率取决于正弦信号波的频率，SPWM 的基波幅值取决于正弦信号波的幅值。U/f 函数发生器的设置，就是为了在基频以下，产生一个与频率 f_1 成正比的电压，作为正弦信号波幅值的给定信号，以实现恒压频比（U/f = 恒量）的控制。在基频以上，则使 U 为一恒量，以实现恒压（弱磁升速）控制。函数发生器的输出特性即为图 5-19 中的 $U_1 - f_1$ 曲线。其实 U/f 函数发生器就是一个带限幅的斜坡信号发生器。

4. 开通延时器

它是使待导通的 IGBT 管在换相时稍作延时后再驱动（待同一桥臂上另一只 IGBT 完全关断）。这是为了防止桥臂上的两只 IGBT 管在换相时，一只没有完全关断，而另一只却又导通，形成同时导通，造成短路。

5. 其他环节

此系统还设有过电压、过电流等保护环节以及电源、显示、报警等辅助环节，图中未画出。

此系统未设转速负反馈环节，因此是一个转速开环控制系统。系统的工作过程大致如下：给定信号（给出转向及转速大小）经给定积分器（实现平稳起动、减小起动电流）、U/f 函数发生器（基频以下，恒磁恒压频比控制；基频以上，恒压磁升速控制）、SPWM 控制电路（由体现给定频率和给定幅值的正弦信号波与三角载波比较后产生 SPWM 波）、驱动电路模块控制主电路（VD、IGBT 变频电路）产生 SPWM 脉冲列，带动三相异步电动机，实现了 VVVF 调速、起动（或停止）。

5.5 矢量控制系统

U/f 控制方式下的异步电动机变压变频调速系统中的基本控制关系及转矩控制原则是建立在异步电动机静态数学模型的基础上，其被控制变量（定子电压有效值 U_1，定子电流有效值 I_1，定子供电频率 f_1，转差频率 $s\omega_1$）都是在幅值意义上进行的控制，而忽略辐角（相位）控制，虽然能够获得良好的静态特性指标，但是在动态过程中不能获得良好的动态响应，从而对一些动态特性要求较高的生产机械来说，这种 U/f 变压变频调速系统还不能满足工艺要求。

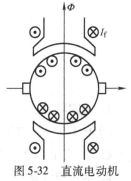

图 5-32　直流电动机基本结构

众所周知，晶闸管供电的直流电动机双闭环调速系统之所以具有优良的静、动态调速特性，其根本原因在于被控对象他励直流电动机具有两套在空间位置上互差 90° 的绕组，即励磁绕组和电枢绕组，并且两套绕组在电气上是由两组不同电源供电的独立回路，如图 5-32 所示。由于励磁绕组中励磁电流 I_f 建立的主磁通 Φ_m 与电枢绕组中电枢电流 I_d 产生的磁通是相互垂直而独立的，在忽略磁路的非线性影响后，他励直流电动机的电磁转矩方程式可以写成 $T_e = K_m \Phi_m I_d$。可以看出，当主磁通 Φ_m（即励磁电流 I_f）不变时，通过控制电枢电流 I_d 方便地控制了电磁转矩 T_e，进而方便地调节和控制了转速。

而交流异步电动机有定子、转子两套在空间互差 120° 的三相绕组，如图 5-33 所示。其中定子绕组与外部电源相连，并通以一定频率的交变电流，这时会在定子、转子绕组周围产生旋转磁场，转子绕组切割旋转磁场的磁力线后产生感应电动势，并流过感应电流，转子绕组在磁场力的作用下旋转，同时定子侧的电磁能量变为机械能供给负载。从这点上看，异步电动机定子电流包括励磁电流、转子电流两个分量，由于励磁电流、转子电流分别是异步电动机定子电流的一部分，很难把它们独立出来，因此气隙磁通和转子电流就会相互影响。而前面介绍的所谓的"保持 Φ_m 恒定"的结论，也是在稳态情况下才成立，在动态中 Φ_m 如何变化，还没有深入研究，但肯定不会恒定，这就会影响系统的实际动态性能。所以交流异步电动机很难像直流电动机那样，仅仅通过控制直流电动机的定子电流就能控制电动机的转矩。其次，异步电动机输入的定子电压和电流是时间矢量，而产生的磁动势则是空间矢量，因此要对异步电动机的转矩进行动态控制就比较复杂。

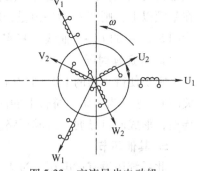

图 5-33　交流异步电动机稳态物理模型

要解决这个问题，一种办法是从根本上改造交流电动机，改变其产生转矩的规律，迄今为止在这方面的研究成效很少；另一种办法就是在普通三相交流电动机上设法模拟直流电动机控制转矩的规律，20 世纪 70 年代初由西德 Blaschke 等人和美国 P. C. Custman 和 A. A. Clark 首先提出的矢量变换控制，就是为了实现这种想法。

5.5.1 矢量变换（VC）控制思路

矢量控制又称磁场定向控制，它的特征是：把交流电动机解析成直流电动机一样的转矩发生机构，设法在普通的三相交流电动机上模拟直流电动机控制转矩的规律。

矢量变换控制的基本思路，是以产生同样的旋转磁动势（磁场）为准则，建立三相静止交流绕组电流、两组静止交流绕组电流和在旋转坐标上的正交绕组直流电流之间的等效关系。

当交流电动机三相对称的静止绕组 U、V、W 通以三相对称的正弦电流 i_U、i_V、i_W 时，所产生的合成磁动势 F 在空间呈正弦分布，并以同步转速 ω_1（即电流的角频率）顺着 U-V-W 的相序旋转。这样的物理模型如图 5-34a 所示。

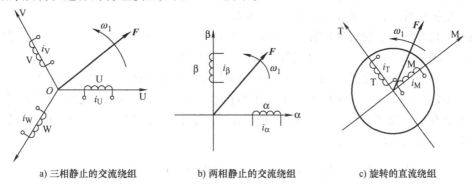

a) 三相静止的交流绕组　　b) 两相静止的交流绕组　　c) 旋转的直流绕组

图 5-34　等效的交流异步电动机绕组和直流电动机绕组的物理模型

然而，旋转磁动势并不一定非要三相对称绕组不可，除单相以外，两相、三相、四相等任意对称绕组，通以对称的多相电流，都能产生旋转磁动势，当然以两相最为简单。图 5-34b 绘出了两相静止绕组 α 和 β，它们的位置在空间互差 90°，通以时间上互差 90°的两相对称交流电流 i_α 和 i_β，也可以产生旋转磁动势。当图 5-34a 和图 5-34b 的两个旋转磁动势大小和转速都相等时，即认为图 5-34b 的两相静止绕组与图 5-34a 的三相静止绕组等效。

再看图 5-34c 中的两个匝数相等且空间位置上互相垂直的绕组 M 和 T，分别通以直流 i_M 和 i_T，产生合成磁动势 F，其位置相对于绕组来说是固定的。如果让包含两个绕组在内的整个铁心以同步转速 ω_1 旋转，则磁动势 F 自然也随之旋转起来，成为旋转磁动势。把这个磁动势的大小和转速也控制成与图 5-34a、b 中的磁动势一样，那么这套旋转的直流绕组也就和前面两套静止的交流绕组等效了。当观察者站在铁心上和绕组一起旋转时，对他而言，M 和 T 是两个通以直流而相互垂直的静止绕组。如果控制磁通 Φ_m 的位置在 M 轴上，就和图 5-32 直流电动机物理模型没有本质上的区别了。这时绕组 M 相当于励磁绕组，绕组 T 相当于电枢绕组。

5.5.2 矢量变换规律

如上述三种方法产生的旋转磁场完全相同的话，可认为这时的三相旋转磁场系统、两相旋转磁场系统和直流旋转磁场系统是等效的。故这三种旋转磁场之间是可以等效变换的。这里两相旋转磁场起着特殊作用。

两相静止绕组和三相静止绕组有一定的区别。在三相静止绕组中，任何一相电流所产生的磁通，必穿过另外两相，即三相静止绕组互相之间存在着磁耦合。但在两相静止绕组中，由于两个绕组空间互相垂直，任一相电流产生的磁通，并不穿过另一相，故两相静止绕组之间不存在磁耦合。

两相旋转磁场在等效变换中的作用：由于三相旋转磁场和两相旋转磁场之间都是多相交变磁场的合成结果，故较易变换，称为 3/2 变换或 2/3 变换。其中 3/2 变换是原来存在磁耦合的三相静止绕组被换成没有磁耦合的两相静止绕组了，就是说，绕组间的磁耦合通过坐标变换被解除了，故称解耦变换。

由于两相旋转磁场和直流旋转磁场都由两个互相正交的磁场组成，绕组间都没有磁的耦合，相互变换较容易，称交-直变换或直-交变换。

而在三相旋转磁场和直流旋转磁场之间，要直接变换就比较困难了。可见，两相旋转磁场在三种磁场之间进行等效变换时起着"桥梁"的作用。

注意，等效变换所要遵循的原则是：不同坐标系下所产生的磁动势完全一样。

（1）3/2 变换及 2/3 变换规律　在三相静止坐标系 U、V、W 和两相静止坐标系 α、β 之间的等效变换，如图 5-35 所示。取 U 轴与 α 轴重合，且设三相绕组每相有效匝数为 N_3，两相绕组每相有效匝数为 N_2，则

$$N_2 i_\alpha = N_3 i_U - N_3 i_V \cos 60° - N_3 i_W \sin 60° = N_3 (i_U - \frac{1}{2} i_V - \frac{1}{2} i_W) \tag{5-25}$$

$$N_2 i_\beta = N_3 i_V \sin 60° - N_3 i_W \sin 60° = \frac{\sqrt{3}}{2} N_3 (i_V - i_W) \tag{5-26}$$

写成矩阵形式，并考虑变换前后总功率不变，得

$$\begin{bmatrix} i_\alpha \\ i_\beta \end{bmatrix} = \sqrt{\frac{2}{3}} \begin{bmatrix} 1 & -\frac{1}{2} & -\frac{1}{2} \\ 0 & \frac{\sqrt{3}}{2} & -\frac{\sqrt{3}}{2} \end{bmatrix} \begin{bmatrix} i_U \\ i_V \\ i_W \end{bmatrix} \tag{5-27}$$

$$\begin{bmatrix} i_U \\ i_V \\ i_W \end{bmatrix} = \sqrt{\frac{2}{3}} \begin{bmatrix} 1 & 0 \\ -\frac{1}{2} & \frac{\sqrt{3}}{2} \\ -\frac{1}{2} & -\frac{\sqrt{3}}{2} \end{bmatrix} \begin{bmatrix} i_\alpha \\ i_\beta \end{bmatrix} \tag{5-28}$$

（2）2s/2r 变换及 2r/2s 变换（矢量旋转变换）　2s/2r 变换与 2r/2s 变换是在两相静止坐标系 α、β 和两相旋转坐标系 M、T 间的等效变换（简称 VR 变换），其中 s 表示静止，r 表示旋转。两个坐标系画在一起，如图 5-36 所示。

图 5-34 中，α、β 轴的绕组固定，而它们产生的磁动势 F_s（i_s）以转速 ω_1 旋转；M、T 轴的绕组和它们产生的磁动势矢量 F_s（i_s）都是以转速 ω_1 旋转。并且 α 轴与 M 轴的夹角 φ（称为磁通的定向角或磁场定向角）随时间而变化。设两相静止绕组每相有效匝数与两相旋转绕组每相有效匝数相等，由图可得

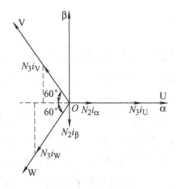

图 5-35　三相和两相坐标系与
绕组磁动势的空间矢量

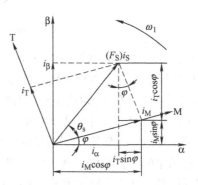

图 5-36　两相静止坐标系与旋转
坐标系以及磁动势的空间矢量

$$i_\alpha = i_M \cos\varphi - i_T \sin\varphi$$
$$i_\beta = i_M \sin\varphi + i_T \cos\varphi \tag{5-29}$$

写成矩阵形式，得

$$\begin{bmatrix} i_\alpha \\ i_\beta \end{bmatrix} = \begin{bmatrix} \cos\varphi & -\sin\varphi \\ \sin\varphi & \cos\varphi \end{bmatrix} \begin{bmatrix} i_M \\ i_T \end{bmatrix} \tag{5-30}$$

$$\begin{bmatrix} i_M \\ i_T \end{bmatrix} = \begin{bmatrix} \cos\varphi & \sin\varphi \\ -\sin\varphi & \cos\varphi \end{bmatrix} \begin{bmatrix} i_\alpha \\ i_\beta \end{bmatrix} \tag{5-31}$$

5.5.3　异步电动机动态数学模型下的电磁转矩

两相旋转 MT 坐标系虽然随三相异步电动机定子磁场同步旋转，但 M、T 轴与旋转磁场的相对位置是可以任意选取的，即有无数个 MT 坐标系可供选用。对 M 轴加以取向，将它与旋转磁场的相对位置固定下来，就称为磁场定向控制。所以，矢量控制系统就是磁场定向控制系统。

三相异步电动机矢量控制系统的 M 轴的定向有三种方法：转子磁场定向、气隙磁场定向、定子磁场定向。若选择异步电动机转子磁链 Ψ_2 矢量方向为 M 轴方向，就叫作转子磁场定向控制，这也是目前主要采用的方法。从三相异步电动机三相静止坐标系到两相旋转坐标系的数学转换过程（即动态数学模型），可以推出异步电动机按转子磁场定向时的电磁转矩方程式（推导过程略）。

$$T_e = p \frac{L_m}{L_r} \psi_2 i_{T1} \tag{5-32}$$

同时也能推出其他矢量的方程式。

$$i_{M1} = \frac{T_2 p_d + 1}{L_m} \psi_2 \tag{5-33}$$

或

$$\psi_2 = \frac{L_m}{T_2 p_d + 1} i_{M1}$$

$$i_{T2} = -\frac{L_m}{L_r} i_{T1}$$

$$\omega_2 = \frac{L_m}{T_2 \psi_2} i_{T1}$$

式中，p 为极对数；p_d 为微分算子；L_m 为两相旋转坐标系中同轴等效定子与转子间的互感；L_r 为两相坐标系中等效两相绕组的自感；i_{T1} 为定子电流在 T 轴上的分量；i_{M1} 为定子电流在 M 轴上的分量；$T_2 = L_r/R_2$ 为转子励磁时间常数。

从式（5-32）看出，选择转子磁链的空间矢量方向为 M 轴方向进行定向，并控制 Ψ_2 的幅值不变，可实现磁场、转矩之间的解耦，这样控制转矩电流就能达到对转矩的控制。

以转子磁场定向，就须测出转子磁链 Ψ_2 的幅值以及磁场定向角 φ，以便进行坐标的旋转变换，实现磁场、转矩之间的解耦。同时控制系统中要求维持转子磁链恒定，一般采用转子磁链反馈形成磁链闭环，这也需要测出实际的转子磁链幅值及其相位。因此，准确地获得磁链的幅值和它们的空间位置角是实现磁场定向控制的关键技术。转子磁链矢量的检测和获得方法有如下几种。

（1）直接检测法　直接检测法可在电动机定子内表面装贴霍尔元件或者在电动机定子槽内埋设探测线圈，直接检测转子磁链。从理论上说，直接检测法较为准确、精度较高，但装设检测元件时的工艺、技术较复杂，且低速时检测信号受到严重干扰，所以实用中多采用间接观测方法。

（2）间接观测法　间接观测法是检测交流异步电动机的定子电压、电流或转速等易于测得的物理量，然后利用磁链的观测模型，实时计算磁链的幅值及相位。

5.5.4　异步电动机磁场定向变频调速系统的框架结构

矢量变换控制的基本思想是通过数学上的坐标变换方法，把交流三相静止绕组 U、V、W 中的电流 i_U、i_V、i_W 变换到交流两相静止绕组 α、β 中的电流 i_α 和 i_β，再经数学变换把 i_α 和 i_β 变换到两相旋转绕组 M、T 中的直流电流 i_M 和 i_T。实质上就是通过数学变换把三相交流电动机的定子电流分量分解成两个分量，一个用来产生旋转磁场的励磁分量 i_M，另一个用来产生电磁转矩的转矩分量 i_T。可见，通过坐标变换，就可以把一台关系复杂的异步电动机等效为一台直流电动机。图 5-37 所示为异步电动机矢量控制构思的结构框图，从总体上看，框图中的电动机是以 i_U、i_V、i_W 为输入，以 ω 为输出的直流电动机。图中 3/2 为三相→两相变换单元，VR 为同步旋转坐标变换单元，即 2s/2r 变换单元，φ 为 M 轴与 α 轴的夹角，φ 角可通过供电电压、电流及转速的检测，间接换算出来，因此矢量控制通常都有电动机定子电压、定子电流及转速的检测与反馈环节。

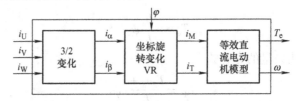

图 5-37　异步电动机矢量控制构思的结构框图

不难想象，若在图 5-37 构思的电动机前面设置一个反旋转变换器 VR^{-1}，这样，VR^{-1} 便能与电动机内部的旋转变换环节 VR 的作用相抵消；同理，再在电动机前面设置一个 2/3

（两相→三相）变换器，这样，2/3（相）变换器便能与电动机内部的 3/2（相）变换环节相抵消，若忽略变频器中可能产生的滞后，那么，则图 5-38 中点画线框内的部分可以完全删去，剩下的便是等效的直流电动机物理模型了，可采用类似直流电动机的控制器去进行控制（点画线框内的变换与控制，通常都是由计算机来完成的）。根据这一思路，便可得到如图 5-38 所示的矢量控制交流变频调速系统结构框图。

在图 5-38 中，给定与反馈信号经过类似于直流调速系统所用的控制器（速度调节器等），产生励磁电流给定信号 i_{M1}^* 和电枢电流给定信号 i_{T1}^*，经过反旋转变换 VR^{-1} 得到 i_α^* 和 i_β^*，再经过 2/3（相）变换得到三相电流给定信号 i_U^*、i_V^*、i_W^*。把这三个电流控制信号和由控制器直接得到的频率控制信号 ω_1，加到带电流控制的变频器上，这样变频器便可输出（能使三相异步电动机性能直流电动机化的）三相变频电流 i_U、i_V、i_W。

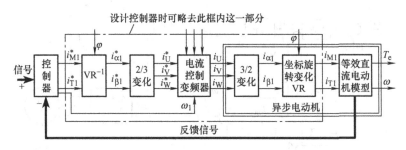

图 5-38 矢量控制交流变频调速系统结构框图

5.5.5 异步电动机矢量控制变频调速系统

矢量控制系统近年来发展迅速，其理论基础虽然是成熟的，但实际系统却种类繁多，各有千秋，这里介绍两种，便于读者得到一个完整的系统概念。

1. 直接磁场定向矢量控制变频调速系统

图 5-39 为一种直接磁场定向矢量控制变频调速系统原理图。

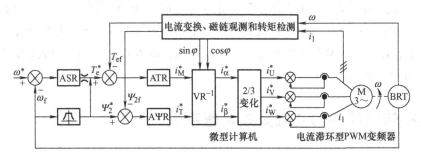

ASR—转速调节器 ATR—转矩调节器 AΨR—磁链调节器 BRT—转速传感器

图 5-39 直接磁场定向矢量控制变频调速系统原理图

整个系统与图 5-38 的矢量变换控制系统构想很相近。图中带"＊"号的是各量的给定信号，不带"＊"号的是各量的实测信号，系统主电路采用电流跟踪控制 PWM 变换器。系统的控制部分有转速、转矩和磁链三个反馈环节。磁通给定信号由函数发生环节获得，转矩给定信号同样受到磁通信号的控制。

直接磁场定向矢量控制变频调速系统的磁链是闭环控制的，因而矢量控制系统的动态性能较高，但它对磁链反馈信号的精度要求很高。

2. 间接磁场定向矢量变换控制变频调速系统

图 5-40 是另一种矢量控制变频调速系统——暂态转差补偿矢量控制变频调速系统。该系统中磁链是开环控制的，由给定信号并靠矢量变换控制方程确保磁场定向，没有在运行中实际检测转子磁链的相位，这种情况属于间接磁场定向。由于没有磁链反馈，这种系统结构相对简单。但这种系统在动态过程中实际的定子电流幅值及相位与给定值之间总会存在偏差，从而影响系统的动态性能。为了解决这个问题，可采用参数辨识和自适应控制或智能控制方法。

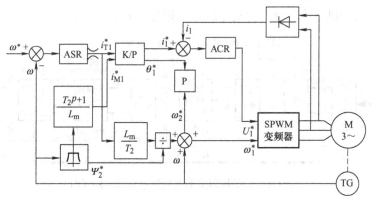

图 5-40　暂态转差补偿矢量控制变频调速系统

图 5-40 所示系统中，主电路采用由 IGBT 构成的 SPWM 变换器，控制结构完全模仿了直流电动机的双闭环调速系统。系统的外环是速度环，转速给定与实测转速比较后，经过速度调节器 ASR 输出转矩电流给定信号 i_{T1}^*。同时实测转速角速度 ω 经函数发生器输出转子磁链给定值 Ψ_2^*，经过异步电动机动态数学模型运算得励磁电流给定值 i_{M1}^*。i_{T1}^*、i_{M1}^* 经坐标变换输出定子电流的给定值 i_1^* 和定子电流相角给定值 θ_1^*，对 θ_1^* 微分后作为暂态转差补偿分量。Ψ_2^*、i_{T1}^* 按式（5-33）运算后得到 ω_2^*，加上 ω，再加上暂态转差补偿分量，得到频率给定信号 ω_1^*，作为 SPWM 信号的频率给定。i_1^* 与反馈电流 i_1 比较后经电流调节器 ACR 输出信号 U_1^* 作为 SPWM 的幅值给定信号。

5.6　直接转矩控制的交流变频调速系统

5.6.1　直接转矩控制技术的诞生与发展

矢量控制技术模仿直流电动机的控制，以转子磁场定向，用矢量变换的方法，实现了对交流电动机的转矩和磁链控制的完全解耦，使交流变频调速系统在静、动态性能上完全可以与直流调速系统相媲美。它的提出具有划时代意义。然而，在实际应用上由于转子磁链难以准确观测，并且系统特性受电动机参数的影响较大，以及在模拟直流电动机控制过程中所用矢量旋转变换的复杂性，使得实际的控制效果难以达到理论分析的结果。这是矢量控制技术在实践上的不足之处。

1977 年 A. B. Piunkett 在 IEEE 杂志上首先提出了直接转矩的控制思想，1985 年由德国鲁尔大学德彭布罗克（Depenbrock）教授首次取得了实际应用的成功，接着 1987 年把它推广到弱磁调速范围。目前在德国，直接转矩控制技术已成功应用于兆瓦级的电力机车牵引上。日本研制成功 1.5kW 直接转矩控制变频调速装置，其转矩响应频率高达 2kHz，冲击转矩可瞬时达到额定转矩的 20 倍，使电动机从 500 ~ -500r/min 的反转时间只有 4ms。在电气传动领域中，这几项指标均居目前世界最高纪录。当前，德国、日本、美国等都竞相发展该项技术，今后的发展趋势是采用第四代电力电子器件（IGBT，IGCT，…）及数字化控制元件（如 TMS320CXX 数字信号处理及其他 32 位专用数字化模块），向工业生产应用推出全数字化最优直接转矩控制的异步电动机变频调速装置。

5.6.2　直接转矩控制技术的特点

不同于矢量控制技术，直接转矩控制有着自己的特点，它在很大程度上解决了矢量控制中计算复杂、特性易受电动机参数变化的影响、实际性能难以达到理论分析结果的一些重要问题。直接转矩控制技术一诞生，就以自己新颖的控制思想，简洁明了的系统结构，优良的静、动态性能受到了普遍的关注并得到了迅速的发展。与矢量控制系统相比，直接转矩控制系统有如下特点。

1）直接转矩控制是直接在定子坐标系下分析交流电动机的数学模型，控制电动机的磁链和转矩。它不需要将交流电动机与直流电动机进行比较、等效、转化；既不需要模仿直流电动机的控制，也不需要为解耦而简化交流电动机的数学模型，它省掉了矢量旋转等复杂的变换与计算。因此，它所需要的信号处理工作比较简单，所用的控制信号易于观察者对交流电动机的物理过程做出直接和明确的判断。

2）直接转矩控制的磁场定向采用的是定子磁链轴，只要知道定子电阻就可以把它观测出来。而矢量控制的磁场定向所用的是转子磁链轴，观测转子磁链需要知道电动机转子电阻和电感。因此，直接转矩控制大大减轻了矢量控制技术中控制性能易受参数变化影响的问题。

3）直接转矩控制采用空间矢量的概念来分析三相交流电动机的数学模型和控制各物理量，使问题变得简单明了。

4）直接转矩控制强调的是转矩的直接控制效果。与著名的矢量控制的方法不同，直接控制转矩不是通过控制电流、磁链等量来间接控制转矩，而是把转矩直接作为被控量进行控制，强调的是转矩的直接控制效果。其控制方式是：通过转矩两点式调节器把转矩检测值与转矩给定值做滞环比较，把转矩波动限制在一定的容差范围内，容差的大小由频率调节器来控制。因此，它的控制效果不取决于电动机的数学模型是否能够简化，而是取决于转矩的实际状况。它的控制既直接又简单。对转矩这种直接控制方式也称为"直接自控制"。这种"直接自控制"的思想不仅用于转矩控制，也用于磁链量的控制，但以转矩为中心来进行综合控制。

5）实际应用表明，采用直接转矩控制的异步电动机变频调速系统，电动机磁场接近圆形，谐波小，损耗低，噪声及温升均比一般逆变器驱动的电动机小得多。

综上所述，直接转矩控制技术，用空间矢量的分析方法，直接在定子坐标系下计算与控制交流电动机的转矩，采用定子磁场定向，借助于离散的两点式调节产生 PWM 信号，直接对逆变器的开关状态进行最佳控制，以获得转矩的高动态性能。它省掉了复杂的矢量变换运算与电动机数学模型的简化处理过程，控制结构简单，控制手段直接，信号处理的物理概念明确。该控制系统的转矩响应迅速，限制在一拍以内，且无超调，是一种具有较高动态响应的交流调速技术。

5.6.3 直接转矩控制（DTC）的基本思想

按照生产工艺要求控制和调节电动机的转速是调速系统的最终目的。然而，转速是通过转矩来控制的，电动机转速的变化与电动机的转矩有着直接而又简单的关系，转矩的积分就是电动机的转速，积分时间常数 T_m 由电动机的机械系统惯性所决定，只有电动机的转矩影响其转速。可见控制和调节电动机转速的关键是如何有效地控制和调节电动机的转矩。

对于电动机，无论是直流电动机还是交流电动机，都由定子和转子两部分组成。定子产生定子磁动势矢量 F_1，转子产生转子磁动势矢量 F_2，二者合成得到合成磁动势矢量 F_Σ。F_Σ 产生磁链矢量。由电动机统一理论可知，电动机的电磁转矩是由这些磁动势矢量的相互作用而产生的，即等于它们中任何两个矢量的矢量积。

$$
\begin{aligned}
T_e &= C_m(F_1 \times F_2) = C_m F_1 F_2 \sin\angle(F_1, F_2) \\
&= C_m(F_1 \times F_\Sigma) = C_m F_1 E_\Sigma \sin\angle(F_1, F_\Sigma) \\
&= C_m(F_2 \times F_\Sigma) = C_m F_2 F_\Sigma \sin\angle(F_2, F_\Sigma)
\end{aligned} \tag{5-34}
$$

式中，F_1、F_2、F_Σ 分别为矢量 F_1、F_2、F_Σ 的模；$\angle(F_1、F_2)$、$\angle(F_1,F_\Sigma)$、$\angle(F_2,F_\Sigma)$ 分别为三个矢量 F_1、F_2、F_Σ 之间的夹角。

异步电动机的 F_1，F_2，F_Σ（Ψ_m）在空间以同步角速度 ω_1 旋转，彼此相对静止。因此，可以通过控制两磁动势矢量的幅值和两磁动势矢量之间的夹角来控制异步电动机的转矩。但是，由于这些矢量在异步电动机定子轴系中的各个分量都是交流量，故难以进行计算和控制。

在矢量变换控制系统中是借助于矢量旋转坐标变换（定子静止坐标系→空间旋转坐标系）把交流量转化为直流控制量，然后再经过相反矢量旋转坐标变换（空间旋转坐标系→定子静止坐标系）把直流控制量变为定子轴系中可实现的交流控制量。显然，矢量变换控制系统虽然可以获得高性能的调速特性，但是往复的矢量旋转坐标变换及其他变换大大增加了计算工作量和系统的复杂性，而且由于异步电动机矢量变换控制系统是采用转子磁场定向方式，设定的磁场定向轴易受电动机参数变化的影响，因此异步电动机矢量变换控制系统的鲁棒性较差，当采取参数自适应控制策略时，又进一步增加了系统的复杂性和计算工作量。

直接转矩控制系统不需要往复的矢量旋转坐标变换，直接在定子坐标系上用交流量计算转矩的控制量。

由式（5-34）可知，转矩等于磁动势矢量 F_1 和 F_Σ 的矢量积，而 F_1 与定子电流矢量 i_1 成比例，F_Σ 与磁链矢量 Ψ_m 成比例，因而可以得知转矩与定子电流矢量 i_1 及磁链矢量 Ψ_m 的幅值大小和二者之间的夹角关系，并且定子电流矢量 i_1 的幅值可直接检测得到，磁链矢量 Ψ_m 的幅值可从电动机的磁链模型中获得。在异步电动机定子坐标系中求得转矩的控制量后，根据闭环系统的构成原则，设置转矩调节器，形成转矩闭环控制系统，可获得与矢量变换控制系统相接近的静、动态调速性能指标。

从控制转矩角度看，只关心电流和磁链的乘积，并不介意磁链本身的大小和变化。但是，磁链的大小与电动机的运行性能有密切关系，与电动机的电压、电流、效率、温升、转速、功率因数有关，所以从电动机合理运行角度出发，仍希望电动机在运行中保持磁链幅值恒定不变。因此，还需要对磁链进行必要的控制。同控制转矩一样，设置磁链调节器构成磁链闭环控制系统，以实现控制磁链幅值为恒定的目的。目前控制磁链有两种方案，一种是日本学者高桥勋教授提出的方案，是让磁链矢量基本上沿圆形轨迹运动；另一种是德国学者德彭布罗克教授提出的方案，是让磁链矢量沿六边形轨迹运动。

由以上的叙述，可以初步了解异步电动机直接转矩控制系统的基本控制思想，并可得到依直接转矩控制系统控制思路的直接转矩控制系统的结构描述，如图 5-41 所示。

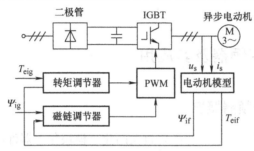

图 5-41　直接转矩控制系统基本思路框图

5.6.4　直接转矩控制交流变频调速装置实例（阅读材料）

图 5-42 为 ABB 公司 ACS 600 直接转矩控制交流变频调速系统装置示意图。

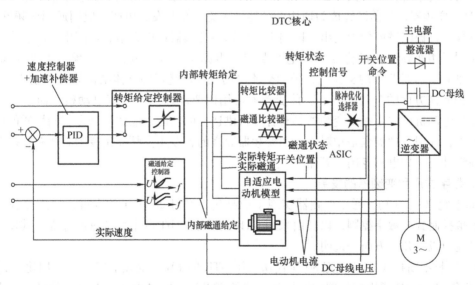

图 5-42　ACS 600 直接转矩控制交流变频调速系统装置示意图

ACS 600 系列的特点是采用直接转矩控制（DTC）技术。采用 DTC 技术，不用光电编码盘反馈，就可以实现对电动机转速和转矩的精确控制。在 DTC 中，将定子磁链和转矩作为主要的控制变量，使用高速数字处理器与自适应电动机模型软件，通过对电动机电压、电流和控制信号的采样、比较和处理，可对电动机的状态参数进行每秒 40000 次的更新控制；这意味着控制器对负载扰动和电网瞬时断电可做出精确的快速响应。ACS 600 系列变频调速系统的技术数据如下。

1）输出电压（三相）：0～供电电压（380～690V）。

2）输出频率：$f = 0 \sim 300\text{Hz}$。

3）输出功率：$P = 2.2 \sim 3000\text{kW}$。

4）静态速度精度：（0.1%～0.5%）×标称转速。

5）转矩上升时间：$t_r < 5\text{ms}$。

由以上技术指标可以看到，直接转矩（开环）控制的精度可以达到磁链矢量（闭环）控制的精度。

5.7 数字式通用变频器及其应用

5.7.1 数字式通用变频器概况

随着电力电子器件的不断发展，各种自关断化、模块化等器件的出现，以及变流电路开关模式的高频化和控制手段的全数字化等，变频电源装置越来越小型化、多功能化、高性能化。尤其是控制手段的全数字化和微型计算机的巨大的信息处理能力，其软件功能不断强化，使变频装置的灵活性和适应性不断增强。目前，中小容量（600kV·A 以下）的一般用途的变频器已经实现了通用化。

采用大功率自关断开关器件（GTO、GTR、IGBT 等）作为开关器件的正弦脉冲调制式（SPWM）变频器，目前已经成为通用变频器的主流。在开发、生产、应用通用变频器方面，国外以日本、德国进展最为突出。国内引进的通用变频器也以日本、德国生产的居多。

所谓通用变频器是指将变频主电路及控制电路整合在一起，将工频交流电（50Hz 或 60Hz）变换成各种频率的交流电，带动交流电动机变速运行的整体结构装置。在这里，"通用"一词有两方面的含义：一是这种变频器可用以驱动通用型交流电动机，而不一定使用专用变频电动机；二是通用变频器具有各种可供选择的功能，能适应许多不同性质的负载机械。此外，通用变频器也是相对于专用变频器而言的，专用变频器是专为某些有特殊要求的负载而设计的，如电梯专用变频器。

1. 数字式通用变频器的发展

20 世纪 80 年代初，通用变频器实现了商品化，经过 20 多年的发展，通用变频器经历了由模拟控制到全数字控制，以及由采用 GTR 到采用 IGBT 两个大的进展过程。其发展情况可粗略地由以下几个方面来说明。

1）容量不断扩大。20 世纪 80 年代初采用 GTR 的 PWM 变频器实现了通用化，到了 20 世纪 90 年代，GTR 通用变频器的容量就达到了 600kV·A。400kV·A 以下的已经基本实现了系列化。到 20 世纪的后几年，通用变频器的主开关器件开始采用 IGBT。目前利用 IGBT 构成的高压（3kV·A/6.3kV·A）变频器的最大容量已达 7460kV·A。随着 IGBT 容量的不断扩大，通用变频器的容量也将随之扩大。

2）结构的小型化。变频器主电路中功率电路的模块化，使得控制电路采用大规模集成电路和全数字控制技术，结构设计上采用"平面安装技术"等一系列措施，促进了变频电源装置的小型化。以富士公司的变频器为例，经一次改型（由 G5S 到 G7S）其装置体积就缩小了一半。

3）多功能化和高性能化。电力电子器件和控制技术的不断发展，使变频器向多功能化和高性能方向发展。微型计算机的应用，以其精练的硬件结构和丰富的软件功能，为变频器多功能化和高性能化提供了可靠的保证。特别是日益丰富的软件功能使通用变频器的适应性不断增强。如变频器的转矩提升功能使低速下的转矩过载能力提高到150%，使起动和低速运行性能得到很大提高；又如转差补偿功能使异步电动机的机械特性的硬度甚至大于工频电网供电时的硬度。此外，如多步转速设定功能，S 型加减速和自动加速控制功能，故障显示和记忆功能，灵活的通信功能等，使变频器的应用更为广泛、灵活。

8 位 CPU、16 位 CPU 的使用，奠定了通用变频器全数字控制的基础，32 位数字信号处理器（DSP）的应用更是将通用变频器的性能提高了一大步，实现了转矩控制，推出了"无跳闸"功能。目前出现的一类"多控制方式"通用变频器，具有多种控制方式，如通用变频器可实现的免测速 U/f 控制、测速 U/f 控制、免测速矢量控制、测速矢量控制四种控制方式，通过控制面板就可以设定上述四种控制方式中的任一种，以满足用户的需要。得到进一步发展的是所谓"工程型"的高性能变频器，完善的软件功能和规范的通信协议，使它对自身可实现灵活的"系统组态"，对上级控制系统可实现"现场总线控制"，因此特别适合在现代计算机控制系统中作为传动执行机构。

4）应用领域不断扩大。通用变频器对各类生产机械、各类生产工艺的适应性不断增强。最初通用变频器仅用于风机、泵类负载的节能调速和化纤工艺中高速缠绕的多机协调运行等。现在，通用变频器的应用领域得到了相当大的扩展，如搬送机械，从反抗性负载的搬运车辆、带式运输机，到位能负载的起重机、提升机、立体仓库、立体停车场等都已采用了通用变频器；金属加工机械，从各类切削机床直到高速磨床乃至数控机床、加工中心超高速伺服机构的精确位置控制等；在其他方面，如农用机械、食品机械、木工机械、印刷机械等。可以说，变频器的应用范围相当广阔并且还将继续扩大。

2. 数字式通用变频器的技术动向

通用变频器的技术发展动向大致有如下几个方面。

1）IGBT 和 IPM 的应用。最近几年 IGBT 的应用正在迅速推进。它显著的特点是开关频率高，驱动电路简单，用于通用变频器时具有低噪声运行、电流波形更趋于正弦波、装置紧凑、可靠性高等明显效果。

IPM（智能功率模块）以 IGBT 作为主开关器件，将主开关器件、续流二极管、驱动电路、电流、电压、温度检测元件及保护信号生成与传送电路、某些接口电路集成在一起，形成混合式电力集成电路。使用了 IPM 后 IGBT 的前述效果更为明显。目前小容量变频器已经开始采用这种 IPM。采用 IPM 可使变频器的体积、重量和连线大为减少，功能大为提高，可靠性也大为增加。

2）网侧变频器的 PWM 控制。目前，上市的绝大多数通用变频器其网侧变流器都采用不可控的二极管整流器。为进一步提高效率、减少损耗，现已开发出一种新型的采用 PWM 控制方式的自换相变流器（称为 PWM 整流器），其电路结构形式与逆变器完全相同，每个桥臂均由一个自关断器件和一个二极管反并联组成。PWM 整流器的特点是：直流输出电压连续可调，输入电流（网侧电流）波形基本上是正弦波，功率因数可保持为1，并且能量可以双向流动。

采用PWM整流器的变频器，又称为"双PWM控制变频器"。这种再生能量回馈式高性能通用变频器，代表着另一个新的技术发展动向。它的大容量化，对于制动频繁的或可逆运行的生产设备十分有意义。

3）矢量控制变频器的通用化。无速度传感器的矢量控制系统的理论研究和实用化的开发，代表通用变频器另一个新的技术发展动向。

5.7.2 数字式通用变频器的结构

通用变频器的外形如图5-43所示，其结构分为内部结构与外部结构两部分。

图5-43 通用变频器的外形

1. 外部结构

外部结构主要指变频器与外部接线的端子，图5-44是MM440型通用变频器外部接线端子。从图中看出外部接线端子共有三部分：一是主电路接线端子，包括接工频电网的输入端子（可以是单相、也可以是三相）及接电动机的输出端；二是控制端子，包括外部信号控制变频器的端子、变频器工作状态指示端子、变频器与其他设备的接口端子；三是操作面板，包括液晶显示屏和键盘。

（1）外部接线端子标准接线说明

1）电源端子（L1、L2、L3/R、S、T）。一般应将电网提供的交流电源通过断路器和接触器连接至变频器主电路电源端子（不同厂家的代表电源端子的字母不同，如R、S、T/L1、L2、L3），电源连接不用考虑相序。

2）变频器输出端子（U、V、W）。应按正确的相序连接到电动机对应的三相绕组上。如运行命令和电动机的旋转方向不一致时，可在U、V、W三相中任意更改两相接线。

不要将功率因数补偿电容器或浪涌吸收器连接到变频器的输出端，更不要将电网提供的交流电源连接至变频器的输出端。这样将会损坏变频器。

3）外部制动电阻接线端子。额定容量比较小的变频器有内装的制动单元和制动电阻，如内装的制动电阻容量不够时要外接制动电阻。容量较大的变频器一般内部不装制动电阻，如需要外接制动电阻（如MM440型的B+、B-端接入的电阻R），应选配与各种不同变频器相适配的制动电阻接在专用制动电阻接线端子上。

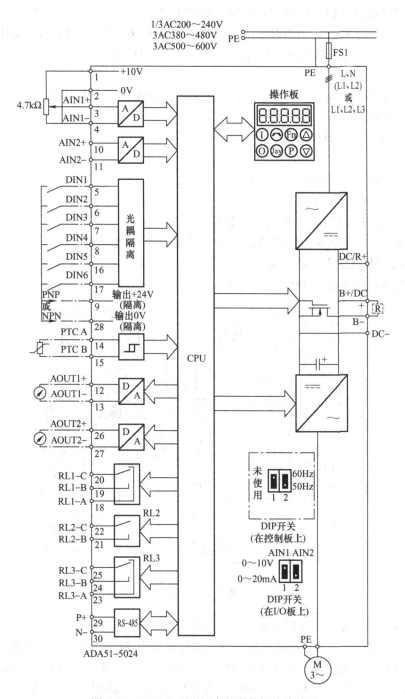

图 5-44 MM440 型通用变频器外部接线端子

4）接地端子。为了确保安全和减小噪声，接地端子必须接地。接地导线应尽量粗，距离应尽量短，并应采用变频器系统的专用接地方式（如 MM440 型的 PE 端）。

5）在变频器的控制电路接线端子上，应按各种变频器的具体要求接入所需的控制信号或控制元件、部件。一般在控制端子上应连接为设定频率所需的器件，如电位器（如

MM440 中 4.7kΩ 的电阻）、按钮等；应接入各种开关量输入信号，连接各种必要的按钮如正转、反转、起动、停止、紧急停止（如 MM440 的 5、6、7、8、16、17 端外接的按钮）等。有的变频器还可连接输出显示信号、报警信号（如 MM440 的 12、13、26、27 端外接的显示仪表）等。

（2）操作面板功能说明　变频器操作面板的基本功能相同，主要有以下几个方面。

1）监视变频器运行。

2）变频器运行参数的自整定。

3）显示频率、电流、电压等。

4）设定操作模式、操作命令、功能码。

5）故障报警状态的复位。

6）读取变频器运行信息和故障报警信息。

以上功能，可按照各种变频器的具体说明进行各种设置和操作。

2. 内部结构及其工作原理介绍

通用变频器的内部结构如图 5-45 所示。

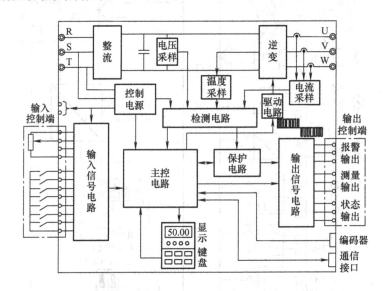

图 5-45　通用变频器的内部结构

（1）功率变换单元　整流器和逆变器是变频器的两个主要功率变换单元。工频电网电压经变频器输入端输入，再经整流电路将交流电变换成直流电；直流中间电路除了有滤波环节（对整流电路的输出进行平滑滤波），还兼有制动环节；逆变电路将直流电再逆变成交流电（交流电压的频率和电压大小受驱动信号控制），由输出端输出到交流电动机。

（2）驱动控制单元　驱动控制单元主要包括 PWM 信号分配电路、输出信号电路等，其主要作用是产生符合系统控制要求的驱动信号，其受中央处理单元的控制。

（3）中央处理单元　中央处理单元主要包括控制程序、控制方式等部分，是变频器的核心。外部控制信号（如频率设定、正反转信号等）、内部检测信号、用户对变频器的参数设定信号等送到 CPU，经 CPU 处理后，对变频器进行相应的控制。

（4）保护及报警单元　变频器通常都有故障自诊断功能和自保护功能。当变频器出现故障或输入、输出信号异常时，由 CPU 控制驱动，改变驱动信号，使变频器停止工作，实现自我保护功能。

（5）参数设定和监视单元　该单元主要由操作面板组成，用于设定变频器的参数和监视变频器当前的运行状态。

5.7.3　通用变频器的铭牌参数

在使用变频器时，应该首先注意变频器的铭牌数据，它用最简洁的方式给出了变频器最重要的信息。以下是富士电动机公司的 FRN30G9S—4JE 型变频器的铭牌。

TYPE FRN30G9S—4JE　　　　　　　　FUJI　　　　　　←①②

SOURCE3Φ　　380 ~ 420/380 ~ 460 V　　50/60Hz　　←③④⑤

OUTPUT　　　46kV·A　　　60A　　0.2 ~ 400Hz　←⑥⑦

SER. NO.　　49HB12345R678-9H　　　　　　　　←⑧

Fuji Electric Co. , Ltd Made in Japan　FRN30G9S—4JE 型变频器的铭牌

该铭牌上标示出了许多重要信息。

① 变频器型号。从型号 FRN30G9S 中看出该变频器的适配电动机为 30 kW，过载能力为 150%（G9S 为 150%，P9S 为 120%）额定电流。

② 电源系列。4JE 表示为 400 V 电压等级（若为 2JE 则为 200 V）。

③ 相数：3 相。

④ 输入电压范围：380 ~ 420 V/380 ~ 460 V。

⑤ 输入电压频率：50/60 Hz。

⑥ 额定容量：为 46 kV·A，额定电流为 60 A。

⑦ 输出频率范围：0.2 ~ 400 Hz。

⑧ 生产序列号。

5.7.4　通用变频器的选择

1. 变频器种类的选择

通用变频器根据性能及控制方式的不同可分为简易型、多功能型、高性能型等。用户可根据实际用途及需要进行选择。

（1）简易型通用变频器　简易型通用变频器一般采用 U/f 控制方式，主要以风扇、风机、泵等为控制对象，其节能效果显著，成本较低。

（2）多功能型通用变频器　随着工业企业自动化技术的不断应用，自动仓库、升降机、搬运系统等的高效化、低成本化及小型 CNC 机床、挤压成型机、纺织及胶片机械的高速化、高效率化、高精度化等已日趋重要，选用多功能型变频器可满足这些具有一定特殊要求的驱动需要。

（3）高性能型通用变频器　经过十余年的发展，目前矢量控制的变频器已通用化、实用化。矢量控制回路的数字化以及参数自调整功能的引入，使得变频器自适应等功能更加充实，特别是无速度传感器矢量控制技术的实用化，使得高性能的采用矢量控制方式的通用变频器的应用日益广泛，目前这类变频器主要应用于挤压成型机、电线、橡胶制造等设备的驱

动需要。

2. 通用变频器的规格指标

在选择变频器时，会接触到生产厂家提供的各种类型变频器的产品样本。这些产品样本中一般会介绍变频器的系列型号、特点以及选定变频器所需要的多种性能和功能指标。下面简单介绍一下通用变频器的标准性能和功能指标的基本含义。

（1）型号 型号一般为厂家自定的系列名称，其中还包括电压级别和可适配的电动机容量（或为变频器输出容量）。型号可作为订购变频器的依据。

（2）电压级别 根据各国的工业标准或用途不同，其电压级别也各不相同。在选择变频器时首先应该考虑其中电压级别是否与输入电源和所驱动的电动机的电压级别相适应。普通变频器的电压级别分为200 V级和400 V级两种。

（3）最大适配电动机 这一栏中通常给出最大适配电动机的容量（kW）。应该注意，这个容量一般是以4级普通异步电动机为对象，而6级以上电动机和变级电动机等特殊电动机的额定电流大于4级普通异步电动机，因此在驱动4级以上电动机及特殊电动机时就不能单单依据此项指标选择变频器。同时还要考虑变频器的额定输出电流是否能够满足电动机的额定电流。

（4）额定输出 变频器的额定输出包含额定输出容量和额定输出电流两方面的内容。其中额定输出容量为变频器在额定输出电压和额定输出电流下的三相视在输出功率（kV·A），即

$$P = \sqrt{3}UI \times 10^{-3} \qquad (5\text{-}35)$$

而额定输出电流则为变频器在额定输入条件下，以额定容量输出时，可连续输出的电流。

（5）电源 变频器对电源的要求主要有电压/频率、允许电压变动率和允许频率变动率等几个方面。其中电压/频率指输入电源的相数（单相、三相）以及电源、电压的范围（200 ~ 230 V，380 ~ 460 V）和频率要求（50 Hz，60 Hz）。允许电压变动率和允许频率变动率为输入电压幅值和频率的允许波动的范围，一般电压允许波动为额定电压的±10%左右；而频率波动一般允许为额定频率的±5%左右。

（6）控制特性 变频器控制特性方面的指标较多，通常包括以下几个方面。

1）主回路工作方式。主回路工作方式由整流电路与逆变电路的连接方式所决定，可分为电压型和电流型两类。电压型是指在直流中间回路中采用电容进行滤波，而电流型的直流中间回路则采用电感滤波。

2）变频工作方式。变频器的变频（或逆变）工作方式分为PWM和PAM方式，其中PWM方式有等幅PWM和正弦波PWM两种类型；PAM方式有相控PAM和斩波PAM两种类型。

3）逆变电路控制方式。针对电动机的固有特性、负载特性以及运转速度的要求，控制变频器的输出电压（电流）和频率的方式一般可分为U/f、转差频率、矢量运算三种控制方式。

4）输出频率范围。变频器可控制的输出频率范围：最低的起动频率一般为0.3Hz，最高频率则因变频器性能指标而异。

5）输出频率分辨率。输出频率分辨率为输出频率变化的最小量。在数字型变频器中软起动回路（频率指令变换回路）的运算分辨率决定了输出频率的分辨率，如图5-46所示。若运算分辨率能达到1/30000 ~ 1/10000，则对于一般的应用没有问题；若运算分辨率在

1/1000左右，则电动机进行加减速时可能发生速度不平稳的
情况。

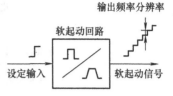

图 5-46   输出频率分辨率

若最高输出频率为 300Hz，分辨率为 1/1000，则输出频率
最小的变化幅度为 0.3Hz。

6）输出频率精度。输出频率精度为输出频率根据环境条
件变化而变化的程度。有

$$频率精度 = 频率变动大小 \times 100\% 最高频率$$

7）频率设定方式。一般普遍采用变频器自身的参数设定方式设定频率，或者通过设定
电位器及其他规格为 0 ~ 10 V （0 ~ 5 V）、4 ~ 20mA 的外部输入信号进行频率设定。高性能
变频器还可选择数字（BCD 码、二进制码）输入以及上位机发送的 RS-232C 和 RS-422 等运
转控制信号。

8）过载能力。变频器所允许的过载电流，以额定电流的百分数和允许的时间来表示。一
般变频器的过载能力为额定电流的 150%，持续 60s；或者 130%，持续 60s。如果瞬时负载超
过了变频器的过载耐量，即使变频器与电动机的额定容量相符，也应选择大一档的变频器。

9）制动方式。变频器的电气制动一般分为能耗制动、电源回馈制动、直流制动三种。
前两类都是电动机把能量反馈到变频器，其中能耗制动是将能量消耗在制动电阻上，转换成
热能；电源回馈制动则是将能量通过回馈电路反馈到供电电网上。直流制动是运用变频器输
出的直流电压在电动机绕组中产生的直流电流将转子的能量以热能的形式消耗掉。

直流制动通常用于数赫兹以下的低频区域，即电动机即将停止之前，而其他制动不能产
生有效制动的场合。对于不经常制动的系统，在制动时也可实行全程直流制动方式，如
图 5-47 所示。

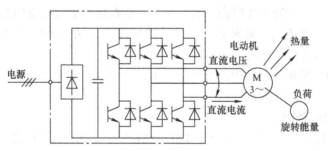

图 5-47   直流制动方式

能耗制动时不加外接制动电阻的场
合制动力约为 20%，加外接制动电阻时
制动力可达 100% 以上。由于制动电阻需
要散热的时间，所以能耗制动一般用于
制动频率不高的场合，如图 5-48 所示。

从节能的角度来看，电源回馈制动
是最好的一种制动方式，如图 5-49 所示。
因为电源回馈制动电路很昂贵，所以一
般用于频繁制动的场合。

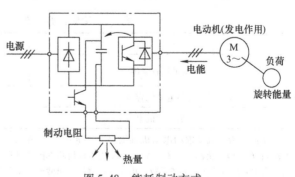

图 5-48   能耗制动方式

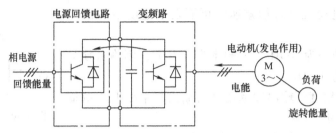

图 5-49 电源回馈制动方式

（7）保护功能 变频器的保护功能很多，通常有以下内容。

1）欠电压保护。欠电压指的是变频器的电源电压在规定值以下的状态，也包括瞬时断电，此时会导致电动机的输出转矩不足和过热现象。欠电压保护就是为了防止控制电路的误动作和主电路元件工作异常，在直流中间电路电压持续 15ms 以上低于欠电压极限值时，变频器将停止输出。

2）过电压保护。电源电压过高或电动机急速减速以及起重机、电梯等超负荷的场合，当直流回路的电压超出规定值时，为防止主电路元件因过电压而损坏，变频器将停止输出。

3）过电流保护。由于电动机直接起动或变频器输出侧发生相间短路或接地等事故时，变频器的输出电流会瞬间急剧增大，当超过主电路元件的允许值时，为保护其不被击穿，将关闭主电路元件停止输出。变频器的瞬间过电流保护通常设定在额定输出电流的 200% 左右。

4）变频器防失速功能。加速中失速的概念是指由 U/f 控制的变频器，在无速度反馈电动机加速的时候，瞬间急剧提高转速使得变频器输出的频率与电动机实际的运转频率之差（即转差频率）很大，而同时变频器的输出电流又受到限制，使得电动机得不到足够的转矩进行加速而维持原状。失速发生时由于转差过大一般都伴随着过电流的发生而导致变频器跳闸。在加速过程中为避免陷入此种状态，通常根据过电流状态采取暂时停止增加频率的方法，等待电流减小以达到防失速、无跳闸的效果。

此外，在电动机减速、运转中都有可能发生失速现象，变频器的防失速功能同样可以防止这些失速引起的过电流、跳闸现象。

3. 变频器容量的选定

变频器容量的选定由很多因素决定，如电动机容量、电动机额定电流、加速时间等，其中最基本的是电动机额定电流。下面分三种情况就如何选定通用变频器容量做一些简单的介绍。

（1）驱动一台电动机 对于连续运转的变频器必须同时满足表 5-1 中所列三项要求。

表 5-1 变频器容量选择（驱动单台电动机）

要 求	算 式
满足负载输出	$\dfrac{kP_N}{\eta\cos\varphi} \leqslant$ 变频器容量（kV·A）
满足电动机容量	$k\sqrt{3}U_N I_N \times 10^{-3} \leqslant$ 变频器容量（kV·A）
满足电动机电流	$kI_N \leqslant$ 变频器额定电流（A）

注：P_N 为负载要求的电动机轴输出的额定功率（kW）；U_N 为电动机额定电压（V）；η 为电动机效率（通常约 0.85）；I_N 为电动机额定电流（A）；$\cos\varphi$ 为电动机功率因数（通常约 0.75）；k 为电流波形补偿系数。

表中 k 是电流波形补偿系数，由于变频器的输出波形并不是完全的正弦波，而是含有谐波的成分，因而其电流就有所增加。PWM 方式的变频器电流波形补偿系数为 1.05～1.1。

（2）驱动多台电动机 当变频器同时驱动多台电动机时，一定要保证变频器的额定输出电流大于所有电动机额定电流的总和，见表5-2。

表5-2 变频器容量选择（驱动多台电动机）

要　求	算式（过载能力150%，1min）	
	电动机加速时间1min以内	电动机加速时间1min以上
满足驱动时的容量	$\dfrac{kP_N}{\eta\cos\varphi}[N_T+N_s(k_s-1)]$ $=P_{CI}\left[1+\dfrac{N_s}{N_T}(k_s-1)\right]$ ≤1.5×变频器容量（kV·A）	$\dfrac{kP_N}{\eta\cos\varphi}[N_T+N_s(k_s-1)]$ $=P_{CI}\left[1+\dfrac{N_s}{N_T}(k_s-1)\right]$ ≤变频器容量（kV·A）
满足电动机电源	$N_TI_NP_{CI}\left[1+\dfrac{N_s}{N_T}(k_s-1)\right]$ ≤1.5×变频器额定电流（A）	$N_TI_NP_{CI}\left[1+\dfrac{N_s}{N_T}(k_s-1)\right]$ ≤变频器额定电流（A）

注：P_N为负载要求的电动机轴输出；P_{CI}为连续容量（kV·A）；N_T为并列电动机台数；k_s为电动机起动电流/电动机额定电流；η为电动机效率（通常约0.85）；I_N为电动机额定电流（A）；$\cos\varphi$为电动机功率因数；k为电流波形补偿系数（PWM方式为1.05～1.1）；N_s为电动机同时起动的台数。

（3）指定起动加速时间 变频器的容量一般以标准条件为准，在变频器过载能力之内进行加减速。在进行急剧地加速或减速时，一般利用失速防止功能以避免变频器跳闸，但这同时加长了加减速时间。在对加速时间有特殊要求时，必须事先核算变频器的容量是否能够满足所要求的加速时间，如不能则要加大一档变频器容量。在指定加速时间的情况下，变频器所需要的容量计算式为

$$\frac{kn}{937\eta\cos\varphi}T_L+\frac{GD^2n}{375t_A}\leqslant变频器容量 \tag{5-36}$$

式中，GD^2为折算到电动机轴上的总飞轮惯量，单位为kg·m²；t_A为电动机加速度，单位为m/s²；T_L为负载转矩，单位为N·m；k为电流波形补偿系数；η为电动机效率，通常取0.85；$\cos\varphi$为电动机功率因数；n为电动机额定转速，单位为r/min。

4. 应用变频器的注意事项

1）按变频器额定输出容量来选择变频器时，要注意变频器的电压等级，当额定电压是200 V、400 V时，和220 V、440 V是不一样的，这容易造成混淆。而且输入电压还可能上下波动。因此，额定容量往往作为参考指标。

2）按最大适配电动机指标选变频器时，要注意4级以上的电动机应将容量适当选大一些。

3）需考虑过载能力。同样容量的变频器有不同的过载能力，须分清楚是125%/min，还是150%/min。

例如：一台变频器额定输出电压为220V，额定电流为36A，过载能力为125%/min，其可拖动的电动机若按150%过载为多大？

可按下列步骤计算出：

变频器的最大过载电流为

$$36\times1.25A=45A$$

按 150% 过载所计算的额定电流为

$$45A \div 1.5 = 30A$$

查 7.5 kW 4 级电动机的额定电流为 37 ~ 30A，因此该变频器的最大适配电动机为 7.5kW。而按原来过载能力 125% 计算可适配 11 kW 的电动机（36 A 额定电流）。

变频器的过载能力要比电动机的过载能力小，选用时一定要注意。

4）可以用小容量的变频器来驱动轻载运行的大电动机，但要适当放大容量。如一台 7.5kW 的电动机长期工作在轻载，负载容量只有 2.2kW。若按负载电流（17A）计算容量只需 3.7kW 的变频器就够了。但考虑到大电动机轻载运行时电流波动大，故应将容量放大一些，选用 5.5kW 的变频器为好。

5.7.5 通用变频器的安装环境与安装空间

1. 安装环境

变频器是精密的电子设备，为确保其稳定运行，计划安装时，对其工作的场所和环境必须进行考虑，以使其发挥出应有的功能。设置场所一般应注意以下方面。

1）应避免受潮，并且无水浸的顾虑。

2）保证环境中无易燃、易爆、腐蚀性气体和液体，粉尘少。

3）场所易于对变频器进行维修和检查，搬动方便。

4）应备有通风口和换气设备，以排出变频器产生的热量。

2. 安装空间

变频器运行时，会产生热量。为了便于通风，使变频器散热，变频器应垂直安装，不可倒置，并且安装时要使其距离其他设备、墙壁或电路管道有足够的距离。变频器安装在电控柜内时，应注意散热问题，一般应考虑强制换气，但在空气吸入口要设有空气过滤器，门扉部设屏蔽垫，电缆引入口有精梳板以防吸入尘埃。

5.7.6 通用变频器的运行与调试

变频器安装好后，可以进行调试和运行。当然在变频器通电之前，必须进行必要的检查。

1. 通电前的检查

（1）接线、外观检查 首先检查变频器的安装空间和安装环境是否合乎要求，查看变频器的铭牌，看其是否与所驱动的电动机相匹配。然后检查变频器的主电路接线和控制电路接线是否合乎要求。在检查接线过程中，主要应检查以下几方面的问题。

1）交流电源线不要接到变频器的输出端上。

2）变频器与电动机之间的连线不能超过变频器允许的最大布线距离，否则应加交流输出电抗器。

3）交流电源线不能接到控制电路端子上。

4）主电路地线和控制电路地线、公共端、中性线的接法是否合乎要求。

5）在工频与变频相互转换的应用中，应注意电气与机械的互锁。

（2）对电源电压、电动机和变频器控制信号进行测试 检查电源是否在允许电源电压值以内，变频器的控制信号（模拟量信号、开关量信号）是否满足工艺要求。

2. 系统功能设定

为了使变频器和电动机能在最佳状态下运行，必须对变频器的运行频率和有关参数进行设置。

1）频率的设定。变频器的频率设定有两种方式：一种是通过操作面板上的增、减速按键来直接输入变频器的运行频率；另一种是通过外部信号输入端子（电位器、电压信号、电流信号等接线端）直接输入变频器运行频率。两种方式的频率设定只能选择其中之一，这种选择通过对功能码的设定来完成。

2）功能码的设定。变频器一般都具有多个功能码，可对变频器的各种功能进行设定。绝大部分功能必须在"STOP"状态下进行设定，仅有一小部分功能码可在"RUN"状态下设定。

3）变频器系统功能的设定。变频器在出厂时，所有的功能码已经按默认值进行了设定。但是在变频器系统运行时，应按照系统的工艺要求对一些功能码重新进行设定，如频率信号的来源、操作方式的选择、最高频率的限制、基频的设定、额定电压、加减速时间、过载系数、过电流的限制等。

3. 试运行

变频器在正式投入运行前，应驱动电动机空载试运行几分钟。试运行可在 5Hz、10Hz、15Hz、20Hz、25Hz、35Hz、50Hz 等几个频率点进行。此时应注意检查以下几点。

1）核对电动机的旋转方向。

2）电动机是否有不正常的振动和噪声。

3）电动机的温升是否过高。

4）电动机轴旋转是否平稳。

5）电动机升、降速时是否平滑。

试运行正常后，按照系统的设计要求进行面板操作或控制端子操作。

4. 控制端子外部信号操作

变频器在实际系统中往往不是独立运行的，而是相互联锁，共同完成系统的变频调速控制，如可以通过控制端子引入计算机系统输出的 0～10V、4～20mA 的信号，并同时设置功能码，使变频器接收外部信号作为频率给定。可通过控制端子外接功能按钮如正转起动、反转起动、紧急停车等，也可外接报警装置等。

5.7.7　通用变频器应用实例

这里介绍一个使用变频器控制水泵，以实现恒压供水的例子。

恒压供水是指不管用户端用水量大小，总保持管网中水压基本恒定，这样既可满足各部位的用户对水的需求，又不使电动机空转造成电能的浪费。为实现此目标，需要变频器根据给定的压力信号和反馈压力信号调节水泵转速，从而达到控制管网中水压恒定的目的。变频器恒压供水系统如图 5-50 所示。

下面以"一用一备"变频器恒压供水系统为例，简要说明变频器在泵类调速中的应用。

1. 系统主电路

"一用一备"变频器恒压供水系统就是用一台水泵供水，另一台水泵备用，当供水泵出现故障或需要定期检修时，备用泵马上投入使用，不使供水中断。两台水泵均为变频器驱动，并且当变频器出现故障时，可自动实现变频/工频切换。"一用一备"变频器恒压供水系统主电路如图 5-51 所示。图中，M1 为主泵电动机；M2 为备用泵电动机；QA 为自动开关；KM0、KM1、KM2、KM3、KM4 均为接触器。其中 KM1 与 KM3 用于主/备用泵的切换；KM2 与 KM4 用于进行变频/工频切换。FR1、FR2 为热继电器。

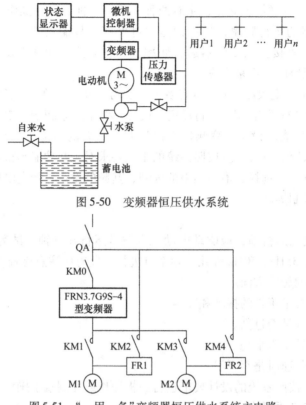

图 5-50 变频器恒压供水系统

图 5-51 "一用一备"变频器恒压供水系统主电路

2. 控制系统结构

该系统由富士 FRN3.7G9S-4 型变频器和微机控制器所组成。控制系统接线图如图 5-52 所示。该系统可实现的功能如下。

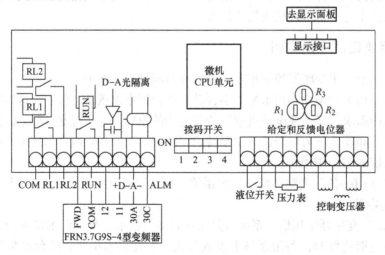

图 5-52 变频器恒压供水系统接线图

1）该系统为一用一备、变频/工频自动切换的恒压供水系统。通过拨码开关的设置以确定所运行的水泵，并通过继电器 RL1、RL2 来控制接触器，以实现主泵电动机和备用泵电动机间的切换。

2）压力给定信号和压力反馈系数通过电位器 R_1 和 R_2 实现调整。

3）微机控制器根据给定压力和反馈压力之间的偏差信号进行调节器的运算，输出 0 ~ 5V 的电压信号给变频器控制端（11、12 端），作为变频器外部频率给定信号，使变频器依据输入电压信号的大小控制水泵按给定转速运行。

4）微机控制器通过继电器 RUN 的吸合，使变频器的 FWD 和 COM 控制端子接通，变频器正转起动。变频器若在运行中发生故障，则会通过无源端子 30A、30C 的闭合给微机控制器发出故障警报信号，使微机端子控制器采取相应的措施控制水泵的变频/工频切换。

5）控制系统的给定压力、实际压力和系统的工作状态通过显示面板进行显示。

6）微机控制器能自动检测水池中的水位，使变频器控制水泵电动机在无水后能自动停机，有水后自动起动。

7）具有电动机过电流、过电压、过载、欠电压等故障保护功能。

综上所述，在该系统中，微机控制器作为上位机进行各种检测和运算、控制，而变频器则作为执行装置按照微机控制器发出的指令控制水泵进行调速运行。各种控制信号的传输是通过控制端子的正确连接来保证的。

3. 变频器的功能设定

按图 5-52 接线完成后，给变频器通电，可根据本系统的工艺情况对变频器的功能设定如下。

1）最大频率：50Hz。

2）最小频率：0Hz。

3）基本频率：50Hz。

4）额定电压：380V。

5）加速时间：15s。

6）减速时间：15s。

7）过载保护倍数：105%。

8）转矩限制：150%。

9）转矩矢量控制：不动作。

其他功能按照变频器出厂设定值设定。

本模块小结

（1）在交流异步电动机调速的基本方法中，由于交流变频调速属于转差功率不变型调速，是异步电动机调速方案中性能最好的一种调速方法。交流变频调速是利用电动机的同步转速随频率变化的特性，通过改变电动机的供电频率进行调速的一种方法。交流变频调速控制系统，调速范围宽、效率高、精度高，实现较容易。

（2）变频调速系统由变频功率主电路（变频电源或变频器）与变频控制电路组成。

1）变频主电路是实现变频调速所必需的变频电源，因结构不同可将其分为两类：间接变频装置（或称交-直-交变频装置）与直接变频装置（或称交-交变频装置）。

间接变频装置因调压与调频环节有差别，又有许多种类。最简单的是采用可控整流器调压与六拍逆变器调频的间接变频装置，其主要缺点是在电压与频率调得较低时，输入功率因数低且输出谐波大。用不可控整流器整流、斩波器调压与六拍逆变器调频的间接变频装置，由于采用斩波脉宽调压，故使功率因数提高，但输出谐波大的缺点仍未得到改善。采用不可控整流器整流，用 PWM（SPWM）逆变器同时调压调频的交-直-交变频装置则克服了上述两个缺点，成为当前最有发展前途的一种交-直-交变频装置结构形式。

间接变频装置根据中间直流滤波环节用到的器件不同可分为两类：电压型或电流型变频装置。中间直流环节采用大电容滤波的交-直-交变频器属于电压型变频装置，采用大电感滤波的交-直-交变频器则属于电流型变频装置。在变频调速系统中，中间直流环节所使用的大电容或大电感是电源与异步电动机之间交换无功功率所必需的储能缓冲元件。两类变频装置由于采用不同的储能元件，在输出波形、输出动态阻抗、动态响应速度、过电流与短路保护难易、对开关元件要求以及线路结构复杂程度等方面具有不同的特点，因而适用于不同的使用对象。

交-交变频装置只用一个变换环节就将恒压恒频电源变成变压变频电源，因为只有一次换能过程，故效率较高，但所用元器件多，电网功率因数低，且输出频率受限制，通常只适用于低速大功率拖动系统。

2）变频调速控制电路采用的控制方式有 U/f 控制方式，转差频率控制方式，矢量控制，直接转矩控制方式。其中 U/f 控制方式与转差频率控制方式是基于异步电动机静态数学模型下的控制方式，而矢量控制与直接转矩控制方式是基于异步电动机动态数学模型下的控制方式。

U/f 控制方式：基频以下，指导思想是保持磁通为额定值（以充分利用铁心），为此实行恒压频比控制（U/f = 恒量）；基频以上，指导思想是定子电压不能超过额定值，为此实行（恒压）弱磁升速控制（$U \approx$ 额定值）。

矢量控制的基本思路是通过对电动机定子旋转磁场的成因进行定向的坐标变换，将三相异步电动机的物理模型分解成 3/2（相）变换——坐标旋转变换（VR）——等效直流电动机物理模型三个部分，然后通过在电动机前面（控制器后面）设置 VR^{-1} 及 2/3（相）变换环节，再通过带电流控制的三相变频器，使交流变频调速达到接近直流调速的性能。这种矢量变换都是通过计算机运算、控制来完成的。

直接转矩控制摈弃了解耦的思想，取消了旋转坐标变换，简单地通过检测电动机定子电压和电流，借助瞬时空间矢量理论计算电动机的磁链和转矩，并根据与给定值比较所得差值，实现磁链和转矩的直接控制。

（3）晶闸管变频器、SPWM 变频器在 U/f 控制方式作用下的开环调速系统性能较差，只适合带风机、泵类负载。晶闸管变频器、SPWM 变频器在转差频率控制方式作用下的闭环调速系统性能虽有较大的提高，但也不适合带对性能要求高的轧钢机等负载。SPWM 变频器在矢量控制方式作用下的调速系统性能大大提高，可以带高性能要求负载，但理论较难，控制电路复杂。SPWM 变频器在直接转矩控制方式作用下的调速系统，控制思路简单、易行，是目前最有价值的系统。

（4）SPWM 变频器在矢量控制方式下的变频调速系统的调速性能与直流双闭环调速系统性能一样，然而，在实际应用上由于转子磁链难以准确观测，并且系统特性受电动机参数的影响较大，以及在模拟直流电动机控制过程中所用矢量旋转变换的复杂性，使得实际的控制效果难以达到理论分析的结果。

（5）直接转矩控制的变频调速系统，电动机磁场接近圆形，谐波小，损耗低，噪声及温升均比一般逆变器驱动的电动机小得多；系统的转矩响应迅速，限制在一拍以内，且无超调，是一种具有较高动态响应的交流调速技术。

（6）通用变频器在采购时，涉及铭牌、类型的选择，容量的计算以及性价比的分析等工作。在使用前，有说明书的阅读、理解、摘要和注意事项的记忆等工作。在使用时，则有外部的接线（包括导线的选择、合理的布线和接地保护等）和控制信号接线，功能的设定，频率的设定以及通电前的检查等工作。通电后，则有工况的记录和各种数据的测量与处理（如转向、转速、振动、噪声、温升以及升、降速是否平滑，运行是否稳定等）的工作。运行中还有故障的发现、分析、诊断和排除等工作。

5-1　变频调速时为什么要维持恒磁通控制？恒磁通控制的条件是什么？

5-2　保持 Φ_m 为常数的恒磁通控制系统，在低速空载时会发生什么问题？采用何种控制的变频系统可以克服这个问题？

5-3　如何控制交-交变频器的正、反组晶闸管，以获得按正弦规律变化的平均电压？

5-4　采用电压闭环控制的晶闸管交-直-交电压型变频调速系统，电压反馈信号可从何处取出？为什么？

5-5　采用电流、电压闭环控制的晶闸管交-直-交电流型变频调速系统，电流、电压反馈信号应从什么地方取出？为什么？

5-6　晶闸管交-直-交电流型变频调速系统能否采用转速、电压、电流均开环控制？

5-7　PWM 控制与 SPWM 控制的共同点与不同点分别是什么？

5-8　在 IGBT-SPWM-VVVF 交流变频调速系统中，在实现恒压频比控制时，是通过什么环节、调节哪些量来实现调速的？

5-9　交流变频调速系统的功率变频装置主要有哪几种类型？

5-10　试述交-交变频器与交-直-交变频器各自的特点。

5-11　电压型与电流型逆变器在构成上有什么区别？在性能上各有什么特点？

5-12　异步电动机变压变频调速的基本控制方式有哪两种？它们的指导思想是什么？

5-13　在变压变频的交流调速系统中，给定积分器的作用是什么？

5-14　简述异步电动机矢量变换控制的基本思路，并分析矢量变换控制方法的优、缺点。

5-15　简述异步电动机直接转矩控制的基本思路，并分析直接转矩控制方法的特点。

5-16　数字化通用变频器的结构如何？

5-17　通用变频器的外部接线通常包括哪些部分？

5-18　为什么交-直-交电压型变频器没有回馈制动能力？

5-19　生成 SPWM 波形最原始采取什么方法？

5-20　分别画出以三角波为载波的单极性、双极性 SPWM 波形。这两种波形的共同点与不同点有哪些？

5-21　某空调使用 750W 变频电动机驱动的压缩机，若配单相通用变频器供电，问此变频器额定容量选多大？取用的额定电流为多少？

5-22　写出磁场定向控制的异步电动机的转矩公式。

5-23　图 5-53 为一直流斩波电路。

1）试分析此直流斩波电路的工作原理；

2）说明电路图中各个元器件的作用；

3）画出负载电阻 R_L 上的电压波形。

【提示：

1）直流斩波电路是通过开关器件控制直流电路的通断，来改变输出直流平均电压大小的电路。它的

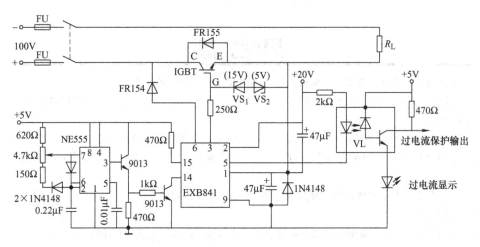

图 5-53　直流斩波电路

电压波形是脉宽可变的方脉冲波。

2）由 555 定时器构成的是一个典型的多谐振荡器，其脉宽及占空比求取公式请参阅电力电子技术相关书籍。】

5-24　图 5-54 为由 IR2233 驱动的三相 IGBT 逆变电路，试判断：

1）这属于哪一种逆变器？主要的用途有哪些？

2）主电路属于哪一种电路？采用的器件（$VT_1 \sim VT_6$）是什么器件？

3）图中的 IC 是什么芯片？它的功能有哪些？

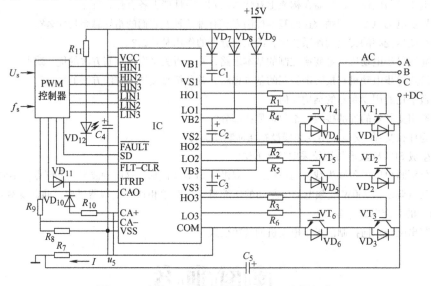

图 5-54　由 IR2233 驱动的三相 IGBT 逆变电路

【提示：IR2233 是专为高电压、高速度的功率 MOSFET 和 IGBT 驱动而设计的。该系列驱动芯片内部集成了互相独立的三组半桥驱动电路，可对上下桥臂提供死区时间（避免上下桥臂元器件同时导通而形成的短路），特别适合于三相电源变换等方面的应用。芯片的输入信号与 5V CMOS 或 LS TTL 电路输出信号兼容，因此可直接驱动 MOSFET 或 IGBT，而且其内部集成了独立的运算放大器，可通过外部桥臂电阻取样电流构成模拟反馈输入。该芯片还具有故障电流保护功能和欠电压保护功能，可关闭 6 个输出通道。同时，芯片能提供具有锁存的故障信号输出,此故障信号可由外部信号清除。各通道良好的延迟时间匹配简化了其在高频领域的应用。

芯片有输入控制逻辑和输出驱动单元,并含有电流检测及放大、欠电压保护、电流故障保护和故障逻辑等单元电路。

在使用时,如驱动电路与被驱动的功率器件较远,则连接线应使用双绞线。驱动电路输出串联电阻一般应在 $10 \sim 33\Omega$,而对于小功率器件,串联电阻应增加到 $30 \sim 50\Omega$。

该电路可将直流电压($+DC$)逆变为三相交流输出电压(U、V、W)。直流电压来自三相桥式整流电路,交流最大输入电压为 460V。逆变电路功率器件选用耐压为 1200V 的 IGBT 器件 IRGPH50KD2。驱动电路使用 IR2233,单电源 +15V 供电电压经二极管隔离后又分别作为其三路高端驱动输出供电电源,电容 C_1、C_2 和 C_3 分别为高端三路输出的供电电源的自举电容。PWM 控制电路为逆变器提供六路控制信号和 SD 信号(外接高电平封锁信号)。f_s 为频率设定,U_s 为输出电压设定。

图中 R_7 为逆变器直流侧的电流检测电阻,它可将电流 I 转换为电压信号 U_s,送入驱动芯片 IR2233 的过电流信号输入端 ITRIP,如电流 I 过大,IR2233 将关闭其六路驱动输出。

为增强系统的抗干扰能力,可使用高速光耦合器 6N136、TLP2531 等元器件将控制部分与由 IR2233 构成的驱动电路隔离。

图 5-54 中元器件型号与参数如下,供参考。$R_1 \sim R_3$:33Ω;$R_4 \sim R_6$:27Ω;R_7:1Ω;$R_8 \sim R_{11}$:5.1Ω;$C_1 \sim C_3$:$1\mu F$;C_4:$30\mu F$;$VT_1 \sim VT_6$:IRGPH50KD2;IC:IR2233。】

模块 **6**

交直流调速系统运行、维护与检修

内容提要

本模块主要介绍交直流调速系统的使用规程、运行规程、维护规程、检修方法与手段，并针对几种类型的交直流调速系统给出了常见故障现象、故障原因、故障检查及故障处理方法。

6.1 交直流调速系统的运行

交直流调速系统的运行一般指系统的合理使用和正确操作。为了保障调速系统安全可靠地运行，防止意外事故的发生，应对调速系统的使用及运行制定必要的规范。

6.1.1 电气调速系统使用规程

1）调速系统必须由专职操作人员进行操作。

2）操作人员都必须经过专门的技术培训，熟悉所操作设备的机械、电气、液压、气动等部分的应用环境及加工条件等。

3）系统操作人员必须具备一定的操作水平。

4）操作人员应掌握一定的调速系统的基本知识。

5）操作人员要掌握操作现场制定的操作规程，并严格执行操作规程。

6）操作人员要掌握由厂家提供的设备使用说明书中的操作步骤和要求，严格按照说明书规定，正确、合理地使用调速系统。

7）操作人员不得动用非正常操作所需的设备。

8）调速控制设备要可靠接地，在使用过程中如果有漏电现象应立即断电，并通知相关维修人员进行处理。

9）操作人员如发现系统工作异常，应及时断电，并立即通知有关维修人员进行处理，以免造成重大事故。

6.1.2 电气调速系统运行规程

1）系统运行操作人员必须穿着必要的保护装置。

2）操作人员不得无故迟到、早退以及工作中脱离现场。

3）操作人员应保持操作现场的安静、整洁，不得把食品、饮料、易燃物品带进操作现场。

4）系统使用前，操作人员应认真检查所需设备是否完好、齐全，如有缺损，应及时报告。

5）操作前操作人员应检查设备是否连接可靠，如有问题及时报告。

6）操作人员应分工明确，并注意操作过程中协调工作。

7）操作人员应严格按照设备操作步骤执行各项工作，仔细观察操作现场的工作现象，观察工作现场仪器、仪表等设备输出值，做好记录，不得伪造结果。

8）在操作中，要爱护仪器、设备，不准擅自用与本操作无关的其他设备。

9）在操作中如遇突发事件，应及时断电，并报告给维修单位进行处理，待事件处理完毕后，方可继续使用。

10）操作中严禁带电接线、拆线，避免接触带电裸露金属部分，杜绝恶性事故发生。

11）操作完毕后按顺序切断电源。

12）操作完毕后要认真清点、整理现场及设备。

13）操作结束后，要认真分析、总结工作过程中出现的现象。

6.2 电气调速系统的维护

调速系统在运行一定时间之后，某些元器件会出现性能不稳定或损坏，某些部件会出现磨损、老化、积灰、污物，某些接线会出现松动、接触不良等现象，虽然暂时不影响系统的运行，但不及时进行清理、更换和维护，时间长了系统必定会出现故障甚至会造成更严重事故的发生。为了提高系统的平均无故障工作时间、使用寿命和零部件的磨损周期，杜绝恶性事故的发生，做好预防、维护是非常必要的。

维护就是按有关维护文件的规定，对电气设备进行定点、定时的检查和维护。从检查、维护的要求和内容上看，预防性维护的内容包括日常维护与定期检查两部分。

1. 日常维护

由于电气控制系统不存在机械磨损，故日常维护比较简单。主要有以下几个方面。

1）建议操作人员每天注意观察执行器件电动机或伺服电动机的旋转速度、异常振动、异常声音、通风状态、轴承温度、外表温度和异常臭味。

2）经常查看运行系统的仪表、指示灯是否工作正常。

3）经常监视系统的供电电网电压是否正常。

系统允许的电网电压范围在额定网压值 −15% ~ 10% 之间，如果超出此范围，轻则使系统不能稳定工作，重则会造成重要的电子部件损坏。因此，要经常注意电网电压的波动。对于电网质量比较恶劣的地区，应及时配置系统专用的交流稳压电源装置，这将使故障率有比较明显的降低。

4）经常查看各类熔丝，特别是快速熔断器是否已经熔断。

5）对大电流环节也要经常注意是否有过热部件，是否有焦味、变色等现象。

6）有条件的地方，每月需经常用示波器观察直流侧的输出波形，如发现波形缺相不齐，要及时处理，排除故障。

7）电柜的空气过滤器每月应清扫一次。

8）每半年对电子部件、插件上的尘埃、油污进行清理。

2. 定期检查

1）每月检查电柜及驱动器的冷却风扇。

2）建议维护人员每月对电动机的电刷、换向器进行检查、更换。

3）每月检查绝缘件有无破损、受潮，保护、接地的连接是否可靠。

4）每月检查辅助电路元件，包括仪表、继电器、控制开关按钮等是否正常。

5）每月检查电路端子、接插件、紧固件是否牢固可靠。

6）每半年要检查导线是否因过热造成损伤，以及变形、老化状况，必要时更换导线。

7）每半年对测速发电机、轴承、热管冷却部分、绝缘电阻进行检测。

8）每年更换已老化、磨损严重的部件。

9）每年检查所有导线接头、接线端子的表面氧化状况，去除氧化状况。

10）每年检查和校验指示性仪表（电流表、电压表等）的准确性和可靠性。

11）每年检查电动机轴承间隙，加注润滑油；对磨损严重、间隙过大的轴承，必须更换。

12）每年必须检查电动机的绝缘状况，有绝缘下降的，必须对绕组进行浸漆处理。

3. 长期停机设备的维护

1）备用的印制电路板要定期通电，否则易出故障。

2）对长期不用的系统，要保证每周通电 1～2 次，每次运行 1h 左右，以防止电器元件受潮，并能及时发现有无电池报警信号，避免系统软件参数丢失。

4. 长期停机的系统再使用时的检查、维护

长期停机的系统再使用时，要先进行检查与维护。

1）外表检查：要求外表整洁，无明显损伤和凹凸不平。

2）接线检查：检查接线有无松头、脱落，尤其是现场临时增加的连线。

3）接地检查：必须保证装置接地可靠。

4）器件完整性检查：装置中不得有缺件，对于易损的元件应该逐一核对，发现已经破损的或老化失效的元件，应及时更换（如熔断器的熔芯有无缺损；转换开关的转动、接触是否良好等）。

5）绝缘性能检查：由于装置长期停机，可能带有灰尘和其他带电尘埃，而影响绝缘性能，因此必须用兆欧表进行绝缘性能检查，若检查部位较潮湿，则应用红外灯烘干或低压供电加热干燥。

6）电气性能检查：根据电气原理，进行模拟工作检查，并且模拟制造动作事故，查看保护系统是否行之有效。

7）主机运转前进行电动机空载试验检查。

8）主机运转时进行系统的稳态和动态性能指标的检查：用慢扫描示波器查看主机点动、升速及降速瞬间电流和速度波形，用双线或同步示波器查看装置直流侧的电压波形；检查系统性能、精度和主要参数的波形是否正常，是否符合要求。

6.3 电气调速系统的检修

电气调速系统的检修主要是指从系统故障发生到故障修理好的全过程的工作。要想完成好这个过程，必须得具备一定的条件。

6.3.1　电气调速系统检修应具备的条件

1. 高素质检修人员

1）检修人员应有高度的责任心和良好的职业道德，工作态度要端正。

2）检修人员必须经过技术方面的专门学习和培训，具有较广的知识面，既要掌握电气方面（包括强电和弱电）的知识，又要了解液压、气动、机械、工艺的知识，同时还应懂得可编程序控制器（PLC）的工作原理和 PLC 编程知识，还应具备一定的工程识图能力。

3）检修人员应具有一定的外语基础和专业外语基础。能看懂国外电气控制系统的配套说明书、报警文本、显示文本。

4）检修人员要注重经验积累，要勤于学习、善于思考。

5）检修人员必须要有较强的动手能力和实践技能，能熟练使用维修所必需的工具、仪器和仪表；能进入一般运行操作者无法进入的特殊运行操作模式。

6）检修人员应养成良好的工作习惯，胆大心细。检修时必须有明确的目的、完整的思路、细致的操作。

2. 必要的检修参考资料

1）使用说明书。它是由生产厂家编制并随系统提供的资料，通常包括以下与维修有关的内容。

① 系统操作过程与步骤。

② 系统电气控制原理图、框图及接线图。

③ 系统安装和调整的方法与步骤。

④ 系统使用的特殊功能及其说明等。

⑤ 系统操作面板布置及其操作方法。

⑥ 系统内部各电路板的技术要点及其外部连接图。

⑦ 系统中各参数的意义及其设定方法。

⑧ 系统的自诊断功能和报警清单（所有报警显示信息以及重要的调整点和测试点）。

2）PLC 的资料。

① PLC 装置及其编程器的连接、编程、操作方面的技术说明书。

② PLC 用户程序清单或梯形图。

③ I/O 地址及意义清单。

④ 报警文本以及 PLC 的外部连接图。

3）主要配套的资料。

电气调速系统常常会使用一些辅助功能系统，如润滑、冷却等系统（这些功能部件的生产厂家一般都会提供完整的使用说明书）。电气调速系统生产厂家应该将这些说明书一并提供给用户，以便当功能部件发生故障时作为维修的参考。

4）维修记录。维修记录是维修人员对系统维修过程的记录与总结。维修人员应对自己所进行的每一步的维修情况进行详细的记录，而不管当时的判断是否正确。这样不仅有助于今后的维修，而且有助于维修人员的经验总结与提高。

5）其他。有关电气元器件方面的技术资料也是必不可少的，如设备所用的元器件清单、备件清单，以及各种通用的元器件手册。维修人员应熟悉各种常用的元器件和一些专用元器件的生产厂家及订货编号，以便一旦需要，就能够较快地查阅到有关元器件的功能、参数及代用型号。以上都是在理想情况下应具备的技术资料，但是实际中往往难以做到。因此，在必要时，维修人员应通过现场测绘、平时积累等方法完善和整理有关技术资料。

3. 必要的维修器具与备件

合格的维修工具是进行系统维修的必备条件。对于不同的故障，所需要的维修工具亦不尽相同。下面介绍常用的检测仪表、维修器具与备件。

（1）常用测量仪器、仪表

1）万用表。万用表不但可用于测量电压、电流、电阻值，还可用于判断二极管、晶体管、晶闸管、电解电容等元器件的好坏，并测量晶体管的放大倍数和电容值。

2）示波器。示波器用于检测信号的动态波形，如脉冲编码器、光栅的输出波形，系统中各单元的各级输入、输出波形等，还可用于检测开关电源、显示器的垂直、水平振荡与扫描电路的波形等。用于维修系统的示波器通常选用频带宽的双通道示波器。

3）数字转速表。数字转速表用于测量与调整系统的转速，以及调整系统的参数，使理想转速与实际转速相符，是系统维修与调整的测量工具之一。

4）相序表。相序表主要用于测量三相电源的相序，是伺服系统维修的必要测量工具之一。

5）PLC编程器。不少数字控制系统的PLC控制器必须使用专用的编程器才能对其进行编程、调试、监控和检查。例如SIEMENS的PG710、PG750、PG865，OMRON的GPC01 ~ GPC04、PRO13 ~ PRO27等。这些编程器可以对PLC程序进行编辑和修改，监视输入和输出状态及定时器、移位寄存器的变化值，并可在运行状态下修改定时器和计数器的设定值；可强制内部输出，对定时器、计数器和位移寄存器进行置位和复位等。有些带图形功能的编程器还可显示PLC梯形图。

6）IC测试仪。IC测试仪可用来离线快速测试集成电路的好坏。当对数字控制系统的芯片进行维修时，它是必需的仪器。

7）逻辑分析仪和脉冲信号笔。这是专门用于测量和显示多路数字信号的测试仪器，通常分为8个、16个和64个通道，即可同时显示8个、16个和64个逻辑方波信号。与显示连续波形的通用示波器不同，逻辑分析仪显示的是各被测点的逻辑电平、二进制编码或存储器的内容。

（2）常用维修器具

1）电烙铁。这是最常用的焊接工具，一般应采用30W左右的尖头、带接地保护线的内热式电烙铁，最好使用恒温式电烙铁。

2）吸锡器。常用的是便携式手动吸锡器，也可采用电动吸锡器。

3）扁平集成电路拔放台。这是用于SMD片状元件、扁平集成电路的热风拆焊工作台，可换多种喷嘴，并可防静电。

4）旋具类工具。配备规格齐全的一字和十字螺钉旋具各一套。旋具宜采用树脂或塑料手柄。为了方便伺服驱动器的调整与装卸，还应配备无感螺钉旋具与梅花形六角旋具各一套。

5）钳类工具。常用的有平头钳、尖嘴钳、斜口钳、剥线钳、压线钳、镊子等。

6）扳手类工具。大小活动扳手，各种尺寸的内、外六角扳手等各一套。

7）化学用品。松香、纯酒精、清洁触点用喷剂、润滑油等。

8）其他。剪刀、刷子、吹尘器、清洗盘、卷尺等。

（3）常用备件　对于系统的维修，备品、备件是一个必不可少的物质条件。如果维修人员手头上备有一些电路板的话，采用电路板交换法，将可以快速判断出一些疑难故障发生在哪块电路板上。

系统的备件通常是一些易损的电气元器件，如各种规格的熔断器、开关、电刷，还有易出故障的大功率模块和印制电路板等。

6.3.2　电气调速系统检修的方法与步骤

1. 故障检查方法

系统发生故障后，维修人员除了向操作者询问出现故障的全过程，采取过什么措施外，应根据故障现象与故障记录，亲自对现场做细致的检查，通过采用一定的方法与步骤，全面分析故障的原因。一般故障检查方法如下。

（1）直观法　根据故障发生时的各种光、声、味等异常现象，利用人的手、眼、耳、鼻等感官寻找原因，认真观察系统的各个部分，将故障缩小到一定范围。

（2）自诊断功能法　目前调速系统已基本实现了全数字化，所有控制功能都由计算机完成。一般调速系统都有完善的自诊断程序的功能，随时监视系统的工作状态及整个系统的软、硬件性能，一旦发现故障则会立即显示报警内容或用发光二极管指示故障的起因，然后结合系统配备的诊断手册不仅可以找到故障发生的原因、部位，而且还有排除的方法提示。

（3）参数检查法　对于计算机控制的调速系统，系统的参数是保证系统正常运行的前提条件，它直接影响着系统的性能。所以在调速系统发现故障时应及时核对系统参数，当外界的因素或误操作引起机床参数丢失或变化时，通过核对参数，就能排除这类故障。

（4）互换法　互换法就是在分析出故障大致范围的情况下，利用备用的印制电路板、模板、集成电路芯片或元件替换有疑点的部分，从而把故障范围缩小到一定范围。

（5）假设法　在系统故障检查时，有不少故障是由于外部条件不满足，没有输入信号造成的，这时可以给它一个信号看系统工作是否正常，如果能正常工作，就可判断故障是由于信号缺失造成的。

（6）关键点的维修　根据设备操作者对故障现象的描述，结合维修手册相关内容的解释与说明以及自己的维修工作经验的积累、故障经常发生的地方等要素来分析、确定故障产生的原因。找到故障产生的原因，故障就能被排除了。

（7）原理分析法（逻辑线路追踪法）　原理分析法，是指通过追踪与故障相关联的信号，根据系统原理图（即组成原理），从前往后或从后往前地检查有关信号并与正常情况比较，一步一步进行检查，最终查出故障原因。原理分析法是排除故障的最基本方法之一。当其他检查方法难以奏效时，可采用此种方法。

以上这些检查方法各有特点，维修人员可以根据不同的故障现象加以灵活运用，逐步缩小故障范围，最终排除故障。

2. 故障检查原则

（1）先调查后检查　维修人员碰到系统故障后，不可盲目动手，应先询问操作人员故障发生的过程及状态，阅读系统说明书、图样、资料，查看维修记录，确定好解决方案后方可动手查找和处理故障。如果盲目动手造成现场的破坏，可导致误判或者引入新的故障或导致更严重的后果。

（2）先检查后通电　确定方案后，对故障系统在断电静止状态下，先通过观察、测试、分析，确认无恶性循环性故障或破坏性故障后，方可通电。在系统运行的状态下，进行动态的观察、检验和测试，找出故障原因。

（3）先软件后硬件　当故障发生后，应先检查系统的软件工作是否正常。因为有些故障可能是系统软件的参数丢失，或者是操作人员的使用方式、操作方法不当造成的。

（4）先外部后内部　系统故障检查应由外向内逐一进行。首先检查系统外部的开关、按钮、元件的连接部位，印制电路板的插头座、边缘接插件与外部或相互之间的连接部位，电控柜插座或端子板部位等是否有接触不良。其次检查由于工业环境中温度、湿度变化，油污或粉尘对元件及线路板的污染，机械的振动等对信号传送通道接插件部位造成的接触不良。

（5）先机械后电气　由于电气控制系统一般附着在机械加工设备上，一般来讲，机械故障较易察觉，而电气控制系统故障的诊断则难度要大些。所以在检修中，首先检查机械部分是否正常，气动液压部分是否正常等。从经验来看，很大部分故障是由机械动作失灵引起的。

（6）先共性后个性　共性的问题往往会影响到全局，而特性的问题只影响局部。如电网或主电源故障是全局性的，因此一般应首先检查电源部分，看看熔丝是否正常，输出电压是否正常等。总之，只有先解决影响面大的主要矛盾，局部的、次要的矛盾才有可能迎刃而解。

（7）先简单后复杂　当出现多种故障相互交织掩盖、一时无从下手时，应先解决容易的问题，后解决难度较大的问题。在排除了简易故障后，对复杂故障的认识更为清晰，从而也就有了解决的办法。

（8）先常见后少见　在排除某一故障时，要先考虑最常见的可能原因，然后再分析很少发生的特殊原因。

总之，在系统出现故障后，要视故障的难易程度，以及故障是否属于常见性故障，合理采用不同的分析问题和解决问题的方法。

3. 故障检查内容

1）电气柜内的熔断器是否有熔断现象，断路器是否有跳闸现象。

2）检查电缆是否有破损，电缆拐弯处是否有破裂、损伤现象。

3）电源线与信号线布置是否合理，电缆连接是否正确、可靠。

4）系统电源进线是否可靠接地，接地线的规格是否符合要求。

5）信号屏蔽线的接地是否正确，端子板上接线是否牢固、可靠，数控系统接地线是否连接可靠。

6）继电器、电磁铁等电磁部件是否装有噪声抑制器（灭弧器）等。

7）是否在电气柜门打开的状态下运行系统，有无切削液或切削粉末进入柜内，空气过滤器清洁状况是否良好。

8）电气柜内部的风扇、热交换器等部件的工作是否正常。

9）电气柜内部系统、驱动器的模块、印制电路板是否有灰尘、金属粉末等污染。

10）电源单元的熔断器是否熔断。

11）电缆连接器插头是否完全插入、拧紧。

12）系统模块、线路板的数量是否齐全，模块、线路板安装是否牢固、可靠。

13）操作面板上的按钮有无破损，位置是否正确。

14）系统的总线设置、模块的设定端的位置是否正确等。

6.4 交直流调速系统的常见故障

6.4.1 直流调速系统的常见故障分析

直流调速系统有晶闸管直流调速系统（V-M 调速系统）和直流脉宽调制调速系统（PWM-M 调速系统）两种形式。晶闸管直流调速装置适用于大功率应用场合，而直流脉宽调制调速系统在中、小功率场合被广泛使用。表 6-1 给出了晶闸管直流调速系统的常见故障现象、可能原因、检查方法和处理建议。

表 6-1　晶闸管直流调速系统的常见故障现象、可能原因、检查方法和处理建议

故障现象	故障原因	故障检查	故障处理
开机后整流主电路没电、稳压电源没电	系统中整流主电路、稳压电源中熔断器烧坏或没有安装熔断器	检查主电路电源熔断器；检查辅助电源熔断器	更换、安装主电路电源熔断器；更换、安装辅助电源熔断器
	整流主电路、稳压电源中元件损坏	检查整流电路晶闸管的好坏	更换晶闸管
电动机不转	电动机被卡住或机械负载被卡住	在不通电的情况下，机械轴应该能自由活动	消除电动机被卡住的故障
	负载容量太大	检查负载容量	重新考虑系统带负载能力
	电刷接触不良或严重磨损	检查直流电动机的电刷的接触状况及磨损状况	更换、修理电刷
	电动机励磁回路阻值不正常	检查励磁回路是否有阻值，或者阻值很大	更换电动机
	电动机电枢绕组阻值不正常	检查电枢回路是否有阻值，或者阻值很大	更换电动机
	电动机电枢接线端子与电枢电压线接触不良	用万用表测量各连线端子的接通情况	确保各连接线正常
	电动机励磁端子与供电电压线接触不良或短路	用万用表测量各连线端子的接通情况	确保各连接线正常
	电气柜中印制电路板表面太脏以致内部电路接触不良	在不通电的情况下，打开系统电气柜，清洁印制电路板	保持系统电气线路的清洁，有良好的工作环境
	整流电路晶闸管的擎住电流太大，造成晶闸管不导通	检查晶闸管	更换晶闸管

（续）

故障现象	故障原因	故障检查	故障处理
电动机不转	整流电路晶闸管烧坏	测量晶闸管	更换晶闸管
	整流电路接线有断路点	用万用表测量各连线的接通情况	确保各连接线正常
	交流进线的熔断器芯体未装或已烧坏	检查熔断器	安装熔断器芯体或更换熔断器
	稳压电源没有输出电压	检查稳压电源找出故障	更换稳压电源
	给定电位器接触不良或损坏	检查给定电位器	修理或更换电位器
	运算放大器烧坏没有输出	检查运算放大器	更换运算放大器
	触发脉冲电路故障无触发脉冲产生，或触发脉冲电压幅值不够大，或触发电流不够大，或脉冲宽度太窄	检查触发电路	更换触发电路
电动机转速达不到设定值	速度给定电压值不够	检查稳压电源的输出值；检查给定电位器的接触状况	调节给定电压达到要求
	转速负反馈电压错误	检查反馈电压的数值	调节反馈电压值
	电动机励磁不正常	用万用表测量励磁电压	更换磁体或电动机
	晶闸管整流部分太脏，造成直流母线电压过低或绝缘性能降低	检查整流电路	清洁晶闸管，保持内部电路板的清洁
电动机转速不正常或不稳定甚至发生振荡	电动机磁体不正常，输出电压不正常	用万用表测量励磁电压	更换磁体或电动机
	控制板的励磁回路故障	用交换法测试控制板	更换控制板
	印制电路板太脏	打开直流调速系统电气柜，给电路板做清洁	保持电路板的清洁
	可控整流电路故障	检查可控整流电路	更换、维修可控整流主电路
	整流电路交流侧网压变化太大	监测电网电压	采取措施保持网压正常
	触发脉冲电路故障，触发脉冲断相或丢脉冲	通过检查主电路输出电压波形，看有无断相；如有断相再检查触发电路与主电路是否同步；检查快熔；检查同步变压器的接法	改变同步变压器的接法
	运算放大器故障或放大倍数变化	检测运算放大器	更换运算放大器
	速度给定电位器接触不良导致更多电压信号不良	测量速度给定电压信号	确保直流调速系统的速度给定电压信号正常
	对于数字控制或计算机控制的直流调速系统，给定信号的 D-A 转换器和反馈信号的 D-A 转换器故障	检测从 D-A 转换器输出过来的信号	更换 D-A 转换器
	测速发电机连接不好，内部有断线或电刷接触不良	检查测速发电机的接线及电刷接触情况，测量其电压的数值与波形	保证接线通畅，保证接触良好

（续）

故障现象	故障原因	故障检查	故障处理
电动机转速不正常或不稳定甚至发生振荡	反馈检测环节中测速发电机磁场退磁	检查测速发电机磁场强度	更换测速发电机
	反馈检测环节中反馈滤波电容太小	检查测速发电机输出电压的数值	加大滤波电容值
	反馈检测环节中反馈电位器接触不良	检查反馈电位器输出电压的数值	保证电位器良好接触或更换电位器
	反馈线断线或接触不良	测量反馈信号	确保接线正确
	运算放大器动态参数未调整好	检查调节器，降低调节器的放大倍数 K，增大调节器的微分积分时间常数 τ	调节、整定调节器
	干扰	检查屏蔽线	更换屏蔽线或增设滤波环节和微分负反馈环节
熔丝熔断	电动机电枢绕组线短路	电枢绕组短路或局部短路，电枢线对地短路	排除短路故障
	整流主电路绝缘不良造成短路	检查主电路的绝缘	更换相应部件
	直流主电路晶闸管击穿或误触发	检查晶闸管是否击穿、有无不触发或误触发；检查逆变保护装置有无误动作	更换晶闸管
	整流电路过电压保护元器件损坏或接触不良	检查保护元器件的好坏及接触状况	更换元器件，保证接触良好
	电网电压值波动过大、频率过高	用万用表测量整流输入的电网电压值	控制电网电压在额定电网电压的 –10% ~15% 范围内变化
	控制部分板故障引起主回路电流过大	检查控制板	按电流报警处理方法处理
	触发电路误发脉冲或发脉冲的宽度过窄	检查触发电路	更换触发电路
直流调速系统过电流报警或跳闸	长时间工作条件恶劣	检查工作条件	改善工作条件
	负载过大或机械故障	检查是否机械卡住，在停机状态下用手转动电动机转轴，应该非常灵活；检查阻力矩是否过大	消除转轴的机械卡住；如果负载过大，重新考虑负载条件
	直流电动机的电枢线圈电阻不正常；换向器太脏	检查直流电动机的线圈电阻是否正常；检查换向器是否太脏	确保电阻正常；用干燥的压缩空气吹换向器，保持换向器清洁
	电动机电枢线圈内部存在局部短路	检查电动机内阻	更换电动机
	电动机电枢端子与动力线连接不牢固	检查动力线是否连接牢固	拧紧动力线
	电动机励磁端子连接线不牢固	检查励磁线是否连接牢固	拧紧励磁线
	励磁电源存在故障	检查励磁电压是否正常	
	整流主电路元器件损坏	用万用表检查晶闸管的好坏	更换坏的晶闸管

（续）

故障现象	故障原因	故障检查	故障处理
直流调速系统过电流报警或跳闸	整流主电路保护环节故障不起保护作用	检查保护环节元件的好坏	更换保护环节元件
	触发电路输出脉冲不正常或整流主电路输出缺相	用示波器检查触发电路中各点波形及触发脉冲波形	更换触发电路
	调节器不正常	检查调节器输出电压	更换调节器
	电流反馈线断线或接触不良	检查电流反馈信号数值和波形	保证接线通畅，接触良好
系统过热或过载报警	长期负载过大使电动机太热	用手触摸电动机，感觉是否发热严重；如果发热很严重，等冷却后再开机，看是否仍有报警	改善工作条件，调整工作参数，降低负载
	电动机电枢绕组短路或故障	用万用表检查电动机电枢电阻阻值；用交换法判断电动机是否故障	更换电动机
	反馈线断线	用万用表测量导线接通状况	确保连线正确
系统过电压报警	外加电网电压过高或瞬间电网电压干扰引起的	检查电网电压；检查屏蔽线	加稳定电网电压的措施；更换屏蔽线
	过电压保护装置部分元器件击穿	用万用表检查元器件的好坏	更换被击穿的元器件
	过电压能量过大引起元器件损坏	用万用表检查元器件的好坏	重新计算保护元器件的容量，更换保护元器件

6.4.2 位置随动系统常见故障与检修

20 世纪 80 年代后，位置随动系统多数改成计算机控制的交流位置随动系统，这种系统中含有故障综合电路。当系统出现故障时，一般都会有故障报警信息，维修人员可根据故障报警信息，对照系统出厂说明书进行故障处理和系统恢复。但也有一些故障是没有工作报警信息的，这就需要维修人员根据故障现象，分析出故障原因，找到解决方法。表 6-2 列出了位置随动系统常见报警故障及不报警故障的信息、现象和处理过程。

表6-2　位置随动系统常见报警故障及不报警故障的信息、现象和处理过程

故障现象	故障原因	故障检查	故障处理
系统在开机、停机时振动	位置控制系统参数设定错误	对照系统参数说明检查原因	正确设定参数
	速度控制单元设定错误	对照速度控制单元说明或根据机床生产厂家提供的设定单检查设定	正确设定速度控制单元
	反馈装置出错	检查反馈装置本身是否有故障	更换反馈装置
		反馈装置连线是否正确	正确连接反馈线
	电动机本身有故障	用替换法检查电动机是否有故障	如有故障，更换电动机
	机床、检测器不良，插补精度差或检测增益设定太高	检查与振动周期同步的部分，并找到不良部分	更换或维修不良部分，调整或检测增益

（续）

故障现象	故障原因	故障检查	故障处理
系统在工作中出现振动	负载过重	重新考虑此系统所能承受的负载	减轻负载，让系统工作在额定负载以下
	机械传动系统不良	依次察看机械传动链	保持良好的机械润滑，并排除传动故障
	位置环增益过高	查看相关参数	重新调整伺服参数
	驱动器不正常	检查、观察驱动器	更换驱动器
系统工作时出现窜动	位置反馈信号不稳定	测量反馈信号是否均匀与稳定	确保反馈信号正常、稳定
	位置控制信号不稳定	在驱动电动机端测量位置控制信号是否稳定	确保位置控制信号正常稳定
	位置控制信号受到干扰	测试其位置控制信号是否有噪声	做好屏蔽处理
	接线端子接触不良	检查紧固螺钉是否松动等	固定好螺钉，同时检查其接线是否正常
	系统增益是否过大	检查系统的增益	依参数说明书，正确设置参数
	机械传动系统反向间隙过大	检查机械传动系统是否不良，比如反向间隙过大	进行机械调整，排除机械故障
系统启动加速段或低速运行时爬行	传动链的润滑状态不良	听工作时的声音，观察工作状态	确保润滑电动机工作正常并且润滑油足够
	伺服系统增益过低	检查伺服的增益参数	依参数说明书正确设置相应参数
	外加负载过大	校核工作负载是否过大	改善工作条件，重新考虑负载容量
	联轴器的机械传动有故障	可目测联轴器的外形	更换联轴器
系统工作中失控（飞车）	位置检测、速度检测信号不良	检查连线，检查位置、速度环是否为正确的反馈极性	改正连线
	位置编码器故障	检查编码器	重新进行正确的连接
	电动机突然失磁	检查电动机的励磁电压	保证励磁电压正常
	速度控制单元故障	检查此模块是否有故障	更换此模块电路板
系统过载	负荷异常	检查电动机电流	更换条件，减轻负荷
	过载参数设定错误	检查电动机过载的设置参数是否正确	依参数说明书，正确设置参数
	起动转矩超过最大转矩	目测起动或带有负载情况下的工作状况	减少起动电流，或直接采用起动转矩小的驱动系统
	负载有冲击现象	—	改善工作条件，减少冲击
	频繁正、反向运动	目测工作过程中是否有频繁正、反向运动	编制程序时，尽量不要有这种现象
	传动链润滑状态不良	听工作时的声音，观察工作状态检查其连接的通断情况或是否有信号线接反的状况	确保润滑系统中的电动机工作正常并且润滑油足够
	电动机或编码器等反馈装置配线异常		确保电动机和位置反馈装置配线正常

（续）

故障现象	故障原因	故障检查	故障处理
系统过载	编码器有故障	测量编码器等的反馈信号是否正常	更换编码器等反馈装置
	驱动器有故障	检查驱动器是否有故障	更换驱动器
伺服电动机不转	速度、位置控制信号未输出	测量指令输出端子的信号是否正常	确保控制信号已正常输出
	使能信号是否接通	通过 CRT 观察 I/O 状态，分析伺服系统的 PLC 梯形图（或流程图），以确定伺服系统的启动条件（如润滑、冷却等）是否满足	确保使能的条件都能具备，并且使能正常
	制动电磁阀是否释放	如果伺服电动机本身带有制动电磁阀，应检查阀是否释放	确保制动电磁阀能正常工作
	驱动器故障	检查驱动器是否有故障	更换伺服驱动器
	伺服电动机故障	检查伺服电动机是否有故障	更换伺服电动机
伺服电动机开机后自动旋转	干扰	检查是否有干扰的信号	做好屏蔽及接地的处理
	位置反馈的极性错误	用万用表测量反馈端子	正确连接反馈线
	由于外力使坐标轴产生了位置偏移	检查是否有外力作用	加工之前，确保无外力使机床发生移动
	驱动器、测速发电机、伺服电动机或系统位置测量回路不良	检查相应的位置反馈信号	确保信号正常
	伺服电动机故障	检查伺服电动机是否故障	更换好的电动机
	驱动器故障	检查驱动器是否有故障	更换好的驱动器
开机后电动机产生尖叫（高频振荡）	参数设定、调整不当（如速度调节器的时间常数、比例系数等）	检查参数设定是否正确	确保参数设定正确
系统定位超调	加、减速时间设定不当	依次检查系统或伺服驱动器上的这几个参数是否与说明书要求相同	依照参数说明书，正确设置各个参数
	位置环比例增益设置不当		
	速度环比例增益不当		
	速度环积分时间设置不当		
系统定位精度差	机械传动系统存在爬行或松动	检查机械部件的安装精度与定位精度	调整数控机床机械传动系统
	位置控制单元不良	检查位置控制单元板（主板）	更换不良板
	位置检测器件（编码器、光栅）不良	检测位置检测器件（编码器、光栅）	更换不良位置检测器件（编码器、光栅）
	速度控制单元控制板不良	检查速度控制单元	维修、更换不良板

6.4.3　交流变频调速系统故障检修

交流变频调速系统以其优越于直流调速系统的特点，在很多场合都被作为传动的首选方案，目前现代中大功率的变频调速系统基本上都采用 16 位或 32 位单片机作为控制核心，其调速性能与直流调速系统性能基本接近。交流变频调速系统，一旦发生故障，企业的普通电气技术人员很难处理，所以交流调速系统生产厂家为了尽量减少系统故障和减小维修系统给企业人员造成的困难，在交流调速系统中都设置了故障综合电路，当出现故障时系统能实现自动保护和报警功能，这样维修人员可以根据故障报警信息，快速找到故障原因，达到检修的目的。常见的中大功率交流调速系统故障检修见表 6-3。

表 6-3　中大功率交流变频调速系统故障检修

故障现象	故障原因	故障检查	故障处理
电动机不转且无任何报警显示	机械负载过大	检查机械负载的容量	尽量减轻机械负载
	电动机卡死	断电时检查电动机转轴是否灵活	清除机械卡死原因
	电动机动力线断线	用万用表测量动力线是否断线	保证动力线畅通
	电动机接线端子与动力线接触不良	用万用表测量各连线端子的接通情况	确保各连接线正常
	电动机故障	检查断电绕组是否正常	更换电动机
	交流进线的熔断器芯体未装或已烧坏，造成交流电源断相	检查熔断器	安装熔断器芯体或更换熔断器，确保电源输入正常
	驱动电路故障	检查驱动电路确定是否有故障	维修或更换驱动电路装置
	稳压电源没有输出电压	检查稳压电源找出故障	更换稳压电源
	给定环节接触不良或损坏	检查给定环节	修理或更换给定环节
	正反转信号同时输入	利用监查功能查看相应信号	—
	无正反转信号	检查正反转指示信号是否发出	—
转速指令无效，转速几乎为零	动力线连接错误	检查主电路与电动机之间的 U、V、W 连线	确保连线对应
	计算机控制系统参数设定不当	查看参数是否正常	依照参数说明书，正确设置参数
	计算机控制的调速系统中模拟量输出 D-A 转换电路故障	检查、判断是否有故障	更换相应电路板
	计算机控制系统中速度输出模拟量与驱动器连接不良或断线	测量相应信号，是否有输出且是否正常	更换指令发送口或更换控制装置
	反馈线连接不正常	查看反馈连线	确保反馈连线正确
	反馈信号不正常	检查反馈信号的波形	调整反馈波形至正确

（续）

故障现象	故障原因	故障检查	故障处理
起动时电动机转速上不去，与给定指令偏差太大	负载过大，工作条件恶劣	检查负载的大小	减轻负载的容量
	制动器未松开	查明原因	确保制动电路正常
	电动机动力线连接不正常	用万用表或兆欧表检查电动机或动力线是否正常（包括相序是否正常）	确保动力线连接正确
	电动机供电电压不正常		确保电动机供电电压正常
	电动机故障	检查电动机	更换电动机
	变频驱动主电路故障	检查驱动主电路	维修驱动主电路
	控制电路故障	检查控制电路	更换故障单元
	反馈连接不良	不起动电动机，用手转动电动机以较快速度转起来，估计电动机的实际速度，监视反馈的实际转速	确保反馈连线正确
	反馈装置故障		更换反馈装置
电动机加、减速工作不正常	电动机加/减速电流预先设定、调整不当	查看相关参数项是否正常	正确设置参数
	加/减速回路时间常数设定不当	查看相关参数项是否正常	正确设置参数
	反馈信号不良	可以在不通电的情况下，用手转动电动机，测量反馈信号，是否与电动机转动的速度成比例	如果反馈装置损坏，则更换反馈装置；如果反馈回路故障（如接线错误），则排查相应故障
	电动机/负载间的惯性不匹配	—	重新校核负载
	机械传动系统不良	—	检查机械传动系统
电动机不能调速	计算机控制系统参数设置不当	检查有关参数	依照参数说明书，正确设置参数
	加工程序编程错误	检查加工程序	正确编制程序
	D-A转换电路故障	用交换法判断是否有故障	更换相应电路板
	电动机驱动器速度模拟量输入电路故障	测量相应信号，是否有输出且是否正常	更换指令发送口或更换控制装置
开机后出现过载报警	热控开关坏了	用万用表测量相应管脚	更换热控开关
	控制板有故障	用交换法判断是否有故障	如有故障，更换控制板
开机一段时间后出现过载报警	负载太大	检查机械负载	调整参数，改善工作条件，减轻负载
	频繁正、反转	—	减少正、反转次数
直流侧熔丝熔断报警	连接不良	检查主控制板与控制单元的连接插座是否紧合	确保连线正确
	电动机内部绕组短路或局部短路；电动机外部接线对地短路	用万用表测量电动机外部接线对地是否短路；内部绕组是否短路	确保没有短路现象
	输入电源存在断相	用万用表测量电压	确保电源正常

（续）

故障现象	故障原因	故障检查	故障处理
电动机拖动的主传动轴振动或噪声过大	主传动轴负载过大	检查主轴负载容量	重新考虑负载条件，减轻负载
	润滑不良	检查是否缺润滑油	加注润滑油
	电动机与主传动轴的连接带过紧	在停机的情况下，检查传动带松紧程度	调整传动带连接的松紧
	机械部分故障（轴承故障、主轴和电动机之间离合器故障、齿轮故障、预紧螺钉松动、游隙过大或齿轮啮合间隙过大）	目测，可判断这个机械连接是否正常	调整、更换轴承；更换齿轮，调紧预紧螺钉；调整机床间隙
	系统输入三相电源断相、相序不正确或电压不正常	用万用表测量输入的三相电源	确保电源正常
	反馈接线不正确，反馈信号不正常	测量反馈信号	确保接线正确，确保反馈装置正常
	控制电路异常，如增益调整电路或颤动调整电路的调整不当	—	根据参数说明书，设置好相关参数

对于中小容量（600kV·A 以下）的作为一般用途的变频调速系统已经实现了通用化，即直接采用通用变频器带交流电动机调速。通用变频器设置了各种保护、报警功能，如果系统出现故障，大部分情况可以通过故障保护、报警功能来显示，从而确定故障、处理故障。但也有一些故障没有报警信息，只能通过电动机的工作状态判断故障现象，分析故障原因，找到处理方法。中小功率通用变频器板面显示故障及板面不显示的常见故障与处理，见表6-4、表6-5。

表 6-4　中小功率通用变频器板面显示的常见故障与处理

板面显示故障信息	故障原因	检查要点	处理方法
过电流（加速中过电流、运行中过电流和减速中过电流）	1. 过电流保护值设置过低，与负载不相适应 2. 负载过重，电动机过电流 3. 输出电路相间或对地短路 4. 加速时间过短 5. 电动机在运转中变频器投入，而起动模式不相适应 6. 变频器本身故障等	1. 查看相关参数、检查故障发生时的实际电流 2. 检查负载大小 3. 检查电动机绕组的绝缘情况 4. 查看相关参数，检查加速时间 5. 检查参数设置是否与起动模式相适应 6. 检查变频器是否正常	1. 重新设置过电流保护值 2. 调整负载的大小 3. 保证电动机绝缘良好或更换电动机 4. 延长加速时间 5. 重新设置参数 6. 增大变频器容量或减轻负载
过电压（加速中过电压、运行中过电压和减速中过电压）	1. 变频器输入交流电压过高（内部无法提供保护） 2. 电动机的电枢绕组短路 3. 电动机的再生制动电流回馈到变频器的直流母线，使变频器直流母线电压升高到设定的过电压检出值（因此过电压故障多发生于电动机减速过程中，或在正常运行过程中电动机转速急剧变化时） 4. 加速时间内负载突然改变	1. 检查电源电压是否在允许的极限内 2. 检查电动机绕组的绝缘情况（短路） 3. 检查减速时间，检查泵升电压值 4. 检查加速时间内负载的变化	1. 调整电源电压 2. 保证电动机绕组绝缘或更换电动机 3. 根据负载惯性适当延长变频器的减速时间；当对动态过程要求高时，必须增设制动电阻来消耗电动机产生的再生能量 4. 适当延长加速时间

（续）

板面显示故障信息	故障原因	检查要点	处理方法
欠电压	1. 外部电源降低或电源中断 2. 变频器内部故障造成 3. 欠电压参数设置不合适	1. 检查电源电压是否在允许的极限内；检查电源是否断相；检查在同一电源系统中是否有大起动电流负载 2. 检查变频器内部故障 3. 检查欠电压参数	1. 调整电源电压 2. 改变过电压保护模式 3. 重新设置欠电压参数
对地短路	1. 电动机或电缆对地短路 2. 变频器本身质量原因	断开电缆与变频器的连接，用合适电压等级的兆欧表检查电动机及电缆的对地绝缘电阻。如果电动机及电缆的绝缘在允许的范围，则应认为是变频器本身质量原因	1. 保证绝缘良好 2. 更换变频器
电源断相	因过载或熔断器本身问题造成一相熔断，进而产生电源缺相故障	1. 检查负载是否过大 2. 检查熔断器是否损坏	1. 消除过载的原因 2. 更换熔断器
变频器内部过热和散热片过热	1. 冷却风扇发生故障，造成变频器主控板过热 2. 模拟输入电流过大或模拟辅助电源电流过大 3. 负载超过允许极限	1. 检查冷却风扇的运行是否正常 2. 检查模拟输入电流 3. 负载超过允许极限，环境温度是否在允许极限内	1. 清除散热片堵塞和污垢；更换冷却风扇 2. 减小模拟输入电流 3. 减轻负载，增大变频器容量
外部报警输入	1. 制动单元、外部制动电阻的报警常闭触点断开 2. 外部负载大造成热继电器动作 3. 环境温度过高	1. 检查接线有无错误；检查制动单元、外部制动电阻端子、外部热继电器端子接触状况 2. 检查负载大小 3. 检查环境温度	1. 重新接线 2. 减轻负载 3. 调整环境温度，降低自动报警频率
电动机过载	电流超过过热继电器设定值	1. 电动机是否过载 2. 电子热继电器设定值是否合适	1. 减轻负载 2. 调整热继电器设定值
变频器过载	变频器输出电流超过规定的反时限特性的额定过载电流	1. 检查电子热继电器设定值是否正确 2. 检查负载是否超过允许极限	1. 重新设定热继电器设定值 2. 减轻负载，增大变频器容量
制动电阻过热	参数设置不合理	1. 检查相关参数及实际运行电流 2. 检查制动电阻以及制动单元的允许电流	合理设置相关参数，包括直流制动力和制动时间的设定
熔断器烧断	IGBT 功率模块烧坏、短路	检查变频器内主电路是否短路	排除造成短路的故障更换熔断器
存储器烧断	存储器发生数据写入错误	检查存储器是否出错	切断电源后重新给电
通信出错	当由键盘面板输入 RUN 或 STOP 命令时，如键盘面板和控制部分传递的信号不正确，或者检测出传送停止	关闭出错	将功能单元插好

（续）

板面显示 故障信息	故障原因	检查要点	处理方法
CPU 出错	变频器故障	检查变频器	维修、更换变频器
自整定 不良	1. 在自动调整时，主电路提供的工作电源异常（如逆变器与电动机之间的连接线断路或接触不良） 2. 工作接触器接触不良	1. 检查端子 U、V、W 是否开路，功能单元是否接好 2. 检查接触器的接触状况	1. 将 U、V、W 端子接电动机，将功能单元接好 2. 将接触器接好

表 6-5　中小功率通用变频器板面不显示的常见故障与处理

故障报警	故障原因	故障检查	故障处理
电动机不运转	变频器输出端子不能给电动机提供电压	检查变频器是否给电动机端子提供电压	保证电压供给
	运行命令无效	检查运行命令是否有效	保证有效命令
	RS（复位）功能或自由运行/停车功能不正确	检查 RS（复位）功能或自由运行/停车功能是否处于开启状态	保证功能正确
	负载过重	检查电动机负载是否太重	重新设定负载容量
	任选远程操作器被使用	检查远程操作器是否被使用	确保其操作设定正确
电动机反转	变频器输出端子 U/T1、V/T2 和 W/T3 的连接不正确	检查变频器输出端子连线是否正确	使得电动机的相序与端子连接相对应，通常来说，正转（FWD），U—V—W；反转（REV），U—W—V
	电动机正反转的相序未与 U/T1、V/T2 和 W/T3 相对应	检查电动机正反转相序	保证电动机正反转的相序未与 U/T1、V/T2 和 W/T3 相对应
	控制端子 FW 和 RV 连线不正确	检查控制端子连线是否正确	保证端子 FW 用于正转，RV 用于反转
电动机转速不能到达	如果使用模拟输入，电位器或信号发生器以及连线发生故障	检查电位器或信号发生器以及连线是否有故障	消除故障
	负载太重	检查负载容量	减少负载
		检查过载限定	重负载激活了过载限定
转动不稳定	负载波动过大	检查负载容量	增加电动机容量或变频器容量
	电源不稳定	检查电源波动情况	解决电源问题
	输出频率错误	检查该现象是否只是出现在某一特定频率下	改变输出频率模式，使用调频设定将有此问题的频率跳过

本模块小结

（1）交直流调速系统的运行一般指系统的合理使用和正确操作，为了保障调速系统安全可靠地运行，防止意外事故的发生，应对调速系统的使用及运行制定必要的规范。其中包括电气调速系统使用规程和电气调速系统运行规程两方面内容。

（2）电气调速系统的维护有日常维护、定期检查、长期停机设备的维护、长期停机的系统再使用时的检查和维护四个方面。

（3）对电气系统的检修应该把握检修时应具备的条件和检修的方法与步骤。

（4）不同类型的交直流调速系统的常见故障不同，本教材对直流调速系统、位置随动系统及交流变频调速系统这三种类型系统的常见故障做了共性的阐述。

6-1　电气调速系统使用规程有哪些？电气调速系统运行规程有哪些？

6-2　分析电气调速系统的维护方法。

6-3　分析电气调速系统检修应具备的条件。

6-4　分析电气调速系统检修的方法与步骤。

6-5　（多项选择题）晶闸管直流调速系统故障原因分析。

下面列出8种常见故障和26种可能原因，试分别分析每一种故障的可能原因，并将相应原因的字母代号，填在对应故障项的后面。

（1）故障情况

1）起动时，晶闸管快速熔丝烧掉。

2）开机后，电动机不转动。

3）电动机转速不稳定，甚至发生振荡。

4）额定转速下正常运行，但降速、停车和反转过程中，快速熔丝熔断。

5）电动机负载运行正常，但空载、低速时振荡。

6）电动机轻载运行正常，但重载运行时不稳定。

7）停车后，仍时有颤动。

8）整流输出电压波形不对称，甚至断相。

（2）可能原因

A. 整流桥输出端短路。

B. 电动机被卡住，或机械负载被卡住。

C. 电流截止环节未调整好，致使起动电流过大。

D. 个别晶闸管老化，或因压降功耗过大而损坏。

E. 晶闸管散热片接触不良，或冷却风（水）供量不足，或风机转向接反，导致器件过热。

F. 整流元器件的阻容保护吸收元件虚焊。

G. 三相全控桥运行中丢失触发脉冲。

H. 稳压电源无电压输出。

I. 熔断器芯体未安入或已烧断。

J. 励磁电路未接通。

K. 触发电路无触发脉冲输出，或触发电压幅值不够大，或触发电流不够大，或脉宽太窄。

L. 个别晶闸管擎住电流值过大。

M. 整流电流断续，电压、电流反馈信号中谐波成分过大。

N. 速度调节器增益过大。

O. 转速及电流反馈电路滤波电容过小。

P. 直流测速发电机电刷接触不良。

Q. 电流反馈电路断线或极性相反。

R. 电源进线相序与设备要求不符，或整流变压器相序不对，或同步变压器相序不对。

S. 触发器锯齿波斜率不一致，触发脉冲间隔不对称。

T. 电网电压过低。

U. 供电强电线路与控制弱电线路混杂在一起，引起严重干扰。

V. 锁零电路未起作用，运算放大器零漂过大。

W. 晶闸管高温特性差，大电流时失去阻断能力。

X. 整流变压器漏抗引起的电压波形畸变过大。

Y. 转速环开环对数频率特性的穿越频率 ω_c 过大，接近机械装置的扭振频率。

Z. 输出低电压时的电压波形为断续尖状波形，其中含有较大的低频谐波。

交直流调速系统实操训练

7.1 晶闸管直流调速系统环节特性的测定与研究

一、训练目的

1）熟悉直流调速系统主要单元电路的工作原理及调速系统对其提出的要求。

2）学会主要单元电路的调试方法并掌握其调试步骤。

二、训练设备

1）RXZD-1 电力电子及电机控制实验装置主控制屏。

2）电动机调速控制挂箱（DL07 挂箱）。

3）双踪慢扫描示波器（4320C）。

4）数字万用表。

三、训练内容与步骤

1. 识别各电路及输入输出信号

仔细观察 DL07 挂箱面板，识别各单元电路及其输入和输出信号。

2. 速度调节器（ASR）及电流调节器（ACR）的调试

开启主控制屏总开关（钥匙开关），起动电源按钮，并开启 DL07 挂箱开关，观察各指示灯是否正常。

1）调零：将调节器所有输入端短接并接地，将调节器中串联反馈网络中的电容短接，即将 ASR 的 "4"、"5"；两点用导线短接，或 ACR 的 "8"、"9" 两点用导线短接，使调节器为比例（P）调节器，调节调零电位器 W_1（注：此处电位器标号并非国家标准符号 RP，目的是为与实训设备相匹配，方便教学使用，下同），用数字万用表的直流电压档测其输出电压，使输出为零。

2）调输出限幅值：将调节器反馈网络中的电容短接线去掉，使调节器变为比例积分（PI）调节器，将调节器输入端接至给定器的输出端，给调节器加入一定的给定电压（如 +1V 或 –1V），调节正、负限幅电位器（正限幅电位器 W_2，负限幅电位器 W_3），使输出正、负限幅值为所需值（如将正限幅调为 +6V，负限幅调为 –6V）。

3. 电平检测器的调试

1）测定转矩极性鉴别器（DPT）的环宽：要求环宽为 0.5V 左右，记录高电平值。将 DPT 输入端接至给定器的输出端，DPT 输出端接至示波器。调节电位器及给定电压使环宽对称纵坐标，使其具有如图 7-1 所示特性。

2）测定零电流检测器（DPZ）的环宽：要求环宽在 0.4~0.6V，记录高电平值。将 DPZ 输入端接至给定器的输出端，DPZ 输出端接示波器，调节电位器及给定电压，使回环向纵坐标右侧偏离 0.1~0.2V，使其具有如图 7-2 所示特征。

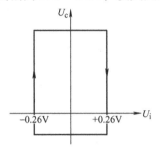

图7-1　转矩极性鉴别器(DPT)的环宽

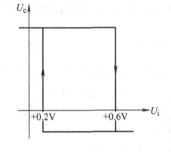

图7-2　零电流检测器(DPZ)的环宽

4. 反号器（AR）的调试

将 AR 的输入端接至给定器的输出端，AR 的输出端接数字万用表直流电压档，调节电位器，使其满足 $U_{sc} = -U_{sr}$。

5. 逻辑控制器（DLC）的调试

1）接线图如图 7-3 所示。

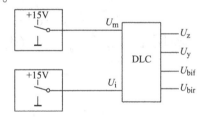

图7-3　逻辑控制器(DLC)接线图

2）测试逻辑功能，真值表应符合表 7-1。

表7-1　真值表

输入	U_m	1	1	0	0	0	1
	U_i	1	0	0	0	0	0
输出	U_z（U_{lf}）	0	0	0	1	1	1
	U_f（U_{lr}）	1	1	1	0	0	0

四、训练报告

1）画出各单元电路调试接线图。

2）简述各单元电路的调试要点。

7.2 直流电动机的开环调速系统机械特性测试

一、训练目的

1）学习并掌握"RXZD-1 电力电子技术及电机控制实验装置"的正确使用方法。
2）了解晶闸管—直流电动机开环调速系统的组成及工作原理。
3）学习并掌握控制特性和机械特性的测试方法。

二、训练设备

1）RXZD-1 电力电子及电机控制实验装置。
2）直流电动机—发电机组。
3）测速发电机。
4）转速表。
5）数字万用表。
6）直流电流表。
7）负载灯箱。

三、训练电路

具体实验电路的原理图如图 7-4 所示。

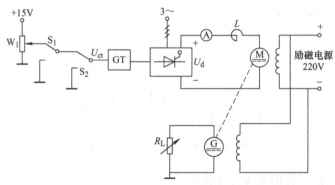

图 7-4 直流电动机的开环调速系统原理图

四、训练内容与步骤

1. 连接线路

1）对照原理图（见图 7-4）在"RXZD-1"实验装置上找到各单元电路及输入、输出接口。

2）按照图 7-4 接线。其中整流电路接成三相桥式可控整流电路（用 DL05 挂箱的"I 桥"中的 $VT_1 \sim VT_6$）；平波电抗器 L 选 200mH；R_L 为负载灯箱。

3）将电源控制屏上的"调压开关"置于"低"端；将 DL07 挂箱中"给定器"电位器

W_1 调到最小值（逆时针旋转到底）；将 DL05 挂箱"I 桥"触发电路的"脉冲选择开关"置于"双"位置，将六路触发脉冲通断开关均置于"接通"位置。

2. 测量控制特性 $U_d = f(U_{gn})$

电路经老师检查后，先闭合电源控制屏上的励磁电源开关，按下电源起动按钮，接通 DL07 挂箱电源开关。将给定器中转换开关 S_1、S_2 均置于上方位置，然后按顺时针方向缓慢调节给定电位器 W_1，使给定电压 U_{gn} 逐渐增大，按表 7-2 要求，用数字万用表的直流电压档（200V 量限）测量 U_{gn} 对应的整流输出电压 U_d，并记录于表 7-2 中。计算放大倍数 K_u，测量完毕后，将给定电压 U_{gn} 调回 0V，关断总电源。

表 7-2　实验记录

U_{gn}/V							
U_d/V							

3. 测量 U_{ct} 不变时的直流电动机开环外特性 $n = f(I_d)$

1）电路不变，在电源起动前应将给定电压 U_{gn} 调至 0V（逆时针旋到底），负载电阻 R_L 为开路状态（即将负载灯箱的灯的开关都置于"关断"位置）。电路经老师检查无误后，起动电源。然后调节给定电位器 W_1，使给定电压 U_{gn} 从 0 开始逐渐增大，直到电动机转速达到 1500r/min（由转速表读取）。

2）增大负载（即逐一闭合灯的开关），观察并记录不同负载下的电枢电流 I_d 及电动机转速 n，直至 $I_d = I_N$（1A），将结果记录于表 7-3 中。

表 7-3　实验记录

转速 $n/(r/min)$	1500					
电流 I_d/A						
灯数	0	1	2	3	4	5

测量完毕后，将给定电压 U_{gn} 调回 0V，关断总电源。

4. 测量 U_d 不变时的直流电动机开环外特性 $n = f(I_d)$

1）电路同前，断开负载（即断开灯箱所有灯的开关），检查给定电压 U_{gn} 是否为 0V，无误后，起动电源，然后调节给定电位器 W_1，使 U_{gn} 逐渐增大，直至电动机转速达 1200r/min。

2）用数字万用表直流电压档测量电枢电压 U_d，增大负载（逐一闭合灯的开关），测出在 U_d 不变时的电枢电流 I_d 及电动机转速 n，直至 $I_d = I_N$（1A）为止（保持 U_d 不变，是通过不断增大给定电压 U_{gn}）来实现的，将测量结果记录于表 7-4 中。

表 7-4　实验记录

转速 $n/(r/min)$	1200					
电流 I_d/A						
灯数	0	1	2	3	4	5

五、训练报告

1）整理实验数据，认真填写表格。

2）根据表7-2测量数据，绘制控制特性曲线。

3）根据表7-3测量数据，绘制 U_{ct} 不变时的直流电动机开环外特性曲线。

4）根据表7-4测量数据，绘制 U_d 不变时的直流电动机开环机械特性曲线。

5）比较三种特性曲线，并做解释。

六、注意事项

1）系统开环运行，不能突加给定电压起动电动机，应逐渐增加给定电压，避免电流冲击。否则会引起过大的起动电流，使"过电流保护"动作，告警，跳闸。

2）在电动机起动前，必须将"励磁电源"先加于电动机的励磁绕组，连接要可靠。

3）电源起动后，不允许用手触及"触发脉冲观察孔"插座及晶闸管门极插座，以防触电。

4）留长发的同学，勿靠近电动机转轴。

7.3 转速负反馈单闭环不可逆直流调速系统特性测试

一、训练目的

1）进一步了解转速负反馈单闭环直流调速系统的组成及工作原理，认识速度反馈单闭环调速系统的基本特性。

2）掌握速度调节器（ASR）及速度变换器（FBS）的调试方法。

3）了解单闭环直流调速系统的一般调试过程。

二、训练设备

1）RXZD-1电力电子及电机控制实验装置。

2）直流电动机—发电机组。

3）测速发电机。

4）转速表。

5）数字万用表。

6）直流电流表。

7）负载灯箱。

8）双踪慢扫描示波器。

三、训练电路及原理

为了提高直流调速系统的静、动态指标，通常采用闭环控制系统（包括单闭环系统或多闭环系统）。对调速指标要求不高的场合，采用单闭环系统，对调速指标要求较高的场合则采用多闭环系统。按反馈方式不同可分为转速反馈、电流反馈、电压反馈等。在单闭环系统中转速反馈单闭环系统使用较多。

转速反馈单闭环实验，是将反映转速变化的电压信号作为反馈信号接入"速度调节器"的输入端，与"给定"电压相比较经放大后，得到移相控制电压 U_{ct}，用来控制整流桥的"触发电路"，触发脉冲经功放后加到晶闸管的门极和阴极之间，从而改变三相全控桥式整流电路的输出电压，这就构成了速度反馈单闭环系统。这里的反馈必须是负反馈。

电动机的转速随给定电压变化，电动机最高转速可由速度调节器的输出限幅等决定。速度调节器采用比例（P）调节对阶跃输入有稳态误差；速度调节器采用比例积分（PI）调节可消除稳态误差；这时当"给定"恒定时，闭环系统对速度变化起到抑制作用，当发电机负载变化或电源电压波动时，电动机的转速能稳定在很小的范围内。

实验电路如图 7-5 所示。

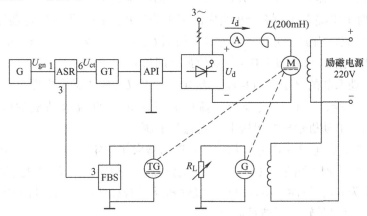

图 7-5　转速反馈单闭环直流调速系统

四、训练内容与步骤

1. 基本单元部件调试

（1）确定移相控制电压 U_{ct} 的最大值 U_{ctmax}　调试电路如图 7-6 所示。

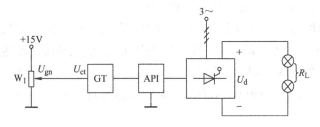

图 7-6　调试电路

直接将给定电压 U_{gn}（正电压）接至触发器的移相控制电压 U_{ct} 输入端，整流桥接负载灯箱 R_L（将两个相同功率的灯泡串联），用示波器观察 U_d 的波形。当 U_{ct} 由零调大时，U_d 随 U_{ct} 的增大而增大，当 U_{ct} 调到某一值 U_{ct}' 时 U_d 最大（在一个周期内出现首尾相接的 6 个波头）。当 U_{ct} 超过 U_{ct}' 时，U_d 出现缺少波头的现象，这时 U_d 反而随 U_{ct} 的增大而减小。一般可确定移相控制电压 U_{ct} 的最大允许值为 $U_{ctmax} = 0.9U_{ct}'$。亦即 U_{ct} 的允许调节范围是 $0 \sim U_{ctmax}$。

记录 U_{ctmax} 后，拆除电路。

（2）速度调节器的调整

1）零输入时零输出：按下电源控制屏上的电源起动按钮，闭合 DL07 挂箱电源开关，挂箱上找到速度调节器（ASR）。将 ASR 的所有输入端短接并接地，用导线将 ASR 的"4"、"5"两点短接，使调节器成为比例（P）调节器。调节 ASR 中的调零电位器，使 ASR 的输出"6"点电压为零。

2）负给定时正限幅：把 ASR"4"、"5"点的短路线去掉，使调节器成为比例积分（PI）调节器，然后将给定器输出端"1"点接到 ASR 的输入端"1"点，用数字万用表直流电压 20V 档测量 ASR 的输出"6"点电压，当加一定的负给定时（如调 U_{gn} 为 -1.2V 时），调整正限幅电位器 W_2，使 ASR 的输出正限幅值为 U_{ctmax}。

3）正给定时负限幅为 0：将 ASR 当成比例积分（PI）调节器，给定器输出"1"点接 ASR 的输出"1"点，当加一定的正给定时（如调 U_{gn} 为 +1.2V 时），调 ASR 的负限幅电位器 W_3，使其输出负限幅值近似为 0（绝对值最小即可）。

（3）转速反馈系数的整定　直接将"给定"电压 U_{gn} 接"触发电路"的移相控制电压输入端——"U_{ct}"端，三相桥式全控整流电路的输出接直流电动机的电枢绕组，L 选 200mH 的电抗器，电动机励磁绕组接上"励磁"电源。

按下起动按钮，接通励磁电源，从零开始逐渐增大正给定电压 U_{gn}，使电动机转速达到 $n = 1500 \text{r/min}$。调节速度变换器（FBS）上的电位器，用数字万用表测量其值，使其输出端"3"点电压大小为 6V，极性与给定电压的极性相反（若极性不正确，将 FBS 输入端的两个线头对调即可），这时的转速反馈系数为

$$\alpha = \frac{U_{fn}}{n} = \frac{6}{1500}\text{V}/(\text{r/min}) = 0.004\text{V}/(\text{r/min}) \tag{7-1}$$

2. 转速反馈单闭环（有静差）**直流调速系统**

1）按图 7-5 接线，在本实验中"给定"电压 U_{gn} 为负给定，转速反馈电压 U_{fn} 为正电压，将 ASR 的"4"、"5"两点用导线短接，使 ASR 成为比例（P）调节器。直流电动机负载为"灯箱"，电抗器 L 选 200mH。将"给定"调至零。

2）电路经老师检查后，电动机先轻载（关断灯箱所有灯泡的开关），起动总电源开关，按下起动按钮，从零开始逐渐调大负"给定"电压 U_{gn}，使电动机转速达到 $n = 1500 \text{r/min}$。

3）由小到大增加负载（即逐个闭合灯泡开关），测出电动机的电枢电流 I_d 和电动机的转速 n，直至 $I_d = I_N$（1A），即可测出有静差系统的静态特性 $n = f(I_d)$，将测量结果记录于表 7-5 中。

表 7-5　实验记录

负载灯数/只	0	1	2	3	4	5
转速 n /（r/min）	1500					
电枢电流/A						

4）测量完毕后，将"给定"电压调回至零，关断电源。

3. 转速反馈单闭环（无静差）直流调速系统

1）电路不变，只需将 ASR 的 "4"、"5" 点间的短连线去掉，使 ASR 成为比例积分（PI）调节器。

2）方法同前。起动电源后，增加负 "给定"，使电动机转速达到 $n = 1500\text{r/min}$。

3）由小到大增加负载（逐个闭合灯泡开关），测量电枢电流 I_d 和电动机转速 n，即可测出无静差系统的静态特性 $n = f(I_d)$，将测量结果记录于表 7-6 中。

表 7-6 实验记录

负载灯数/只	0	1	2	3	4	5
转速 n/（r/min）	1500					
电枢电流/A						

五、训练报告

1）整理实验数据（填写表格）。

2）根据表 7-5 和表 7-6 测量数据，在同一坐标系上绘制有静差和无静差转速反馈单闭环直流调速系统的机械特性曲线。

3）比较两种机械特性，并做解释。

4）请回答：

在实验中，如何确定转速反馈信号的极性？调节什么元器件能改变转速反馈的强度？

六、注意事项

1）在对单元电路或系统进行调试时，应避免触动已调节好的电位器旋钮，防止电路参数改变。

2）连接反馈信号时，反馈电压的极性必须与给定电压极性相反，确保其是负反馈。否则电动机起动后将造成失控，引起事故。

3）留长发的同学切勿靠近电机组。实验中若发现异常现象，请立即切断电源。

7.4 电流反馈单闭环直流调速系统

一、训练目的

1）了解电流反馈单闭环直流调速系统的组成及工作原理。

2）掌握电流调节器（ACR）及电流反馈环节（FBC）的调试方法。

3）进一步了解电流反馈单闭环系统的基本特性。

二、训练设备

1）RXZD-1 电力电子及电机控制实验装置。

2）直流电动机—发电机组。

3）测速发电机。

4）转速表。

5）数字万用表。

6）直流电流表。

7）负载灯箱。

三、训练电路及原理

实验电路如图7-7所示。

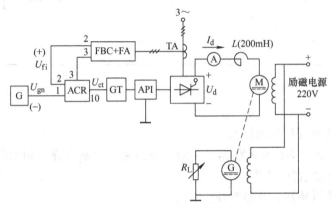

图7-7　电流反馈单闭环直流调速系统

G—给定器　ACR—电流调节器　GT—触发电路　API—Ⅰ组触发脉冲放大器

FBC—电流变换器　FA—过电流保护器　R_L—负载灯箱　TA—电流互感器

在电流反馈单闭环系统中，将反映电流变化的电流互感器输出的电压信号作为反馈信号。加到电流调节器（ACR）的输入端，与"给定"电压相比较，经放大后，得到移相控制电压 U_{ct}，来控制整流桥的"触发电路"，改变三相桥式全控整流电路的输出电压，从而构成了电流负反馈单闭环调速系统。电动机的最高转速由电流调节器的输出限幅值所决定。同样，电流调节器若采用比例（P）调节器，对阶跃输入有稳态误差，若电流调节器采用比例积分（PI）调节器，将能消除稳态误差。当"给定"信号恒定时，闭环系统对电枢电流的变化起抑制作用，当发电机负载或电源电压波动时，电动机的电枢电流能稳定在一定范围内。

四、训练内容与步骤

1. 电流调节器的调整

按下电源控制屏电源起动按钮，闭合DL07挂箱电源开关，在挂箱上找到电流调节器。

1）零输入时零输出：将ACR所有的输入端短接并接地，用导线将ACR的"8"、"9"点短接，使ACR成为比例（P）调节器，调节ACR中的调零电位器 W_1，用数字万用表的直流电压档测量调节器输出"10"点电压，使其为零。

2）负给定时正限幅：把ACR的"8"、"9"点间的短路线去掉，使电流调节器成为比例积分（PI）调节器，然后将给定器的输出"1"点接到电流调节器的输入"4"点，用数字万用表直流电压20V档测量ACR的输出"10"点电压，当加一定的负给定（如调 U_{gn} 为

－1.2V）时，调 ACR 的正限幅电位器 W_2，使 ACR 的输出正限幅值为 U_{ctmax}（取8V）。

3）正给定时负限幅为零：ACR 仍为比例积分（PI）调节器，给定器输出"1"点接 ACR 的输入端"4"点，用数字万用表的直流电压20V档，测 ACR 的输出"10"点电压，当加一定的正给定（如调 U_{gn} 为 +1.2V）时，调 ACR 的负限幅电位器 W_3，使其输出的负限幅值近似为零（绝对值小于0.4V即可）。

2. 电流反馈系数的整定

直接将给定电压 U_{gn} 接"触发电路"的移相控制电压输入端——"U_{ct}"端，"三相全控桥式整流"电路的输出接负载灯箱，关断所有灯的开关，"给定"U_{gn} 调至零。电路如图7-8所示。

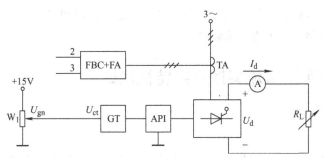

图7-8　电流反馈系数整定电路

按下起动按钮，从零开始逐渐增大正给定电压，使三相桥式整流电路的输出电压 U_d 逐渐增大，当 U_d =220V 时（用万用表直流电压700V档测量），逐一闭合负载灯箱开关，当负载电流 I_d =0.9A 时，用数字万用表直流电压20V档测量电流调节器（FBC）的"2"点电压，同时调节 FBC 上的反馈电位器，使得"2"点电压为" +6V"，即 U_{fi} =6V，这时的电流反馈系数为

$$\beta = U_{fi}/I_d = 6V/0.9A = 6.67V/A \tag{7-2}$$

3. 电流反馈单闭环直流调速系统

1）按图7-7接线，在本实验中"给定"电压 U_{gn} 为负给定，电流反馈信号 U_{fi} 为正电压，将 ACR 接成比例积分（PI）调节器，直流发电机负载为"灯箱"，将"给定"调至零，关断负载所有灯的开关。

2）让老师检查后，按下起动按钮，从零开始逐渐增大负给定电压 U_{gn}，使电动机转速达到 n =1500r/min。

由小到大调节直流发电机负载 R_L（逐一闭合灯箱的开关），测出不同负载下的转速 n 和电流 I_d，即静态特性曲线 $n=f(I_d)$。将数据记录于表7-7中。注意当 I_d >0.9A 时的 I_d、n 的变化。

表7-7　实验记录

负载灯数/只	0	1	2	3	4	5
转速 n /(r/min)	1500					
电枢电流/A						

五、训练报告

1）整理实验数据（填写表格）。

2）根据表 7-7 的测量数据，绘制电流反馈单闭环直流调速系统的机械特性。

3）回答问题：当 $I_d > 0.9A$ 时，电路发生了什么变化？为什么？

六、注意事项

1）对单元电路进行调试时，应避免触动已调好的电位器旋钮，防止电路参数发生改变。

2）电路完成连接后，必须经老师检查，老师同意后方可通电。

3）留长发的同学勿靠近电动机转轴。

7.5 双闭环不可逆直流调速系统特性测试

一、训练目的

1）了解双闭环不可逆直流调速系统的组成、原理，学习其电路的连接方法。

2）掌握各单元电路的原理，学习各单元电路的调试方法及调试步骤。

3）掌握双闭环不可逆直流调速系统的调试方法及步骤。

二、训练设备

1）RXZD-1 电力电子及电机控制实验装置。

2）直流电动机—发电机组。

3）测速发电机。

4）转速表。

5）数字万用表。

6）直流电流表。

7）负载灯箱。

8）双踪慢扫描示波器。

三、训练电路及原理

许多生产机械由于加工和运行的要求，使电动机经常处于起动、制动、反转的过渡过程中，因此起动和制动过程的时间在很大程度上决定了生产机械的生产效率。为了缩短这一部分时间，仅采用 PI 调节器的转速负反馈单闭环调速系统，性能还不能令人满意。双闭环直流调速系统是由电流和转速两个调节器进行综合调节，可获得良好的静、动态性能（两个调节器均采用 PI 调节器）。由于调速系统的主要变量为转速，故将速度环作为主环放在"外环"，电流环作为副环放在"内环"。这样可以抑制电网电压波动或负载的扰动对转速的影响，如图 7-9 所示。

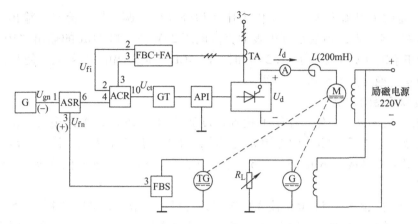

图 7-9　双闭环不可逆直流调速系统

起动时，加入给定电压 U_{gn}，速度调节器以饱和限幅值输出，使电动机以限定的最大起动电流加速起动，直到电动机转速达到给定转速（即 $U_{fn} = U_{gn}$），并在出现超调后，速度调节器退出饱和，最后稳定在略低于给定转速值下运行。

系统工作时，要先给电动机和发电机加励磁电压，改变给定电压 U_{gn} 的大小，即可改变电动机的转速。电流调节器、速度调节器均设有限幅环节，速度调节器的输出作为电流调节器的给定，利用速度调节器的输出限幅可达到最大起动电流的目的。电流调节器的输出作为"触发电路"的移相控制电压 U_{ct}，利用电流调节器的输出限幅值可达到限制最小触发延迟角的目的。

这里的"给定"为"正给定"，速度反馈电压 U_{fn} 为"负电压"；电流反馈电压 U_{fi} 为"正电压"。

四、训练内容与步骤

1. 系统调试原则

1）先单元，后系统。即先调试单元电路，后调试整个系统。

2）先开环，后闭环。即先使系统能开环运行，然后在确定电流和转速反馈信号正确后，再组成闭环系统。

3）先内环，后外环。即先调电流内环，再调转速外环。

4）先稳态，后动态。即先调稳态精度，后调动态指标。

2. 电流调节器的调整

1）零输入时零输出：起动总电压，闭合 DL07 挂箱电源开关。将该挂箱上的电流调节器（ACR）接成比例（P）调节器（即将"8"、"9"两点用导线连接），将该 ACR 的所有输入端短接后接地，用数字万用表直流电压 20V 档测输出"10"点电压，调整 ACR 的调零电位器 W_1，使"10"点电压为零。

2）负给定时正限幅：把 ACR"8"、"9"两点之间的短路线去掉，使调节器成为比例积分（PI）调节器，然后将给定器的输出"1"点接到 ACR 的输入"4"点，用数字万用表直流电压 20V 档测量 ACR 的输出"10"点电压，当加一定的负给定（如调 U_{gn} 为 -1.2V）时，调 ACR 的正限幅电位器 W_2，使 ACR 的输出正限幅值为 U_{ctmax}（可取参考值 8.5V）。

3）正给定时负限幅为零：ACR 仍为比例积分（PI）调节器，给定器输出"1"点接 ACR 的输入端"4"点，用数字万用表的直流电压 20V 档，测 ACR 的输出"10"点电压，当加一定的正给定（如调 U_{gn} 为 + 1.2V）时，调 ACR 的负限幅电位器 W_3，使其输出的负限幅值近似为零（绝对值小于 0.4V 即可）。

3. 速度调节器的调整

1）零输入时零输出：先在挂箱上找到速度调节器（ASR），将其接成比例（P）调节器，即调节器上的"4"、"5"两点用导线短接，将 ASR 所有输入端短接后接地，用万用表的直流电压 20V 档测量 ASR 的输出"6"点电压，调 ASR 的调零电位器 W_1，使输出"6"点电压为零。

2）负给定时正限幅：将 ASR 接成比例积分（PI）调节器，即将"4"、"5"点间短路线去掉，然后将给定器的输出"1"点接到 ASR 的输入端"1"点，用数字万用表的直流电压 20V 档，测量 ASR 的输出端"6"点电压，当加一定的负给定（如调给定，使 U_{gn} 为 − 1.2V）时，调 ASR 的正限幅电位器 W_2，使 ASR 的输出电压为零（调到最小，约 8.5V 即可）。

3）正给定时负限幅：ASR 仍为比例积分（PI）调节器，给定器的输出"1"点接 ASR 的输入"1"点，用万用表直流电压 20V 档，测量 ASR 的输出"6"点电压，当加一定的正给定（如调 U_{gn} 为 + 1.2V）时，调 ASR 的负限幅电位器 W_3，使 ASR 的输出电压为负的最小值（− 0.7V）。

4. 电流反馈系数 β 的整定

将电路按图 7-10 进行连接。

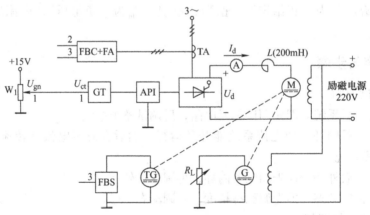

图 7-10　反馈系数整定电路

将给定电压 U_{gn} 直接接至触发电路的移相控制电压"U_{ct}"端，把给定电压 U_{gn} 调至零，发电机空载（即关断所有灯开关），L 为 200mH。经老师检查后，起动电源，逐渐增大给定 U_{gn}，使电动机转速达到 1500r/min 左右，此时逐一闭合灯开关，待电流表读数为 0.9A（I_d = 0.9A）时，用万用表的直流电压档测量 FBC 的输出端"2"点电压为 6V。

则电流反馈系数 β 为

$$\beta = U_{fi}/ I_d = 6A/0.9A \approx 7V/A \tag{7-3}$$

5. 转速反馈系数 α 的整定

将电路按图7-10进行连接。将给定电压 U_{gn} 直接接至触发电路的移相控制电压"U_{ct}"端，将给定电压 U_{gn} 调至零，L 为 200mH，电动机先空载（即关断所有灯开关）。经老师检查后，起动电源，逐渐增大给定电压 U_{gn}，使电动机转速达到 1500r/min，用万用表的直流电压 20V 档测量 FBS 的输出"3"点电压，并调整 FBS 上的电位器，使"3"点电压为 $-6V$（若极性不正确，将 FBS 输入端的两个线头对调即可）。则转速反馈系数 α 为

$$\alpha = \frac{U_{fn}}{n} = \frac{6V}{1500r/min} = 0.004V/(r/min) \tag{7-4}$$

6. 系统静态特性的测试

将电路按图7-9进行连接，这里的给定电压 U_{gn} 为正给定，转速反馈电压 U_{fn} 为负电压，L 为 200mH，发电机先空载（即关断所有灯泡），给定 U_{gn} 调至零，将 ACR 和 ASR 均接成比例积分（PI）调节器，构成双闭环实验系统，并经老师检查。

（1）测高速时的机械特性 发电机先空载（即关断所有灯泡），从零开始逐渐增大给定电压 U_{gn}，使电动机空载转速达到 1500r/min，然后逐渐增大负载（即逐一闭合灯开关），测出不同负载下的电枢电流 I_d 和转速 n，记录于表7-8中。

表7-8 实验记录

负载灯数/只	0	1	2	3	4	5
转速 n/(r/min)	1500					
电流 I_d/A						

（2）测低速时的机械特性 电路不变，方法同前。先将空载转速调到 900r/min，然后逐一闭合灯开关，测出不同负载下的电枢电流 I_d 和转速 n，记录于表7-9中。

表7-9 实验记录

负载灯数/只	0	1	2	3	4	5
转速 n/［DK（r/min）	900					
电流 I_d/A						

五、训练报告

1）整理实验数据，认真填写表格。

2）根据测量数据，绘制两转速时的闭环机械特性 $n = f(I_d)$。

六、注意事项

1）在电动机起动前，必须将"励磁电源"先加于电动机的励磁绕组，连接要可靠。

2）电源起动后，不允许用手触及"触发脉冲观察孔"插座及晶闸管门极插座，以防触电！

3）留长发的同学，勿靠近电动机转轴。

4）对电路进行调试或进行连线时，应避免触动已调好的电位器旋钮，防止已经调好的

电路参数发生改变。

7.6 双闭环逻辑无环流可逆直流调速系统特性测试

一、训练目的

1）熟悉双闭环逻辑无环流可逆直流调速系统的电路原理和组成。
2）掌握各控制单元电路的组成、原理、作用及调试方法。
3）掌握逻辑无环流可逆直流调速系统的调试方法和步骤。
4）了解逻辑无环流可逆直流调速系统的静、动态特性。

二、训练设备

1）RXZD-1 电力电子及电机控制实验装置。
2）直流电动机—发电机组。
3）测速发电机。
4）转速表。
5）数字万用表。
6）直流电流表。
7）负载灯箱。
8）双踪慢扫描示波器。

三、训练电路及原理

在此之前的晶闸管直流调速系统实验，由于晶闸管的单向导电性，用一组晶闸管对电动机供电，只适用于不可逆运行。而有些生产设备，既要求电动机正转，又要求电动机反转，并要求在减速时产生制动转矩，加快制动时间。

要改变直流电动机的方向有两种方法：一是改变电动机电枢电流的方向，二是改变励磁电流的方向。由于电枢回路的电感量比励磁回路的要小，使得电枢回路有较小的时间常数，可满足某些设备对频繁起动、快速制动的要求。

本实验的主电路由正桥和反桥反并联组成，并通过逻辑控制器来控制正桥和反桥的工作与关闭，保证在同一时刻只有一组桥路工作，另一组桥路不工作，这样就没有环流产生。由于没有环流，主电路可不再设置平衡电抗器，但为了限制整流电压的脉动和尽量使整流电流连续，仍然保留了平波电抗器。

控制系统主要由速度调节器、电流调节器、反号器、转矩极性鉴别器、零电流检测器、逻辑控制器、速度变换器、电流变换与过电流保护器等环节组成，如图 7-11 所示。

正向起动时，给定电压 U_{gn} 为正电压，逻辑控制器的输出 U_{1f} 为"0"态，U_{1r} 为"1"态，此时正桥触发脉冲开通，反桥触发脉冲被封锁，主电路"正桥三相全控整流电路"工作（即"Ⅰ桥"工作），电动机正向转动。当减小给定时（即 $U_{gn} < U_{fn}$），整流电路进入本桥逆变状态，而 U_{1f}、U_{1r} 不变，当主电路电流减小并过零后，U_{1f}、U_{1r} 输出状态转换，即 U_{1f} 变为"1"态，U_{1r} 变为"0"态，进入了它桥制动状态，使电动机降至设定的转速后，再切

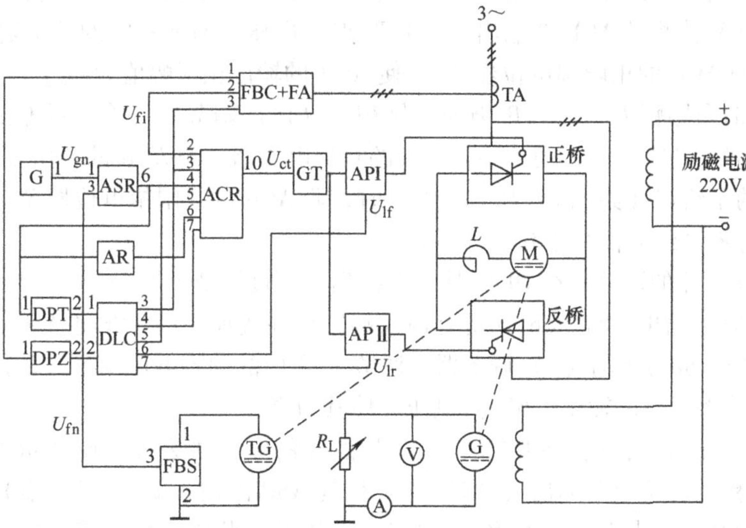

图 7-11　双闭环逻辑无环流可逆直流调速系统

换成反向电动运行；当 U_{gn} 为零时，电动机停转。

反向运行时，U_{lf} 为 "1" 态，U_{lr} 为 "0" 态，主电路 "反桥三相全控整流电路" 工作（即 "Ⅱ桥" 工作）。

逻辑控制器的输出取决于电动机的运行状态。正向运转，正转制动本桥逆变及反转制动它桥逆变状态，U_{lf} 为 "0" 态，U_{lr} 为 "1" 态，保证了正桥工作，反桥封锁；反向运转，反转制动本桥逆变，正转制动它桥逆变阶段，U_{lf} 为 "1" 态，U_{lr} 为 "0" 态，正桥被封锁，反桥工作。由于逻辑控制器的作用，在逻辑无环流可逆系统中，保证了任何情况下两整流桥不会同时触发、一组触发工作时，另一组被封锁，因此系统工作过程中既无直流环流也无脉冲环流。

四、训练内容与步骤

1. 开关设置

1）将 DL05 和 DL07 挂箱的 "地线" 用导线连接，即 "共地"。

2）将 DL05 挂箱上的 "触发脉冲开关"（包括 Ⅰ桥和 Ⅱ桥），置于接通位置，将 "单、双" 脉冲选择开关置于 "双" 位置。

3）将 "电源控制屏" 上的 "电源输出选择开关" 置于 "低" 位置。

2. 单元电路调试

（1）电流调节器的调整　按下电源控制屏电源起动按钮，闭合 DL07 挂箱电源开关，在挂箱上找到 "电流调节器"（ACR）。

1）零输入时零输出：将 ACR 所有的输入端短接并接地，用导线将 ACR 的 "8"、"9" 点短接，使 ACR 成为比例（P）调节器，调节 ACR 中的调零电位器 W_1，用数字万用表的直流电压 20V 档，测量 ACR 输出 "10" 点电压，使其为零。

2）负给定时正限幅：把 ACR "8"、"9" 点间的短路线去掉，使 ACR 成为比例积分

（PI）调节器，然后将给定器的输出（"1"点）接到 ACR 的输入（"4"点），用数字万用表的直流电压 20V 档测量 ACR 的输出（"10"点）电压，当加一定的负给定（如调 U_{gn} 为 -1.2V）时，调 ACR 的正限幅电位器 W_2，使 ACR 的输出正限幅值为 U_{ctmax}（取 8V）。

3）正给定时负限幅为零：ACR 仍为比例积分（PI）调节器，给定器输出（"1"点）接 ACR 的输入端（"4"点），用数字万用表的直流电压档，测 ACR 的输出（"10"点）电压，当加一定的正给定（如调 U_{gn} 为 +1.2V）时，调 ACR 的负限幅电位器 W_3，使其输出的负限幅值近似为零（绝对值小于 0.4V 即可）。

（2）速度调节器的调整　在 DL07 挂箱上找到"速度调节器"（ASR）。

1）零输入时零输出：将 ASR 的所有输入端短接并接地，用导线将 ASR 的"4"、"5"两点短接，使 ASR 成为比例（P）调节器。调节 ASR 中的调零电位器 W_1，用万用表的直流电压 20V 档，测量 ASR 的输出"6"点电压，使其为零。

2）负给定时正限幅：把 ASR"4"、"5"点间的短路线去掉，使 ASR 成为比例积分（PI）调节器，然后将给定器输出（"1"点）接到 ASR 的输入端（"1"点），用数字万用表的直流电压 20V 档测量 ASR 的输出"6"点电压，当加一定的负给定（如调 U_{gn} 为 -1.2V）时，调整正限幅电位 W_2，使 ASR 的输出正限幅值为 +6V。

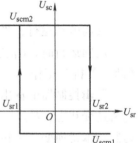

图 7-12　转矩极性鉴别器的输入输出特性

（3）转矩极性鉴别器的调整　对转矩极性鉴别器（DPT）的输出有如下要求。

1）电动机正转时，DPT 的输出应为"1"态。

2）电动机反转时，DPT 的输出应为"0"态。

调整方法为：将给定器的输出（"1"点），接至 DPT 的输入端（"1"点），示波器的探头接至 DPT 的输出端（"2"点），调整电位器及 DPT 输入电压 U_{sr}，观察其输出高低电平的变化。DPT 的输入、输出特性应满足图 7-12 的要求。其中 $U_{sr1} = -0.3V$，$U_{sr2} = +0.3V$，$U_{sci1} \approx -0.6V$，$U_{sci2} \approx +14V$。

（4）零电流检查器的调整　对零电流检测器（DPZ）的输出有如下要求。

1）主电路电流接至零。

2）主电路有电流时，DPZ 的输出 U_i 为"0"态。

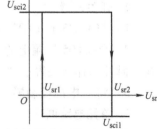

调整方法为：将给定器的输出（"1"点），接至 DPZ 的输入端（"1"点），示波器的探头接至 DPZ 的输出端（"2"点），调整电位器及 DPZ 输入电压 U_{sr}，观察其输出高低电平的变化。DPZ 的输入、输出特性应满足图 7-13 的要求。其中 $U_{sr1} = +0.2V$，$U_{sr2} = +0.6V$，$U_{scm1} \approx -0.6V$，$U_{scm2} \approx +14V$。

图 7-13　零电流检测器的输入输出特性

（5）反号器的调整　对反号器（AR）的输出有如下要求。

$$U_{sc} = -U_{sr} \qquad (7-5)$$

调整方法为：将给定器的输出（"1"点）接至 AR 的输入（"1"点），将万用表（直流电压 20V 档）接至 AR 的输出（"2"点），调整电位器 W_1 及 AR 输入电压，使 AR 具有 $U_{sc} = -U_{sr}$ 特性。

（6）逻辑控制器的调整　对逻辑控制器（DLC）的输出应满足表 7-10 要求。

表 7-10 逻辑控制器的输入/输出真值表

输　入	U_m	1	1	0	0	0	1
	U_i	1	0	0	1	0	0
输　出	U_z (U_{lf})	0	0	0	1	1	1
	U_f (U_{lr})	1	1	1	0	0	0

调整时，DLC 的输入信号可从给定器和低压直流电源输出端得到。

按照图 7-14，将 DLC 的输入 "U_m" 端接至给定器的输出端（"1"点），"U_i" 端接至直流电源（+15V）；通过改变给定器的开关位置（"+15V"或"⊥"）改变输入 U_m、U_i 的高低电平变化，测试输出 U_z、U_f，使其满足表 7-10的要求。

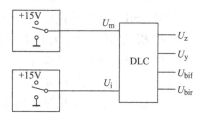

图 7-14　逻辑控制器测试接线图

（7）电流反馈系数 β 的调整　将电路接成图 7-15 所示电路，给定电压 U_{gn} 直接接至触发电路的移相控制电压（"U_{ct}"）的输入端，把给定电压调至零，发电机空载（即关断所有灯开关），L 为 200mH。经老师检查后，起动电源，逐渐增大给定电压 U_{gn}，使电动机转速达到 1500r/min 左右，此时逐一闭合灯开关，待电流表读数为 1A（$I_d = 1A$）时，用万用表直流电压 20V 档测电流变换器 FBC 输出端 "2" 点电压，并调整 FBC 上的电位器 W_1，使 "2" 点电压为 6V。

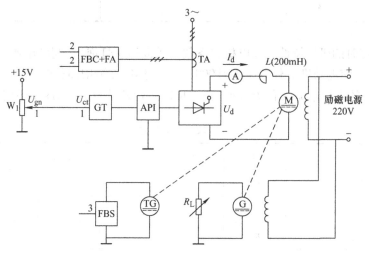

图 7-15　反馈系数调试电路

则电流反馈系数为 $\beta = U_{fi}/I_d = 6V / 1A = 6V / A$。

（8）转速反馈系数 α 的调整　电路如图 7-15 所示，将给定电压 U_{gn} 调至零，L 为 200mH，发电机空载（即关断所有灯泡），起动电源，逐渐增大给定电压 U_{gn}，使电动机转速达到 1500r/min，用万用表的直流电压 20V 档测速度变换器（FBS）输出段 "3" 点电压，并调整 FBS 上的电位器，使 "3" 点电压为 6V。

则速度反馈系数为

$$\alpha = U_{fn}/n = \frac{6V}{1500 r/min} = 0.004 V/(r/min) \tag{7-6}$$

3. 系统测试

按照图7-11接线，组成逻辑无环流可逆直流调速系统。先将 ASR、ACR 接成 P 调节器，经老师检查并确认系统接线正确无误后，起动电源，并逐渐增大给定电压 U_{gn}，观察电动机的运转情况，确认基本正常，稳定运行后，将给定电压 U_{gn} 调回零，停止运转，关闭电源，然后将 ASR、ACR 改接成 PI 调节器。

4. 机械特性 $n = f(I_d)$ 的测试

（1）测高速时的机械特性 发电机先空载（关断所有灯泡），起动电源，从零开始逐渐增大给定电压 U_{gn} 使电动机空载转速达到 1500r/min，然后逐渐增加负载（逐一闭合灯开关），测出不同负载下的电枢电流 I_d 和转速 n，正、反向运行各做一次，结果记录于表7-11中。

表7-11 实验记录

负载灯数/只		0	1	2	3	4	5
正 向	转速 n/DK（r/min）	1500					
	电流 I_d/A						
反 向	转速 n/DK（r/min）	1500					
	电流 I_d/A						

（2）测低速时的机械特性 发电机先空载（关断所有灯泡），起动电源，从零开始逐渐增大给定电压 U_{gn} 使电动机空载转速达到 900r/min，然后逐渐增加负载（逐一闭合灯开关），测出不同负载下的电枢电流 I_d 和转速 n，正、反向运行各做一次，结果记录于表7-12中。

表7-12 实验记录

负载灯数/只		0	1	2	3	4	5
正 向	转速 n/DK（r/min）	900					
	电流 I_d/A						
反 向	转速 n/（r/min）	900					
	电流 I_d/A						

5. 系统动态波形的观察

将慢扫描示波器的两个探头分别接到电流变换器的输出"2"点和速度输出器的输出"3"点。用以观察电动机电枢电流 I_d 和转速 n 的动态波形。

1）给定值阶跃变化时（正向起动→正向停止→反向起动→反向切换到正向→正向切换到反向→反向停车），用示波器观察 I_d 和 n 的动态波形。

2）电动机稳定运行于额定转速（1500r/min），给定电压 U_{gn} 不变。突加、突减负载（如负载从 $20\% I_N \sim 100\% I_N$ 变化）时，用示波器观察 I_d、n 的动态波形。

3）改变 ASR/ACR 的参数值（如 ASR/ACR 的串联积分电容），用示波器观察 I_d、n 的动态波形。

五、训练报告

1）整理实验数据，认真填写测试表格。

2）根据测量数据，绘制正、反转闭环控制机械特性曲线 $n = f(I_d)$，并计算静差。

3）分析 ASR、ACR 参数变化对系统的动态影响。

4）分析电动机从正转切换到反转过程中，电动机所经历的工作状态以及系统能量转换情况。

六、注意事项

1）对电路进行调试或接线时，应避免触动已调好的电位器旋钮，防止电路参数发生变化。

2）完成电路连接后，必须经老师检查同意后方可通电实验；若实验中出现异常现象应立即采取断电措施。

3）为了防止意外，可在电枢回路串一电阻，如工作正常，可随给定电压 U_{gn} 的增大逐渐切除电阻。

7.7 变频器功能参数设置与操作

一、训练目的

1）熟悉三菱 FR – D720 变频器操作面板上各按键的功能。

2）掌握用操作面板（PU）改变变频器参数的操作方法。

3）掌握变频器与外部设备的连接方法。

二、训练设备（见表7-13）

表7-13 训练设备

序 号	名 称	型号与规格	数 量
1	PLC 实训装置	THPFSM – 2	1
2	变频器实训挂箱	C11	1
3	三相异步电动机	WDJ26	1
4	光电转速表		1
5	导线		若干

三、变频器面板简介（见表7-14、表7-15、表7-16）

表7-14 FR－D720变频器操作面板上各按键的含义

按 键	含 义	说 明
MODE	模式切换	用于切换各设定模式。长按此键（2s）可以锁定操作
RUN	起动指令	通过 Pr. 40 的设定，可以选择旋转方向
STOP/RESET	停止运行指令	保护功能（严重故障）生效时，也可以进行报警复位
SET	确定指令	各设定的确定
PU/EXT	运行模式切换	用于切换面板/外部运行模式
M 旋钮	用于变更频率设定、参数的设定值	监视模式时的设定频率 校正时的当前设定值 报警历史模式时的顺序

表7-15 FR－D720变频器操作面板上各发光二极管的含义

发光二极管	含 义	说 明
4 位 LED	显示器	显示频率、电流、参数编号等值
RUN	运行模式时，灯亮	
MON	监视模式时，灯亮	
PRM	参数设定模式时，灯亮	
PU	面板运行模式时，灯亮	当 EXT 和 PU 灯同时亮时，表示变频器为组合运行模式
EXT	外部运行模式时，灯亮	
NET	网络运行模式时，灯亮	
Hz	显示频率时，灯亮	
A	显示电流时，灯亮	

表7-16 C11变频器实训挂箱上各插孔的含义

插 孔 名	含 义		说 明
PC	外部晶体管公共端（漏型）（初始设定）		漏型逻辑时当连接晶体管输出（即集电极开路输出），例如可编程序控制器（PLC）时，将晶体管输出用的外部电源公共端接到该端子时，可以防止因漏电引起的误动作
	接点输入公共端（源型）		接点输入端子（源型逻辑）的公共端子
	DC-24V 电源		可作为 DC-24V、0.1A 的电源使用
STF	正转起动。STF 信号 ON 时为正转、OFF 时为停止指令		STF、STR 信号同时 ON 时变成停止指令
STR	反转起动。STR 信号 ON 时为反转、OFF 时为停止指令		
RH	多段速设定	高速	用 RH、RM、RL 信号的组合，可以选择多段速度
RM		中速	
RL		低速	

（续）

插孔名	含　义	说　明
SD	接点输入公共端（漏型）（初始设定）	接点输入端子（漏型逻辑）
	外部晶体管公共端（源型）	源型逻辑时当连接晶体管输出（即集电极开路输出），例如可编程序控制器（PLC）时，将晶体管输出用的外部电源公共端接到该端子时，可以防止因漏电引起的误动作
	DC-24V 电源公共端	DC-24V 0.1A 电源（端子 PC）的公共输出端子。与端子5 及端子 SE 绝缘
10	频率设定用电源	作为外接频率设定（速度设定）用电位器时的电源使用
2	频率设定（电压）	如果输入 DC 0～5V（或 0～10V），在 5V（或 10V）时为最大输出频率。通过 Pr.73 进行 DC 0～5V（初始设定）和 DC 0～10V 输入的切换操作
5	频率设定公共端	是频率设定信号（端子 2 或 4）及端子 AM 的公共端子。请勿接大地
4	频率设定（电流）	如果输入 DC-4～20mA（或 0～5V，0～10V），在 20mA 时为最大输出频率，输入输出成比例。只有 AU 信号为 ON 时端子 4 的输入信号才会有效（端子 2 的输入将无效）。通过 Pr.267 进行 4～20mA（初始设定）和 DC0～5V、DC0～10V 输入的切换操作
A、B、C	继电器输出（异常输出）	指示变频器因保护功能动作时输出停止的 1C 接点输出。异常时：B－C 间不导通（A－C 间导通），正常时：B－C 间导通（A－C 间不导通）
RUN	变频器正在运行	变频器输出频率大于或等于起动频率（初始值 0.5Hz）时为低电平，已停止或正在直流制动时为高电平。低电平表示集电极开路输出用的晶体管处于 ON（导通状态）。高电平表示处于 OFF（不导通状态）
SE	集电极开路输出公共端	端子 RUN 的公共端子
AM	模拟电压输出	可以从多种监视项目中选一种作为输出。变频器复位中不被输出。输出信号与监视项目的大小成比例
RS485		通过 PU 接口，可进行 RS－485 通信标准规格：EIA－485（RS－485）传输方式：多站点通信通信速率：4800～38400 bit/s
L、N	变频器输入	接交流 220V 工频电源
U、V、W	变频器输出	接三相异步电动机

四、控制要求

不需要通过外部按钮开关设备，直接通过变频器上的 (RUN) 键，控制电动机的起动；通过变频器上的 (STOP/RESET) 键，控制电动机的停止；通过变频器上的 M 旋钮 ✱ 控制频率，从而改变电动机的运行速度。

五、参数功能表及接线图

1）参数功能表见表7-17。

表7-17　参数功能表

序　号	变频器参数	出 厂 值	设 定 值	功能说明
1	P 160	9999	0	扩张功能显示选择
2	P 161	0	1	频率设定/键盘锁定操作选择
3	P 79	0	1	运行模式选择

2）变频器外部接线图如图7-16所示。

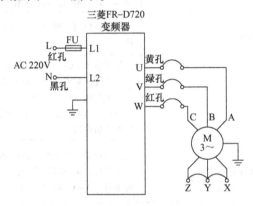

图7-16　变频器外部接线图

六、操作步骤

1）将训练装置左下角"三相交流输出"端的 W1（红孔）、N1（黑孔）分别接至"变频器挂箱"左下角的 L（红孔）、N（黑孔）端。

2）按照变频器外部接线图，将变频器的输出端 U（黄色）、V（绿色）、W（红色）分别接至电动机的 A（黄色）、B（绿色）、C（红色）三端。将三相电动机接成星形，即将电动机的一端 X、Y、Z 全部接在一起。

3）将训练装置的"总电源"即断路器闭合，使得训练装置通电。

4）电路连接好并检查无误后，方可按下训练装置左下角"电源总开关"中的起动按钮（绿色），将三相电源接通。

5）拨动变频器的电源开关至"开"的位置。使变频器开始工作，按照表7-17参数功能正确设置变频器参数。

6）训练结束，将变频器断电，再按下训练装置左下角"电源总开关"中的停止按钮（红色），将三相电源断电。

7）训练完毕，应及时关闭训练装置电源开关，并及时清理训练装置面板，整理好连接导线并放置于规定的位置。

七、面板操作（见图 7-17）

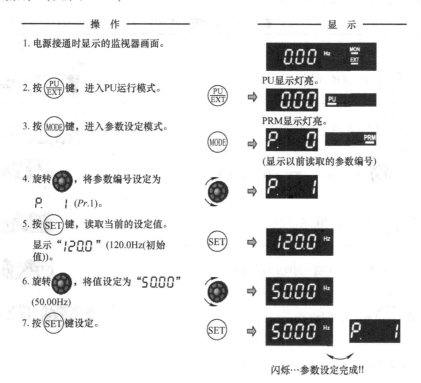

图 7-17 变频器操作面板

1）设置变频器参数的具体步骤（见表 7-18）。

表 7-18 变频器参数的设置

序　号	操 作 步 骤	显 示 结 果
1	按 (PU/EXT) 键，选择 PU 操作模式	PU显示灯亮。 0.00 PU
2	按 (MODE) 键，进入参数设定模式	PRM显示灯亮。 P. 0 PRM
3	拨动 设定用旋钮，选择参数号码 P7	P. 7
4	按 (SET) 键，读出当前的设定值	5
5	拨动 设定用旋钮，把设定值变为 10	10
6	按 (SET) 键，完成设定	10 P. 7 闪烁
7	按两次 (SET) 键，即进入到下一个参数的设定	

2）参数清零设置（见表7-19）。

表7-19 参数清零设置

序 号	操 作 步 骤	显 示 结 果
1	按 PU/EXT 键，选择 PU 操作模式	PU显示灯亮。 0.00 PU
2	按 MODE 键，进入参数设定模式	PRM显示灯亮。 P. 0 PRM
3	拨动 设定用旋钮，选择参数号码 ALLC	ALLC 参数全部清除
4	按 SET 键，读出当前的设定值	0
5	拨动 设定用旋钮，把设定值变为1	1
6	按 SET 键，完成设定	1 ALLC 闪烁
7	按两次 SET 键，即进入到下一个参数的设定	

3）改变参数P79（见表7-20）。

表7-20 改变参数P79

序 号	操 作 步 骤	显 示 结 果
1	按 PU/EXT 键，选择 PU 操作模式	PU显示灯亮。 0.00 PU
2	按 MODE 键，进入参数设定模式	PRM显示灯亮。 P. 0 PRM
3	拨动 设定用旋钮，选择参数号码 P79	P. 79
4	按 SET 键，读出当前的设定值	0
5	拨动 设定用旋钮，把设定值变为1	1
6	按 SET 键，完成设定	1 P. 79 闪烁
7	按两次 SET 键，即进入到下一个参数的设定	

4）改变参数 P160（见表7-21）。

表 7-21 改变参数 P160

序 号	操 作 步 骤	显 示 结 果
1	按 (PU/EXT) 键，选择 PU 操作模式	PU显示灯亮。 0.00 PU
2	按 (MODE) 键，进入参数设定模式	PRM显示灯亮。 P. 0 PRM
3	拨动 设定用旋钮，选择参数号码 P160	P.160
4	按 (SET) 键，读出当前的设定值	9999
5	拨动 设定用旋钮，把设定值变为0	0 P.160
6	按 (SET) 键，完成设定	0 闪烁
7	按两次 (SET) 键，即进入到下一个参数的设定	

5）改变参数 P161（见表7-22）。

表 7-22 改变参数 P161

序 号	操 作 步 骤	显 示 结 果
1	按 (PU/EXT) 键，选择 PU 操作模式	PU显示灯亮。 0.00 PU
2	按 (MODE) 键，进入参数设定模式	PRM显示灯亮。 P. 0 PRM
3	拨动 设定用旋钮，选择参数号码 P161	P.161
4	按 (SET) 键，读出当前的设定值	0
5	拨动 设定用旋钮，把设定值变为1	1
6	按 (SET) 键，完成设定	1 P.161 闪烁
7	按两次 (SET) 键，即进入到下一个参数的设定	

6）设定频率运行（见表7-23）。

表7-23 设定频率运行

序　号	操 作 步 骤	显 示 结 果
1	按 PU/EXT 键，选择 PU 操作模式	PU显示灯亮。 0.00 PU
2	旋转 设定用旋钮，把频率改为设定值	50.00 闪烁约5s。
3	按 SET 键，设定频率值	50.00 F 闪烁
4	闪烁3s后显示回到0.0，按 RUN 键运行	3s后 0.00 → 50.00 Hz
5	按 STOP/RESET 键，停止	50.00 → 0.00 Hz

八、运行调试

1）按 RUN 键运行变频器，观察三相异步电动机的运行情况。

2）旋转 控制变频器的输出频率，观察变频器的输出有什么变化，三相异步电动机的工作又有什么变化。自己给出几组值，分析变化情况。

九、训练总结

1）此训练项目中，参数 P160、P161 的功能是什么？
2）此训练项目中，参数 P79 的功能是什么？

7.8 变频器外部端子的点动控制

一、训练目的

1）了解变频器外部控制端子的功能。
2）掌握外部运行模式下变频器的操作方法。
3）掌握变频器与外部设备的连接方法。

二、训练设备（见表7-24）

表7-24 训练设备

序　号	名　　称	型号与规格	数　量
1	PLC 实训装置	THPFSM - 2	1
2	变频器实训挂箱	C11	1

（续）

序　号	名　　称	型号与规格	数　量
3	三相异步电动机	WDJ26	1
4	光电转速表		1
5	导线		若干

三、控制要求

1）运用操作面板改变电动机起动的点动运行频率和加、减速时间。

2）通过操作面板控制电动机起动（RUN）／停止（STOP），按下按钮"S0"电动机起动，松开按钮"S0"电动机停止。

四、参数功能表及接线图

1）参数功能表见表 7-25。

表 7-25　参数功能表

序　号	变频器参数	出　厂　值	设　定　值	功能说明
1	P 1	120	50	上限频率（50Hz）
2	P 2	0	0	下限频率（0Hz）
3	P 9	0	0.35	电子过电流保护（0.35A）
4	P 160	9999	0	扩张功能显示选择
5	P 79	0	4	运行模式选择
6	P 15	5	20.00	点动频率（20Hz）
7	P 16	0.5	0.5	点动加减速时间（0.5s）
8	P 180	0	5	设定 RL 为点动运行选择信号

注：设置参数前先将变频器参数复位为工厂的默认设定值（将 ALLC 设为 1）。

2）变频器外部接线图如图 7-18 所示。

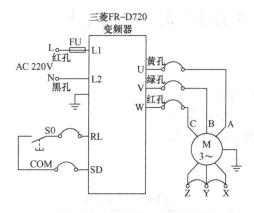

图 7-18　变频器外部接线图

五、操作步骤

1）将训练装置左下角"三相交流输出"端的 W1（红孔）、N1（黑孔）分别接至"变频器挂箱"左下角的 L（红孔）、N（黑孔）端。

2）按照变频器外部接线图，将变频器的输出端 U（黄色）、V（绿色）、W（红色）分别接至电动机的 A（黄色）、B（绿色）、C（红色）三端。将三相电动机接成星形，即将电动机的一端 X、Y、Z 全部接在一起。

3）将训练装置的"总电源"即断路器闭合，使得训练装置通电。

4）电路连接好并检查无误后，方可按下训练装置左下角"电源总开关"中的起动按钮（绿色），将三相电源接通。

5）拨动变频器的电源开关至"开"的位置。使变频器开始工作，按照表 7-25 所列参数功能正确设置变频器参数。

6）训练结束，将变频器断电，再按下训练装置左下角"电源总开关"中的停止按钮（红色），将三相电源断电。

7）训练完毕，应及时关闭训练装置电源开关，并及时清理训练装置面板，整理好连接导线并放置于规定的位置。

六、运行调试

1）按下操作面板按钮 (RUN)，起动变频器。按下按钮"S0"，观察并记录电动机的运转情况。

2）按下操作面板按钮 (STOP / RESET)，改变 P15、P16 的值，观察电动机运转状态有什么变化。

七、训练总结

1）此训练项目中，参数 P1、P2 的功能是什么？
2）此训练项目中，参数 P79 的功能是什么？

7.9　变频器控制三相异步电动机的正反转

一、训练目的

1）了解变频器外部控制端子的功能。
2）掌握外部运行模式下变频器的操作方法。
3）掌握变频器与外部设备的连接方法。

二、训练设备（见表 7-26）

表 7-26　训练设备

序　号	名　　称	型号与规格	数　量
1	PLC 实训装置	THPFSM－2	1

（续）

序　号	名　　称	型号与规格	数　量
2	变频器实训挂箱	C11	1
3	三相异步电动机	WDJ26	1
4	光电转速表		1
5	导线		若干

三、控制要求

通过外部端子控制电动机正转/反转。按下按钮"S1"电动机正转，按下按钮"S2"电动机反转。

四、参数功能表及接线图

1）参数功能表见表 7-27。

表 7-27　参数功能表

序　　号	变频器参数	出　厂　值	设　定　值	功　能　说　明
1	P 1	50	50	上限频率（50Hz）
2	P 2	0	0	下限频率（0Hz）
3	P 7	5	10	加速时间（10s）
4	P 8	5	10	减速时间（10s）
5	P 9	0	0.35	电子过电流保护（0.35A）
6	P160	9999	0	扩张功能显示选择
7	P 79	0	3	运行模式选择
8	P 179	61	61	STR 反向起动信号

注：设置参数前先将变频器参数复位为工厂的默认设定值（将 ALLC 设为 1）。

2）变频器外部接线图如图 7-19 所示。

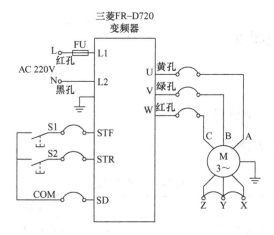

图 7-19　变频器外部接线图

五、操作步骤

1）将训练装置左下角"三相交流输出"端的 W1（红孔）、N1（黑孔）分别接至"变频器挂箱"左下角的 L（红孔）、N（黑孔）端。

2）按照变频器外部接线图，将变频器的输出端 U（黄色）、V（绿色）、W（红色）分别接至电动机的 A（黄色）、B（绿色）、C（红色）三端。将三相电动机接成星形，即将电动机的一端 X、Y、Z 全部接在一起。

3）将训练装置的"总电源"即断路器闭合，使得训练装置通电。

4）电路连接好并检查无误后，方可按下训练装置左下角"电源总开关"中的起动按钮（绿色），将三相电源接通。

5）拨动变频器的电源开关至"开"的位置。使变频器开始工作，按照表7-27所列参数功能正确设置变频器参数。

6）训练结束，将变频器断电，再按下训练装置左下角"电源总开关"中的停止按钮（红色），将三相电源断电。

7）训练完毕，应及时关闭训练装置电源开关，并及时清理训练装置面板，整理好连接导线并放置于规定的位置。

六、运行调试

1）用旋钮 ⚙ 设定变频器运行频率。按下按钮"S1"，观察并记录电动机运转情况。

2）松开按钮"S1"，按下按钮"S2"，观察并记录电动机的运转情况。

3）改变 P7、P8 的值，观察电动机运转状态有什么变化。

七、训练总结

1）此训练项目中，参数 P1、P2 的功能是什么？

2）此训练项目中，参数 P7、P8 的功能是什么？

3）此训练项目中，参数 P79 的功能是什么？

7.10 变频器无级调速

一、训练目的

掌握变频器操作面板的功能及使用方法。

二、训练设备（见表7-28）

表7-28 训练设备

序　号	名　称	型号与规格	数　量
1	PLC 实训装置	THPFSM – 2	1
2	变频器实训挂箱	C11	1

（续）

序　号	名　称	型号与规格	数　量
3	三相异步电动机	WDJ26	1
4	光电转速表		1
5	导线		若干

三、控制要求

1）通过操作面板控制电动机起动/停止。

2）运用操作面板改变电动机的运行频率和加减速时间。

四、参数功能表及接线图

1）参数功能表见表7-29。

表7-29　参数功能表

序　号	变频器参数	出　厂　值	设　定　值	功　能　说　明
1	P 1	120	50	上限频率（50Hz）
2	P 2	0	0	下限频率（0Hz）
3	P 7	5	5	加速时间（5s）
4	P 8	5	5	减速时间（5s）
5	P 9	0	0.35	电子过电流保护（0.35A）
6	P 160	9999	0	扩张功能显示选择
7	P 79	0	1	运行模式选择
8	P 161	0	1	频率设定操作选择

注：设置参数前先将变频器参数复位为工厂的默认设定值（将ALLC设为1）。

2）变频器外部接线图如图7-20所示。

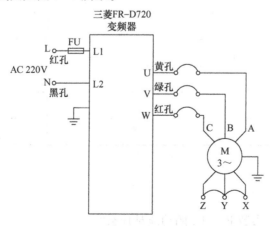

图7-20　变频器外部接线图

五、操作步骤

1）将训练装置左下角"三相交流输出"端的 W1（红孔）、N1（黑孔）分别接至"变频器挂箱"左下角的 L（红孔）、N（黑孔）端。

2）按照变频器外部接线图，将变频器的输出端 U（黄色）、V（绿色）、W（红色）分别接至电动机的 A（黄色）、B（绿色）、C（红色）三端。将三相电动机接成星形，即将电动机的一端 X、Y、Z 全部接在一起。

3）将训练装置的"总电源"即断路器闭合，使得训练装置通电。

4）电路连接好并检查无误后，方可按下训练装置左下角"电源总开关"中的起动按钮（绿色），将三相电源接通。

5）拨动变频器的电源开关至"开"的位置。使变频器开始工作，按照表 7-29 所列参数功能正确设置变频器参数。

6）训练结束，将变频器断电，再按下训练装置左下角"电源总开关"中的停止按钮（红色），将三相电源断电。

7）训练完毕，应及时关闭训练装置电源开关，并及时清理训练装置面板，整理好连接导线并放置于规定的位置。

六、运行调试

1）按下操作面板按钮 （RUN），起动变频器。

2）旋转频率设定旋钮 ⊛ ，增加、减小变频器输出频率，观察电动机的运行情况。自己给出几组值，在表 7-30 中记录频率和电动机转速的变化情况。

3）按下操作面板按钮 （STOP/RESET），停止变频器。

表 7-30 频率、转速变化

序　号	频率/Hz	电动机转速/(r/min)

七、训练总结

1）此实训项目中，参数 P1、P2 的功能是什么？

2）此实训项目中，参数 P7、P8 的功能是什么？

7.11　变频器瞬时停电起动控制

一、训练目的

1）了解变频器外部控制端子的功能。

2）掌握外部运行模式下变频器的操作方法。

二、训练设备（见表 7-31）

表 7-31　训练设备

序　号	名　　称	型号与规格	数　量
1	PLC 实训装置	THPFSM - 2	1
2	变频器实训挂箱	C11	1
3	三相异步电动机	WDJ26	1
4	光电转速表		1
5	导线		若干

三、控制要求

实现当变频器瞬时停电再得电时，变频器自动起动。

四、参数功能表及接线图

1）参数功能表见表 7-32。

表 7-32　参数功能表

序　号	变频器参数	出　厂　值	设　定　值	功能说明
1	P 1	50	50	上限频率（50Hz）
2	P 2	0	0	下限频率（0Hz）
3	P 7	5	5	加速时间（5s）
4	P 8	5	5	减速时间（5s）
5	P 9	0	0.35	电子过电流保护（0.35A）
6	P 160	9999	0	扩张功能显示选择
7	P 79	0	1	运行模式选择
8	P 57	9999	0	再起动惯性时间
9	P 58	1	1	再起动上升时间

注：设置参数前先将变频器参数复位为工厂的默认设定值（将 ALLC 设为 1）。

2）变频器外部接线图如图 7-21 所示。

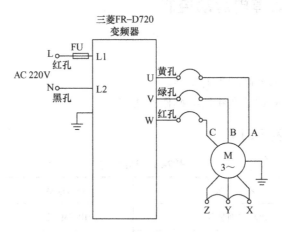

图 7-21　变频器外部接线图

五、操作步骤

1）将实训装置左下角"三相交流输出"端的 W1（红孔）、N1（黑孔）分别接至"变频器挂箱"左下角的 L（红孔）、N（黑孔）端。

2）按照变频器外部接线图，将变频器的输出端 U（黄色）、V（绿色）、W（红色）分别接至电动机的 A（黄色）、B（绿色）、C（红色）三端。将三相电动机接成星形，即将电动机的一端 X、Y、Z 全部接在一起。

3）将训练装置的"总电源"即断路器闭合，使得训练装置通电。

4）电路连接好并检查无误后，方可按下训练装置左下角"电源总开关"中的起动按钮（绿色），将三相电源接通。

5）拨动变频器的电源开关至"开"的位置。使变频器开始工作，按照表 7-32 所列参数功能正确设置变频器参数。

6）训练结束，将变频器断电，再按下训练装置左下角"电源总开关"中的停止按钮（红色），将三相电源断电。

7）训练完毕，应及时关闭训练装置电源开关，并及时清理训练装置面板，整理好连接导线并放置于规定的位置。

六、运行调试

1）按下操作面板按钮 (RUN)，起动变频器。

2）关闭变频器的电源开关，等待一会儿，变频器屏幕变黑后，再打开电源开关，观察变频器运行情况。

3）按下操作面板按钮 (STOP/RESET)，停止变频器。

4）将 P57 的参数该为默认值"9999"，重复上述操作，观察变频器运行情况。

七、训练总结

1）此训练项目中，参数 P79 的功能是什么？

2）此训练项目中，参数 P57 和 P58 的功能是什么？

7.12 变频器多段速度选择调速

一、训练目的

1）了解变频器外部控制端子的功能。

2）掌握外部运行模式下变频器的操作方法。

3）掌握变频器与外部设备的连接方法。

二、训练设备（见表7-33）

表7-33 训练设备

序 号	名 称	型号与规格	数 量
1	PLC 实训装置	THPFSM – 2	1
2	变频器实训挂箱	C11	1
3	三相异步电动机	WDJ26	1
4	光电转速表		1
5	导线		若干

三、控制要求

1）运用操作面板设定电动机运行频率、加减速时间。

2）通过外部端子控制电动机多段速度运行，开关"S5""S1""S2""S3"按不同的方式组合，可选择 15 种不同的输出频率及转速。

四、参数功能表及接线图

1）参数功能表见表7-34。

表7-34 参数功能表

序 号	变频器参数	出 厂 值	设 定 值	功能说明
1	P 1	120	50	上限频率（50Hz）
2	P 2	0	0	下限频率（0Hz）
3	P 7	5	5	加速时间（5s）
4	P 8	5	5	减速时间（5s）
5	P 9	0	0.35	电子过电流保护（0.35A）
6	P 160	9999	0	扩张功能显示选择
7	P 79	0	3	运行模式选择

（续）

序　　号	变频器参数	出　厂　值	设　定　值	功　能　说　明
8	P 179	61	8	多段速运行指令
9	P 180	0	0	多段速运行指令
10	P 181	1	1	多段速运行指令
11	P 182	2	2	多段速运行指令
12	P 4	50	5	固定频率 1
13	P 5	30	10	固定频率 2
14	P 6	10	15	固定频率 3
15	P 24	9999	18	固定频率 4
16	P 25	9999	20	固定频率 5
17	P 26	9999	23	固定频率 6
18	P 27	9999	26	固定频率 7
19	P 232	9999	29	固定频率 8
20	P 233	9999	32	固定频率 9
21	P 234	9999	35	固定频率 10
22	P 235	9999	38	固定频率 11
23	P 236	9999	41	固定频率 12
24	P 237	9999	44	固定频率 13
25	P 238	9999	47	固定频率 14
26	P 239	9999	50	固定频率 15

注：设置参数前先将变频器参数复位为工厂的默认设定值（将 ALLC 设为 1）。

2）变频器外部接线图如图 7-22 所示。

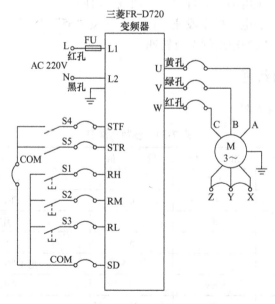

图 7-22　变频器外部接线图

五、操作步骤

1）将训练装置左下角"三相交流输出"端的 W1（红孔）、N1（黑孔）分别接至"变频器挂箱"左下角的 L（红孔）、N（黑孔）端。

2）按照变频器外部接线图，将变频器的输出端 U（黄色）、V（绿色）、W（红色）分别接至电动机的 A（黄色）、B（绿色）、C（红色）三端。将三相电动机接成星形，即将电动机的一端 X、Y、Z 全部接在一起。

3）将训练装置的"总电源"即断路器闭合，使得训练装置通电。

4）电路连接好并检查无误后，方可按下训练装置左下角"电源总开关"中的起动按钮（绿色），将三相电源接通。

5）拨动变频器的电源开关至"开"的位置。使变频器开始工作，按照表 7-34 所列参数功能正确设置变频器参数。

6）训练结束，将变频器断电，再按下训练装置左下角"电源总开关"中的停止按钮（红色），将三相电源断电。

7）训练完毕，应及时关闭训练装置电源开关，并及时清理训练装置面板，整理好连接导线并放置于规定的位置。

六、运行调试

打开开关"S4"，起动变频器。切换开关"S5""S1""S2""S3"的通断，观察并在表 7-35 中记录变频器的输出频率及电动机的转速。

表 7-35　变频器的输出频率及电动机的转速

S4	S5	S1	S2	S3	输出频率/Hz	转速/(r/min)
ON	OFF	OFF	OFF	OFF		
ON	OFF	OFF	OFF	ON		
ON	OFF	OFF	ON	OFF		
ON	OFF	OFF	ON	ON		
ON	OFF	ON	OFF	OFF		
ON	OFF	ON	OFF	ON		
ON	OFF	ON	ON	OFF		
ON	OFF	ON	ON	ON		
ON	ON	OFF	OFF	OFF		
ON	ON	OFF	OFF	ON		
ON	ON	OFF	ON	OFF		
ON	ON	OFF	ON	ON		
ON	ON	ON	OFF	OFF		
ON	ON	ON	OFF	ON		
ON	ON	ON	ON	OFF		
ON	ON	ON	ON	ON		

七、训练总结

1）此训练项目中，参数 P79 的功能是什么？

2）变频器面板上，RH、RM、RL 端口是什么功能？

7.13 变频器外部模拟量方式的变频调速控制

一、训练目的

1）了解变频器外部控制端子的功能。

2）掌握外部运行模式下变频器的操作方法。

二、训练设备（见表7-36）

表 7-36 训练设备

序　号	名　称	型号与规格	数　量
1	PLC 实训装置	THPFSM－2	1
2	变频器实训挂箱	C11	1
3	三相异步电动机	WDJ26	1
4	光电转速表		1
5	导线		若干

三、控制要求

1）运用操作面板改变电动机的运行频率和加减速时间。

2）通过操作面板控制电动机的起动/停止。

3）通过调节电位器改变输入电压来控制变频器的频率。

四、参数功能表及接线图

1）参数功能表见表7-37。

表 7-37 参数功能表

序　号	变频器参数	出　厂　值	设　定　值	功　能　说　明
1	P 1	120	50	上限频率（50Hz）
2	P 2	0	0	下限频率（0Hz）
3	P 7	5	5	加速时间（5s）
4	P 8	5	5	减速时间（5s）
5	P 9	0	0.35	电子过电流保护（0.35A）
6	P 73	1	1	0～5V 输入
7	P 79	0	4	运行模式选择
8	P 160	9999	0	扩张功能显示选择
9	P 161	0	1	频率设定操作选择

注：设置参数前先将变频器参数复位为工厂的默认设定值（将 ALLC 设为1）。

2）变频器外部接线图如图 7-23 所示。

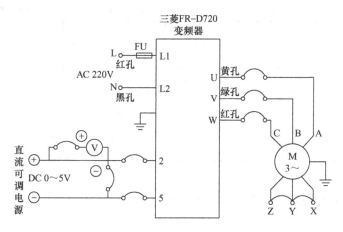

图 7-23　变频器外部接线图

五、操作步骤

1）将训练装置左下角"三相交流输出"端的 W1（红孔）、N1（黑孔）分别接至"变频器挂箱"左下角的 L（红孔）、N（黑孔）端。

2）按照变频器外部接线图，将变频器的输出端 U（黄色）、V（绿色）、W（红色）分别接至电动机的 A（黄色）、B（绿色）、C（红色）三端。将三相电动机接成星形，即将电动机的一端 X、Y、Z 全部接在一起。

3）将训练装置上的 0~15V 直流可调电源的正端（红孔）与变频器的 2 孔相连，其负端（黑孔）与变频器的 5 孔相连，同时将训练装置上直流数字电压表并接在直流可调电源的正负端。

4）将训练装置的"总电源"即断路器闭合，使得训练装置通电。

5）先将 0~15V 直流可调电源调在 5V 左右（通过直流数字电压表观察）。

6）电路连接好并检查无误后，方可按下训练装置左下角"电源总开关"中的起动按钮（绿色），将三相电源接通。

7）拨动变频器的电源开关至"开"的位置。使变频器开始工作，按照表 7-37 所列参数功能正确设置变频器参数。

8）训练结束，将变频器断电，再按下训练装置左下角"电源总开关"中的停止按钮（红色），将三相电源断电。

9）训练完毕，应及时关闭训练装置电源开关，并及时清理训练装置面板，整理好连接导线并放置于规定的位置。

六、运行调试

1）按下操作面板按钮 (RUN)，起动变频器，观察电动机的运行情况。

2）调节输入电压，观察并在表 7-38 中记录电动机的运转情况。

表 7-38　输入电压与电动机频率、转速的情况

序　号	输入电压/V	频率/ Hz	电动机转速/(r/min)

3）按下操作面板按钮 $\overset{\text{STOP}}{\underset{\text{RESET}}{\bigcirc}}$ ，停止变频器。

七、训练总结

1）此训练项目中，参数 P73 的功能是什么？

2）此训练项目中，参数 P79 的功能是什么？

3）变频器面板上的 2 孔和 5 孔有什么功能？

7.14　变频器 PID 变频调速控制

一、训练目的

1）了解变频器 PID 功能。

2）掌握外部运行模式下变频器的操作方法。

二、训练设备（见表 7-39）

表 7-39　训练设备

序　号	名　称	型号与规格	数　量
1	PLC 实训装置	THPFSM - 2	1
2	变频器实训挂箱	C11	1
3	三相异步电动机	WDJ26	1
4	光电转速表		1
5	导线		若干

三、控制要求

1）通过操作面板控制电动机起动/停止。

2）通过外部模拟电压输入端子设定目标值。

3）通过外部模拟电流输入端子输入反馈值（反馈用外部给定进行模拟）。

四、参数功能表及接线图

1) 参数功能表见表7-40。

表 7-40　参数功能表

序　　号	变频器参数	出　厂　值	设　定　值	功能说明
1	P 1	120	50	上限频率（50Hz）
2	P 2	0	0	下限频率（0Hz）
3	P 7	5	5	加速时间（5s）
4	P 8	5	5	减速时间（5s）
5	P 9	0	0.35	电子过电流保护（0.35A）
6	P 160	9999	0	扩张功能显示选择
7	P 79	0	4	运行模式选择
8	P 180	0	14	PID 控制有效端子
9	P 128	0	20	PID 动作选择
10	P 129 *	100	100	PID 比例带
11	P 130 *	1	1	PID 积分时间
12	P 131	9999	100	PID 上限设定值
13	P 132	9999	0	PID 下限设定值
14	P 133 *	9999	0	PID 动作目标值
15	P 134 *	9999	0.01	PID 微分时间

注：1. 设置参数前先将变频器参数复位为工厂的默认设定值（将 ALLC 设为1）。

　　2. P129、P130、P133、P134 可以在运行中设定。设定与运行模式无关。

2) 变频器外部接线图如图7-24所示。

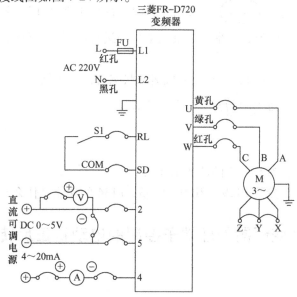

图 7-24　变频器外部接线图

五、操作步骤

1）将训练装置左下角"三相交流输出"端的 W1（红孔）、N1（黑孔）分别接至"变频器挂箱"左下角的 L（红孔）、N（黑孔）端。

2）按照变频器外部接线图，将变频器的输出端 U（黄色）、V（绿色）、W（红色）分别接至电动机的 A（黄色）、B（绿色）、C（红色）三端。将三相电动机接成星形，即将电动机的一端 X、Y、Z 全部接在一起。

3）先将 0~15V 直流可调电源调在 5V 左右（通过直流数字电压表观察）。再将训练装置上的 0~15V 直流可调电源的正端（红孔）与变频器的 2 孔相连，其负端（黑孔）与变频器的 5 孔相连，同时将训练装置上直流数字电压表并接在直流可调电源的正负端。

4）将训练装置上的 0~20mA 直流可调电源的正端（红孔）与直流数字电流表正端（红孔）相连，直流数字电流表负端（黑孔）与变频器的 4 孔相连，即将训练装置上的直流数字电流表串接于变频器的输入端。变频器的 5 孔与 0~20mA 直流可调电源的负端（黑孔）相连。

5）将训练装置的"总电源"即断路器闭合，使得训练装置通电。

6）电路连接好并检查无误后，方可按下训练装置左下角"电源总开关"中的起动按钮（绿色），将三相电源接通。

7）拨动变频器的电源开关至"开"的位置。使变频器开始工作，按照表 7-40 所列参数功能正确设置变频器参数。

8）训练结束，将变频器断电，再按下训练装置左下角"电源总开关"中的停止按钮（红色），将三相电源断电。

9）训练完毕，应及时关闭训练装置电源开关，并及时清理训练装置面板，整理好连接导线并放置于规定的位置。

六、运行调试

1）按下操作面板按钮 （RUN），起动变频器。打开开关"S1"，起动 PID 控制。

2）调节输入电压、电流，观察并记录电动机的运转情况。自己给出几组值，观察频率和转速的变化情况。

3）改变 P130、P134 的值，观察电动机运转状态有什么变化。

4）按下操作面板按钮 （STOP/RESET），停止变频器。

七、训练总结

1）此训练项目中，参数 P79 的功能是什么？
2）此训练项目中，参数 P129、P130、P133、P134 的功能是什么？

7.15 基于 PLC 变频器外部端子控制的电动机正反转

一、训练目的

1）PLC 控制变频器外部端子的方法。

2）掌握外部运行模式下变频器的操作方法。

二、训练设备（见表7-41）

表7-41 训练设备

序　号	名　　称	型号与规格	数　量
1	计算机		1
2	PLC 实训装置	THPFSM–2	1
3	PC/PPI 通信电缆		1
4	变频器实训挂箱	C11	1
5	三相异步电动机	WDJ26	1
6	光电转速表		1
7	导线		若干

三、控制要求

1）运用操作面板改变电动机起动的点动运行频率和加减速时间。

2）通过外部端子控制电动机起动/停止、正转/反转。按下按钮"S0"电动机正转起动，按下按钮"S2"电动机停止，待电动机停止运转，按下按钮"S1"电动机反转。

四、参数功能表及接线图

1）参数功能表见表7-42。

表7-42 参数功能表

序　号	变频器参数	出厂值	设定值	功能说明
1	P 1	50	50	上限频率（50Hz）
2	P 2	0	0	下限频率（0Hz）
3	P 7	5	10	加速时间（10s）
4	P 8	5	10	减速时间（10s）
5	P 9	0	0.35	电子过电流保护（0.35A）
6	P 160	9999	0	扩张功能显示选择
7	P 79	0	3	运行模式选择
8	P 179	61	61	STR 反向起动信号

注：设置参数前先将变频器参数复位为工厂的默认设定值（将 ALLC 设为1）。

2）变频器外部接线图如图7-25所示。

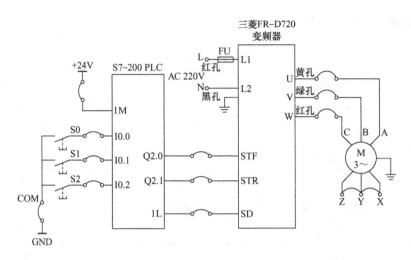

图 7-25 变频器外部接线图

五、操作步骤

1）将训练装置左下角"三相交流输出"端的 W1（红孔）、N1（黑孔）分别接至"变频器挂箱"左下角的 L（红孔）、N（黑孔）端。

2）按照变频器外部接线图将变频器的输出端 U（黄色）、V（绿色）、W（红色）分别接至电动机的 A（黄色）、B（绿色）、C（红色）三端。将三相电动机接成星形，即将电动机的一端 X、Y、Z 全部接在一起。

3）将训练装置的"总电源"即断路器闭合，使得训练装置通电。

4）电路连接好并检查无误后，方可按下训练装置左下角"电源总开关"中的起动按钮（绿色），将三相电源接通。

5）拨动变频器的电源开关至"开"的位置。使变频器开始工作，按照表 7-42 所列参数功能正确设置变频器参数。

6）编写 PLC 控制程序，进行编译，有错误时根据提示信息修改，直至无误。打开训练装置右侧的 PLC 主机电源开关，下载程序至 PLC 中，下载完毕后将 PLC 的"RUN/STOP"开关拨至"RUN"状态。

7）训练结束，将变频器断电，再按下训练装置左下角"电源总开关"中的停止按钮（红色），将三相电源断电。

8）训练完毕，应及时关闭训练装置电源开关，并及时清理训练面板，整理好连接导线并放置于规定的位置。

六、运行调试

1）用旋钮设定变频器运行频率，如 40Hz。

2）编写控制程序，进行编译，有错误时根据提示信息修改，直至无误。打开 PLC 主机电源开关，下载程序至 PLC 中，下载完毕后将 PLC 的"RUN/STOP"开关拨至"RUN"

状态。

3）按下按钮"S0"，观察并记录电动机的运转情况。按下按钮"S2"，等电动机停止运转后，按下按钮"S1"，观察并记录电动机的运转情况。

七、训练总结

1）此训练项目中，参数 P79、P179 的功能是什么？
2）你编制的 PLC 程序是"正–停–反"还是"正–反–停"？这两个程序有区别吗？

7.16 基于 PLC 的变频器数字量方式的多段速控制

一、训练目的

1）了解变频器外部控制端子的功能。
2）掌握外部运行模式下变频器的操作方法。

二、训练设备（见表 7-43）

表 7-43 训练设备

序　号	名　　称	型号与规格	数　量
1	计算机		1
2	PLC 实训装置	THPFSM – 2	1
3	PC/PPI 通信电缆		1
4	变频器实训挂箱	C11	1
5	三相异步电动机	WDJ26	1
6	光电转速表		1
7	导线		若干

三、控制要求

1）运用操作面板改变电动机起动的点动运行频率和加减速时间。
2）通过 PLC 控制变频器外部端子。打开开关"S4"变频器每过一段时间自动变换一种输出频率，关闭开关"S4"电动机停止；开关"S0""S1""S2"按不同的方式组合，可选择 7 种不同的输出频率。

四、参数功能表及接线图

1）参数功能表见表 7-44。

表 7-44 参数功能表

序 号	变频器参数	出 厂 值	设 定 值	功 能 说 明
1	P 1	120	50	上限频率（50Hz）
2	P 2	0	0	下限频率（0Hz）
3	P 7	5	5	加速时间（5s）
4	P 8	5	5	减速时间（5s）
5	P 9	0	0.35	电子过电流保护（0.35A）
6	P 160	9999	0	扩张功能显示选择
7	P 79	0	3	运行模式选择
8	P 179	61	8	多段速运行指令
9	P 180	0	0	多段速运行指令
10	P 181	1	1	多段速运行指令
11	P 182	2	2	多段速运行指令
12	P 4	50	5	固定频率 1
13	P 5	30	10	固定频率 2
14	P 6	10	15	固定频率 3
15	P 24	9999	18	固定频率 4
16	P 25	9999	20	固定频率 5
17	P 26	9999	23	固定频率 6
18	P 27	9999	26	固定频率 7

注：设置参数前先将变频器参数复位为工厂的默认设定值（将 ALLC 设为 1）。

2）变频器外部接线图如图 7-26 所示。

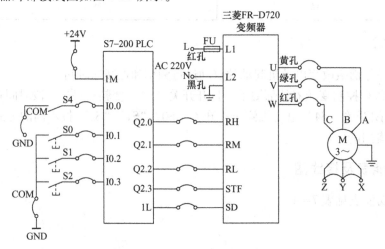

图 7-26 变频器外部接线图

五、操作步骤

1) 将实训装置左下角"三相交流输出"端的 W1（红孔）、N1（黑孔）分别接至"变频器挂箱"左下角的 L（红孔）、N（黑孔）端。

2) 按照变频器外部接线图，将变频器的输出端 U（黄色）、V（绿色）、W（红色）分别接至电动机的 A（黄色）、B（绿色）、C（红色）三端。将三相电动机接成星形，即将电动机的一端 X、Y、Z 全部接在一起。

3) 将训练装置的"总电源"即断路器闭合，使得训练装置通电。

4) 电路连接好并检查无误后，方可按下训练装置左下角"电源总开关"中的起动按钮（绿色），将三相电源接通。

5) 拨动变频器的电源开关至"开"的位置。使变频器开始工作，按照表 7-44 所列参数功能正确设置变频器参数。

6) 训练结束，将变频器断电，再按下训练装置左下角"电源总开关"中的停止按钮（红色），将三相电源断电。

7) 训练完毕，应及时关闭训练装置电源开关，并及时清理训练装置面板，整理好连接导线并放置于规定的位置。

六、运行调试

1) 编写控制程序，进行编译，有错误时根据提示信息修改，直至无误。打开 PLC 主机电源开关，下载程序至 PLC 中，下载完毕后将 PLC 的"RUN/STOP"开关拨至"RUN"状态。

2) 打开开关"S4"，观察并记录电动机的运转情况。

3) 关闭开关"S4"，切换开关"S0""S1""S2"的通断，观察并在表 7-45 中记录电动机的运转情况。

表 7-45　电动机的运转情况

S4	S0	S1	S2	输出频率/Hz	转速/(r/min)
ON	OFF	OFF	OFF	50	
ON	OFF	OFF	ON	15	
ON	OFF	ON	OFF	10	
ON	OFF	ON	ON	18	
ON	ON	OFF	OFF	5	
ON	ON	OFF	ON	20	
ON	ON	ON	OFF	23	
ON	ON	ON	ON	26	

七、训练总结

1) 此训练项目中，参数 P79 的功能是什么？

2) 此训练项目中，参数 P4、P5、P6、P24、P25、P26、P27 的功能是什么？

7.17 基于 PLC 的变频器模拟量方式的开环调速控制

一、训练目的

1）了解变频器外部控制端子的功能。

2）掌握外部运行模式下变频器的操作方法。

二、训练设备（见表 7-46）

表 7-46 训练设备

序　号	名　　称	型号与规格	数　量
1	计算机		1
2	PLC 实训装置	THPFSM - 2	1
3	PC/PPI 通信电缆		1
4	变频器实训挂箱	C11	1
5	三相异步电动机	WDJ26	1
6	光电转速表		1
7	导线		若干

三、控制要求

通过外部端子控制电动机起动/停止，打开"S1"电动机正转起动。调节输入电压，电动机转速随电压增加而增大。

四、参数功能表及接线图

1）参数功能表见表 7-47。

表 7-47 参数功能表

序　号	变频器参数	出 厂 值	设 定 值	功能说明
1	P 1	120	50	上限频率（50Hz）
2	P 2	0	0	下限频率（0Hz）
3	P 7	5	5	加速时间（5s）
4	P 8	5	5	减速时间（5s）
5	P 9	0	0.35	电子过电流保护（0.35A）
6	P 160	9999	0	扩张功能显示选择
7	P 79	0	2	运行模式选择
8	P182	2	4	端子 4 输入

注：设置参数前先将变频器参数复位为工厂的默认设定值（将 ALLC 设为 1）。

2）变频器外部接线图如图7-27所示。

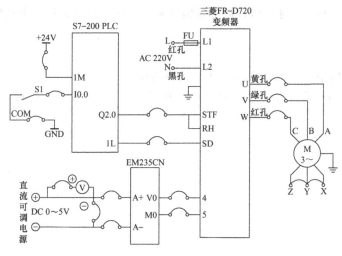

图 7-27　变频器外部接线图

五、操作步骤

1）将训练装置左下角"三相交流输出"端的 W1（红孔）、N1（黑孔）分别接至"变频器挂箱"左下角的 L（红孔）、N（黑孔）端。

2）按照变频器外部接线图，将变频器的输出端 U（黄色）、V（绿色）、W（红色）分别接至电动机的 A（黄色）、B（绿色）、C（红色）三端。将三相电动机接成星形，即将电动机的一端 X、Y、Z 全部接在一起。

3）将训练装置上的 0 ~ 15V 直流可调电源分别与 EM235CN 模块的 A + 和 A − 相连，EM235CN 模块的输出 V0、M0 与变频器的 4、5 孔相连，同时将训练装置上直流数字电压表并接在直流可调电源的正负端。

4）将训练装置的"总电源"即断路器闭合，使得训练装置通电。

5）先将 0 ~ 15V 直流可调电源调在 5V 左右（通过直流数字电压表观察）。

6）电路连接好并检查无误后，方可按下训练装置左下角"电源总开关"中的起动按钮（绿色），将三相电源接通。

7）拨动变频器的电源开关至"开"的位置。使变频器开始工作，按照表7-47所列参数功能正确设置变频器参数。

8）训练结束，将变频器断电，再按下训练装置左下角"电源总开关"中的停止按钮（红色），将三相电源断电。

9）训练完毕，应及时关闭训练装置电源开关，并及时清理训练装置面板，整理好连接导线并放置于规定的位置。

六、运行调试

1）编写控制程序，进行编译，有错误时根据提示信息修改，直至无误。打开 PLC 主机电源开关，下载程序至 PLC 中，下载完毕后将 PLC 的"RUN/STOP"开关拨至"RUN"

状态。

2）打开开关"S1"，调节 PLC 模拟量模块输入电压，观察并记录电动机的运转情况。

七、训练总结

1）此训练项目中，参数 P79、P179 的功能是什么？

2）你编制的 PLC 程序是"正－停－反"还是"正－反－停"？这两个程序有区别吗？

参 考 文 献

[1] 阮毅，陈伯时．电力拖动自动控制系统［M］．4 版．北京：机械工业出版社，2010．

[2] 孔凡才．自动控制原理与系统［M］．3 版．北京：机械工业出版社，2015．

[3] 史国生．交直流调速系统［M］．3 版．北京：化学工业出版社，2015．

[4] 钱平．交直流传动控制系统［M］．4 版．北京：高等教育出版社，2015．

[5] 宋书中．交流调速系统［M］．2 版．北京：机械工业出版社，2012．

[6] 陈伯时，陈敏逊．交直流调速系统［M］．3 版．北京：机械工业出版社，2013．

[7] 李正熙．交直流调速系统［M］．北京：电子工业出版社，2013．

[8] 丁学文．电力拖动运动控制系统［M］．2 版．北京：机械工业出版社，2014．

[9] 陈相志．交直流调速系统［M］．2 版．北京：人民邮电出版社，2015．

[10] 胡寿松．自动控制原理［M］．6 版．北京：科学出版社，2013．

[11] 韩全立．自动控制原理与应用［M］．2 版．西安：西安电子科技大学出版社，2014．

[12] 李华德．交流调速控制系统［M］．北京：电子工业出版社，2003．

[13] 李良仁．变频调速技术与应用［M］．3 版．北京：电子工业出版社，2015．

[14] 郑小年，杨克冲．数控机床故障诊断与维修［M］．2 版．武汉：华中科技大学出版社，2013．

[15] 宋爽，周乐挺．变频技术及应用［M］．2 版．北京：高等教育出版社，2014．

[16] 李明．电机与电力拖动［M］．4 版．北京：电子工业出版社，2015．

[17] 黄俊．半导体变流技术［M］．2 版．北京：机械工业出版社，2011．

[18] 徐春霞，艾克木·尼牙孜．维修电工［M］．北京：机械工业出版社，2011．